北京理工大学"十四五"规划教材
新型工业化·科学计算与系统建模仿真系列

信号处理仿真与应用
（基于MWORKS）

周治国◎主编
周学华　丁吉◎副主编

电子工业出版社
Publishing House of Electronics Industry
北京·BEIJING

内 容 简 介

本书是一本专为工程师、研究人员和学生而写的指南，旨在帮助他们掌握信号处理和仿真技术，以及将其应用于解决现实世界的问题。本书提供了详细的内容，涵盖从信号处理理论到 MWORKS 和 Julia 编程的基础知识，以及如何使用 Syslab 信号处理工具箱进行实际应用；还提供了 MWORKS 实验案例，以帮助读者将理论知识应用到实际研究中。本书旨在帮助读者在信号处理领域取得实际成就，通过 MWORKS 和 Julia 编程掌握关键技能，并将其应用于各种实验案例。对于对信号处理和仿真感兴趣的专业人士，以及正在学习这一领域知识的学生，本书将成为有力的工具和指南。

本书共分为 8 章，主要包括信号处理仿真与应用概述、MWORKS 概述、信号生成和预处理、测量和特征提取、变换、相关性和建模、数字和模拟滤波器、频谱分析，以及综合实验案例等内容。为了便于读者学习使用和参考，本书还提供了较完整的原理方法介绍和计算推导实例。

未经许可，不得以任何方式复制或抄袭本书之部分或全部内容。
版权所有，侵权必究。

图书在版编目（CIP）数据

信号处理仿真与应用：基于 MWORKS / 周治国主编.
北京：电子工业出版社，2025. 4. -- ISBN 978-7-121-50206-4

Ⅰ. TN911.7

中国国家版本馆 CIP 数据核字第 20250ZU434 号

责任编辑：戴晨辰
印　　刷：河北鑫兆源印刷有限公司
装　　订：河北鑫兆源印刷有限公司
出版发行：电子工业出版社
　　　　　北京市海淀区万寿路 173 信箱　邮编：100036
开　　本：787×1 092　1/16　印张：17　字数：436 千字
版　　次：2025 年 4 月第 1 版
印　　次：2025 年 4 月第 1 次印刷
定　　价：69.00 元

凡所购买电子工业出版社图书有缺损问题，请向购买书店调换。若书店售缺，请与本社发行部联系，联系及邮购电话：(010) 88254888，88258888。
质量投诉请发邮件至 zlts@phei.com.cn，盗版侵权举报请发邮件至 dbqq@phei.com.cn。
本书咨询联系方式：menghc@phei.com.cn。

前　　言

　　信号处理是从原始信号中抽取有用信息的过程，包括提取、变换、分析、综合等处理过程。随着计算机技术的发展，信号处理的理论和方法也得以发展。科学计算是解决数学模型分析、数据统计、工程计算等科学问题的技术手段。科学计算语言是利用计算机完成科学计算过程的程序开发语言。Julia 是一种高性能动态程序设计语言，其开源免费、面向未来发展，可用于科学计算和数据分析，兼具易用性和最佳科学计算效率。MWORKS 是苏州同元软控信息技术有限公司（以下简称同元软控）基于国际知识统一表达和互联标准打造的系统智能设计与仿真验证平台，是面向数字工程的科学计算与系统建模仿真系统。Syslab（全称为 MWORKS.Syslab）是 MWORKS 产品系列中的科学计算软件，是基于 Julia 开发的科学计算环境，可用于科学计算、数据分析、算法设计、机器学习等领域，并且可通过丰富的内置图形工具实现数据可视化。

　　本书共 8 章：

　　第 1 章是信号处理仿真与应用概述，介绍了 MATLAB、Python 和 Syslab 信号处理工具箱架构。

　　第 2 章是 MWORKS 概述，介绍了 Syslab 开发环境和基本功能。

　　第 3 章是信号生成和预处理，介绍了对信号进行创建、重采样、平滑、去噪和去趋势处理等方面的实例，为进一步分析做好准备。

　　第 4 章是测量和特征提取，介绍了可用于测量信号的时域和频域常见不同特征的实例。

　　第 5 章是变换、相关性和建模，介绍了可用于计算信号的变换、相关性和卷积的实例。

　　第 6 章是数字和模拟滤波器，介绍了用于设计、分析和实现各种有限脉冲响应（Finite Impulse Response，FIR）和无限脉冲响应（Infinite Impulse Response，IIR）滤波器的实例。

　　第 7 章是频谱分析，介绍了一系列频谱分析函数，以及用于表征信号的频率成分的实例。

　　第 8 章是综合实验案例。

　　本书由周治国作为主编、周学华和丁吉作为副主编，其中第 1～3 章由丁吉负责编写，第 4～7 章由周治国负责编写，第 8 章由周学华负责编写。

　　在本书的编写过程中，同元软控给予了大力支持，其在编制本书大纲、设计课程教学案例、提供文献和参考资料等方面给予了很多具有建设性的意见，极大地促进了本书的完成，在此深表感谢。

　　本书是"科学计算与系统建模仿真系列"之一，2023 年 4 月被评为北京理工大学"十四五"规划教材，特向各位评审专家表示衷心的谢意。北京理工大学教务部、研究生院在教学改革和课程建设方面给予了大力支持，电子工业出版社的编辑们对本书的出版给予了指导和审阅，在此一并表示感谢。同样要感谢众多参考文献作者、Julia 官网开源项目的开发者、Julia 中文论坛里的 Julia 科学计算语言专家，是他们的研究成果、计算用例和共享代码极大地丰富了本书的参考资料与教学内容。

  由于编者的程序开发水平有限、编写时间仓促、查阅资料和文献存在局限性及课程教学案例验算不充分等，书中难免存在疏漏和不足之处，敬请读者批评指正。

  本书中所用的 Julia 版本是 v1.10.4，发布时间是 2024 年 6 月 4 日；MWORKS 版本是 2024a，发布时间是 2024 年 5 月 14 日；开发平台 Syslab 版本是 v0.11.2，发布时间是 2024 年 5 月 14 日。本书提供了相关教学资源，请扫描书后二维码，凭书后优惠码免费获取。

周治国
2024 年 7 月

目 录

第 1 章 信号处理仿真与应用概述 1
1.1 引言 2
1.2 MATLAB 信号处理工具箱 2
1.2.1 Signal Processing Toolbox 3
1.2.2 DSP System Toolbox 4
1.3 Python 信号处理工具箱 5
1.3.1 Python 简介 5
1.3.2 Python 库简介 5
1.3.3 PySPT 简介 5
1.4 Syslab 信号处理工具箱 6
1.4.1 Syslab 简介 6
1.4.2 Julia 简介 6
1.4.3 Syslab 信号处理工具箱的功能概况 6

第 2 章 MWORKS 概述 10
2.1 MWORKS 科学计算和系统建模仿真 11
2.1.1 科学计算环境 Syslab 11
2.1.2 系统建模仿真环境 Sysplorer 14
2.1.3 系统协同建模与模型数据管理环境 Syslink 15
2.1.4 工具箱 Toolbox 16
2.1.5 多领域工业模型库 Library 18
2.2 Julia 编程基础 19
2.2.1 变量 19
2.2.2 数组 20
2.2.3 函数 21
2.2.4 控制流 25
2.2.5 类型 26
2.2.6 数据可视化 28
2.2.7 外部函数调用 31
2.3 Syslab 基本功能 34
2.3.1 Syslab 简介 34

		2.3.2	软件界面	34
		2.3.3	工具箱加载	37
		2.3.4	脚本创建	39
		2.3.5	脚本调试	40
		2.3.6	结果后处理	41

第 3 章 信号生成和预处理 ... 45

3.1 平滑和去噪 ... 46
- 3.1.1 函数 ... 46
- 3.1.2 信号平滑处理 ... 49
- 3.1.3 对数据去趋势 ... 62
- 3.1.4 从信号中去除 60Hz 干扰 ... 63
- 3.1.5 去除信号中的峰值 ... 65

3.2 波形生成 ... 66
- 3.2.1 函数 ... 66
- 3.2.2 创建均匀和非均匀时间向量 ... 68
- 3.2.3 时间向量和正弦波 ... 70
- 3.2.4 脉冲函数、阶跃函数和斜坡函数 ... 70
- 3.2.5 常见的周期性波形 ... 73
- 3.2.6 常见的非周期性波形 ... 75
- 3.2.7 pulstran 函数 ... 77
- 3.2.8 sinc 函数 ... 78

第 4 章 测量和特征提取 ... 79

4.1 描述性统计量 ... 80
- 4.1.1 测量信号相似性 ... 80
- 4.1.2 确定峰宽 ... 83
- 4.1.3 周期性波形的均方根值 ... 86
- 4.1.4 在数据中查找峰值 ... 87

4.2 脉冲和跃迁指标 ... 90
- 4.2.1 脉冲和跃迁特征的测量 ... 90
- 4.2.2 矩形脉冲波形的占空比 ... 94

第 5 章 变换、相关性和建模 ... 96

5.1 变换 ... 97
- 5.1.1 函数 ... 97
- 5.1.2 离散傅里叶变换 ... 100
- 5.1.3 Chirp Z 变换 ... 103
- 5.1.4 离散余弦变换 ... 105

	5.1.5	用于语音信号压缩的 DCT 106
	5.1.6	Hilbert 变换 108
	5.1.7	余弦解析信号 109
	5.1.8	Hilbert 变换与瞬时频率 110
	5.1.9	倒频谱分析 112
5.2	相关性和卷积 114
	5.2.1	函数 114
	5.2.2	具有自相关的残差分析 118
	5.2.3	对齐两个简单信号 121
	5.2.4	将信号与不同开始时间对齐 125
	5.2.5	使用互相关对齐信号 127
	5.2.6	使用自相关求周期性 130
	5.2.7	回声抵消 132
	5.2.8	多通道输入的互相关 135
	5.2.9	样本自相关的置信区间 137
	5.2.10	指数序列的自相关函数 139
	5.2.11	移动平均过程的自相关 141
	5.2.12	两个移动平均过程的互相关 143
	5.2.13	噪声中延迟信号的互相关 144
	5.2.14	相位滞后正弦波的互相关 145
	5.2.15	线性卷积和循环卷积 146

第 6 章 数字和模拟滤波器 149

6.1	数字滤波器设计 150
	6.1.1 函数 150
	6.1.2 IIR 滤波器设计 152
	6.1.3 FIR 滤波器设计 156
6.2	数字滤波器分析 161
	6.2.1 函数 161
	6.2.2 相位响应 163
	6.2.3 零极点分析 165
	6.2.4 脉冲响应 166
6.3	数字滤波 168
	6.3.1 函数 168
	6.3.2 数字滤波实践 170
6.4	多采样频率信号处理 170
	6.4.1 函数 170
	6.4.2 重建缺失的数据 173
	6.4.3 下采样——信号相位 176

		6.4.4 下采样——混叠	179
		6.4.5 在下采样前进行滤波	182
	6.5	模拟滤波器	183
		6.5.1 函数	183
		6.5.2 模拟 IIR 低通滤波器的比较	186

第 7 章 频谱分析 ... 188

	7.1	频谱估计	189
		7.1.1 函数	189
		7.1.2 使用 FFT 获得功率谱密度估计	192
		7.1.3 频域线性回归	197
		7.1.4 检测噪声中的失真信号	202
		7.1.5 幅度估计和填零	205
		7.1.6 比较两个信号的频率成分	208
		7.1.7 交叉频谱和幅值平方相关性	209
	7.2	子空间方法	211
	7.3	加窗法	213
		7.3.1 函数	213
		7.3.2 切比雪夫窗	216

第 8 章 综合实验案例 ... 218

	8.1	手机 MEMS 传感器	219
	8.2	SensorLog 软件	219
	8.3	数据采集	219
	8.4	数据处理	220
		8.4.1 加速度数据处理	220
		8.4.2 陀螺仪数据处理	229
		8.4.3 磁力计数据处理	235
		8.4.4 位置数据处理	237
		8.4.5 朝向数据处理	240
		8.4.6 无偏性设备运动数据处理	243
		8.4.7 声音分贝数据处理	250
		8.4.8 相对高度数据处理	252
		8.4.9 压强数据处理	255
		8.4.10 位置数据可视化	257
		8.4.11 运动姿态估计	260

第 1 章
信号处理仿真与应用概述

信号处理是一种处理与分析信号的技术和方法。信号可以是任何随时间变化的数据,如声音、图像、视频等。信号处理的目的是从原始信号中提取有用信息,并对其进行分析、处理、传输或压缩,以便人们更好地理解信号的特性或实现特定的应用。MATLAB 信号处理工具箱的主要用途是对已产生的信号进行分析和处理,包括滤波、去重、频率分析等,是一种专业性很强的领域型工具箱。开源软件的发展,推动了行业创新和科技进步。Python 以其简洁性、易读性和可扩展性,越来越多地应用于科学计算研究。目前除了 MATLAB 的一些专业性很强的工具箱尚无法被替代,MATLAB 的大部分常用功能都可以在 Python 中找到相应的扩展库。Syslab 是新一代科学计算环境,旨在为算法开发、数值计算、数据分析和可视化、信息域计算分析等提供通用编程开发环境。Syslab 信号处理工具箱是一个功能强大的软件包,旨在为工程师、科学家和研究人员提供一套全面的工具,用于处理和分析各种类型的信号。

通过本章学习,读者可以了解(或掌握):
- ❖ 信号处理概况。
- ❖ MWORKS。
- ❖ Julia。
- ❖ MATLAB、Python、Syslab 信号处理工具箱。

1.1 引言

数字信号处理（Digital Signal Processing，DSP）的目的是对真实世界的模拟信号进行加工和处理。在进行数字信号处理之前，需要将模拟信号用模/数转换器（A/D 转换器）转换成数字信号；经过数字信号处理的数字信号往往需要用数/模转换器（D/A 转换器）转换为模拟信号，才能适应真实世界的应用。

20 世纪 50 年代，抽样数据系统研究的进展和离散系统理论的发展奠定了数字信号处理的数学基础。离散傅里叶变换（Discrete Fourier Transform，DFT）是指傅里叶变换（Fourier Transform，FT）在时域和频域上都呈现离散的形式，将时域信号的采样变换为在离散时间傅里叶变换（Discrete Time Fourier Transform，DTFT）频域的采样。DFT 是数字信号处理最重要的基石之一，也是对信号进行分析和处理时最常用的工具之一。1965 年，库利（Cooley）和图基（Tukey）首先提出了 DFT 的快速算法，简称快速傅里叶变换（Fast Fourier Transform，FFT）。自从有了 FFT 以后，DFT 的运算次数大为减少，使数字信号处理的实时实现成为可能。同一时期，应用计算机逼近和仿真模拟滤波器的数字滤波理论也得到发展。FFT 和数字滤波理论构成数字信号处理的两大支柱。大规模数字集成电路的出现，为数字信号处理的实现提供了有利条件。因此，从 20 世纪 60 年代以来，逐渐形成一门新的学科——数字信号处理。

1.2 MATLAB 信号处理工具箱

MATLAB 是 Matrix Laboratory（矩阵实验室）的缩写，是一款由美国 The MathWorks 公司出品的商业数学软件。MATLAB 是一种用于算法开发、数据可视化、数据分析及数值计算的高级技术计算语言和交互式环境。除具有矩阵运算、绘制函数/数据图像等常用功能以外，MATLAB 还可以用来创建用户界面及调用以其他语言（包括 C、C++、Java、Python 和 Fortran）编写的程序。

尽管 MATLAB 主要用于数值运算，但利用为数众多的附加工具箱（Toolbox）它也适合不同领域的应用，如控制系统设计与分析、图像处理、信号处理与通信、金融建模和分析等。另外，MATLAB 还有一个配套软件包 Simulink，该软件包提供了一个可视化开发环境，常用于系统模拟、动态/嵌入式系统开发等方面。

MATLAB 的 30 多个工具箱大致可分为两类：功能型工具箱和领域型工具箱。功能型工具箱主要用来扩充 MATLAB 的符号计算功能、图形建模仿真功能、文字处理功能及与硬件实时交互功能，可用于多个学科。领域型工具箱具有很强的专业性。MATLAB 信号处理工具箱的主要用途是对已产生的信号进行分析和处理，包括滤波、去重、频率分析等，是一种专业性很强的领域型工具箱。

MATLAB 信号处理和无线通信类工具箱族如表 1-1 所示。

表 1-1 MATLAB 信号处理和无线通信类工具箱族

序号	MATLAB 系列	Simulink 系列
1	5G Toolbox	Audio Toolbox
2	Antenna Toolbox	Communications Toolbox
3	Audio Toolbox	DSP HDL Toolbox
4	Bluetooth Toolbox	DSP System Toolbox
5	Communications Toolbox	Mixed-Signal Blockset
6	DSP System Toolbox	Phased Array System Toolbox
7	LTE Toolbox	Radar Toolbox
8	Phased Array System Toolbox	RF Blockset
9	Radar Toolbox	SerDes Toolbox
10	RF PCB Toolbox	Wireless HDL Toolbox
11	RF Toolbox	
12	Satellite Communications Toolbox	
13	Sensor Fusion and Tracking Toolbox	
14	SerDes Toolbox	
15	Signal Integrity Toolbox	
16	Signal Processing Toolbox	
17	Wavelet Toolbox	
18	Wireless Testbench	
19	WLAN Toolbox	

高校信号处理类课程和实验主要涉及 Signal Processing Toolbox 和 DSP System Toolbox 这 2 个工具箱。

1.2.1 Signal Processing Toolbox

Signal Processing Toolbox 提供了一些函数和应用程序，用来分析、预处理及提取均匀和非均匀采样信号的特征。该工具箱中包含可用于滤波器设计与分析、重采样、平滑处理、去趋势和功率谱估计的工具。该工具箱还提供了提取特征（如变化点和包络）、寻找波峰与信号模式、量化信号相似性及执行 SNR 和失真等测量的功能。使用该工具箱，用户可以对振动信号进行模态和阶次分析。使用信号分析器，用户可以在时域、频域和时频域同时预处理及分析多个信号，而无须编写代码，还可以探查长信号，以及提取感兴趣的区域。通过滤波器设计工具，用户可以从多种算法和响应中进行选择，从而设计和分析数字滤波器。

Signal Processing Toolbox 的体系架构和函数、实例数量统计如表 1-2 所示。

表 1-2 Signal Processing Toolbox 的体系架构和函数、实例数量统计

序号	目录	内容	函数/个	实例/个
1	Signal Processing Toolbox 快速入门	Signal Processing Toolbox 基础知识学习		18
2	信号分析和可视化	使用信号分析器可视化、预处理和探查信号	1	6
3	信号生成和预处理	对信号进行创建、重采样、平滑、去噪和去趋势处理	23	22

续表

序号	目录	内容	函数/个	实例/个
4	测量和特征提取	波峰、信号统计、脉冲和瞬态指标、功率、带宽、失真	55	22
5	变换、相关性和建模	互相关、自相关、傅里叶变换、DCT、Hilbert 变换、Goertzel 变换、参数化建模、线性预测编码	63	39
6	数字和模拟滤波器	FIR 滤波器、IIR 滤波器、单速率滤波器、多速率滤波器设计、分析和实现	106	33
7	频谱分析	功率谱、相关性、窗口	47	19
8	时频分析	频谱图、同步压缩、重排、Wigner-Ville 分布、时频边缘、数据自适应方法	22	10
9	振动分析	阶数分析、时间同步平均、包络频谱、模态分析、雨流计数	13	5
10	信号的机器学习和深度学习延伸	信号标注、特征工程、数据集生成	35	17
11	代码生成和 GPU 支持	生成可移植的 C/C++/MEX 函数,并使用 GPU 进行部署或加速处理		7
	小计		365	198

1.2.2 DSP System Toolbox

DSP System Toolbox 提供了算法、应用程序和示波器,用于在 MATLAB 和 Simulink 中设计、仿真和分析信号处理系统。该工具箱可以为通信、雷达、音频、医疗设备、物联网和其他应用的实时数字信号处理系统建模。使用该工具箱,用户可以设计和分析 FIR 滤波器、IIR 滤波器、单速率滤波器、多速率滤波器和自适应滤波器,还可以对来自变量、数据文件及网络设备的信号进行采样和流式传输,以进行系统开发和验证。时间示波器(Time Oscilloscope)、频谱分析仪(Spectrum Analyzer)、逻辑分析仪(Logic Analyzer)可以动态地可视化和测量流信号。对于桌面原型设计和部署到嵌入式处理器(包括 ARM® Cortex®架构),该工具箱支持 C/C++代码生成。此外,该工具箱还支持由滤波器、FFT、IFFT(Inverse Fast Fourier Transform,快速傅里叶逆变换)及其他算法生成精确的定点建模和 HDL 代码。其中,算法包括 MATLAB 函数、System 对象和 Simulink 模块。

DSP System Toolbox 的体系架构和函数、实例数量统计如表 1-3 所示。

表 1-3 DSP System Toolbox 的体系架构和函数、实例数量统计

序号	目录	内容	函数/个	模块/个	实例/个
1	DSP System Toolbox 快速入门	DSP System Toolbox 基础知识学习			12
2	信号生成、操作和分析	创建、导入、导出、显示和管理信号	54	60	10
3	滤波器设计与分析	FIR 滤波器设计、IIR 滤波器设计、频率变换	130	25	23
4	滤波器实现	单速率滤波器、多速率滤波器和自适应滤波器实现	64	43	32
5	变换和频谱分析	FFT、DCT、频谱分析、线性预测	9	32	10
6	统计和线性代数	测量、统计、矩阵运算、线性代数	9	56	4
7	定点设计	浮点到定点转换、定点算法设计	34	27	7
8	代码生成	ARM Cortex-M 处理器和 ARM Cortex-A 处理器的仿真加速、代码生成及优化	1	1	16
9	应用	模拟雷达、通信和生物医学系统	13		6
10	DSP System Toolbox 支持的硬件	支持第三方硬件,如 ARM Cortex-M 处理器和 ARM Cortex-A 处理器	35		
	小计		349	244	120

1.3 Python 信号处理工具箱

1.3.1 Python 简介

Python 由荷兰数学和计算机科学研究学会的 Guido van Rossum 于 20 世纪 90 年代初设计，作为 ABC 语言的替代品。Python 提供了高效的高级数据结构，并且能简单有效地面向对象编程。Python 的语法和动态类型，以及解释型语言的本质，使它成为在多数平台上写脚本和快速开发应用的编程语言。随着版本的不断更新和语言新功能的增加，Python 逐渐被用于独立的大型项目的开发。Python 解释器易于扩展，可以使用 C 或 C++（或者其他可以通过 C 调用的语言）扩展新的功能和数据类型。Python 也可用作可定制化软件中的扩展程序语言。Python 丰富的标准库提供了适用于各个主要系统平台的源码或机器码。

由于 Python 具有简洁性、易读性和可扩展性，因此在国外使用 Python 进行科学计算研究的机构日益增多，一些知名大学也使用 Python 来教授程序设计课程。例如，卡内基梅隆大学的编程基础课程、麻省理工学院的计算机科学及编程导论课程就使用 Python 教授。Python 拥有一个强大的标准库。Python 的核心只包含数字、字符串、列表、字典、文件等常见类型和函数，而由 Python 标准库提供系统管理、网络通信、文本处理、数据库接口、图形系统、XML 处理等额外的功能。Python 标准库命名接口清晰、文档良好，很容易学习和使用。Python 社区提供了大量第三方模块，其使用方式与 Python 标准库类似。这些模块功能丰富，涵盖科学计算、Web 开发、数据库接口、图形系统等多个领域，并且大多成熟且稳定。众多开源的科学计算库都提供 Python 的调用接口，如计算机视觉库 OpenCV、三维可视化库 VTK、医学图像处理库 ITK。

1.3.2 Python 库简介

Python 专用的科学计算库有很多，NumPy、SciPy 和 Matplotlib 就是其中三个十分经典的科学计算库，它们分别为 Python 提供了快速数组处理、数值运算和绘图功能。

NumPy（Numerical Python）是 Python 的一个扩展程序库，支持大量的维度数组与矩阵运算，还针对数组运算提供了大量的数学函数库。SciPy（Scientific Python）是著名的 Python 开源科学计算库，建立在 NumPy 之上，用于数学、科学、工程学等领域。SciPy 函数库在 NumPy 的基础上增加了众多数学、科学及工程计算中常用的库函数，如线性代数、常微分方程数值求解、信号处理、图像处理、稀疏矩阵等。SciPy 用于有效计算 NumPy 矩阵，使 NumPy 和 SciPy 协同工作，高效解决问题。Matplotlib 是 Python 及其扩展包的通用图形用户界面工具包。因此，Python 及其众多扩展库所构成的开发环境十分适合供工程技术人员、科研人员处理实验数据、制作图表，甚至开发科学计算应用程序。

1.3.3 PySPT 简介

目前除了 MATLAB 的一些专业性很强的工具箱尚无法被替代，MATLAB 的大部分常用功能都可以在 Python 中找到相应的扩展库。和 MATLAB 相比，用 Python 进行科学计算有如下优点。首先，MATLAB 是一款商用软件，并且价格不菲，而 Python 完全免费，众多开源的科学计算库都提供了 Python 的调用接口，用户可以在任何计算机上免费安装 Python 及其绝大多数扩展库。其次，与 MATLAB 相比，Python 是一门更易学、更严谨的程序设计语言，用户可以用 Python 编写出更易读、易维护的代码。最后，MATLAB 主要专注于工程和科学计算，然而即使在计算领域，也经常会遇到文件管理、界面设计、网络通信等各种需求，而 Python 有着丰富的扩展库，可以轻松完成各种高级任务，开发者可以用 Python 实现完整应用程序所需的各种功能。

PySPT（Python Signal Processing Toolbox）是一个专为信号处理而设计的 Python 工具箱，旨在为用户提供一个类似于 MATLAB Signal Processing Toolbox 的功能集合。它集合了多种常见的信号处理算法和工具，支持一系列常见的信号分析、滤波、变换和特征提取任务。PySPT 充分利用了 Python 生态系统中的开源库，提供了易于使用、灵活且高效的信号处理功能。

与 MATLAB 相比，PySPT 的一个显著优势是它的开源性质，用户可以自由使用和修改。它利用了 NumPy、SciPy、Matplotlib 等强大的 Python 科学计算库，具有矩阵运算、傅里叶变换、滤波器设计、频域分析等多种信号处理功能。PySPT 的模块化设计使得用户可以方便地扩展和自定义，满足各种应用场景的需求。

PySPT 不仅适合信号处理领域的专业人员使用，而且适用于学术研究、教育及嵌入式系统开发等多个领域。通过 Python 强大的编程功能，PySPT 使得复杂的信号处理任务变得更加直观和可定制，从而大大提高了信号处理工作的效率和灵活性。

1.4 Syslab 信号处理工具箱

1.4.1 Syslab 简介

Syslab（全称为 MWORKS.Syslab）是新一代科学计算环境，旨在为算法开发、数值计算、数据分析和可视化、信息域计算分析等提供通用编程开发环境。Syslab 基于新一代高性能科学计算语言 Julia，提供了高效的数值计算能力，同时兼容 Python 和 M 语言，支持与 Python、C/C++、Fortran、M、R 等编程语言的相互调用。结合其丰富的专业工具箱，Syslab 可支持不同领域的计算应用，如信号处理、通信仿真、图形图像处理、控制系统设计分析、人工智能等。Syslab 信息域计算分析与 Sysplorer 物理域建模仿真相融合，可以支撑完整的信息物理系统（Cyber Physical System，CPS）建模仿真。

1.4.2 Julia 简介

Julia 诞生于 2012 年，是为科学计算而开发的一种开源、多平台、高性能的高级编程语言。Julia 拥有一个基于 LLVM 的 JIT 编译器，这使 Julia 无须用户编写底层的代码就能拥有像 C 与 Fortran 那样的性能。因为代码在运行时编译，所以用户可以在 shell 或 REPL 中运行代码，这也是一种推荐的工作流程。

Julia 是动态类型的编程语言，并且提供了为并行计算和分布式运算设计的多重派发机制。Julia 允许用户通过类似 Lisp 的宏自动生成代码。

1.4.3 Syslab 信号处理工具箱的功能概况

信号处理是一种处理与分析信号的技术和方法。信号可以是任何随时间变化的数据，如声音、图像、视频等。信号处理的目的是从原始信号中提取有用信息，并对其进行分析、处理、传输或压缩，以便人们更好地理解信号的特性或实现特定的应用。

Syslab 信号处理工具箱是一个功能强大的软件包，旨在为工程师、科学家和研究人员提供一套全面的工具，用于处理和分析各种类型的信号。以下是 Syslab 信号处理工具箱的功能概况。

1. 信号生成和预处理

Syslab 信号处理工具箱提供了多种预处理技术，如去噪、平滑、重采样等，用于处理原始信号以便后续进行分析；具有滤波、均衡和归一化等功能，以确保信号的质量和一致性。其中，使用 sgolay 函数对随机信号进行平滑处理如图 1-1 所示。

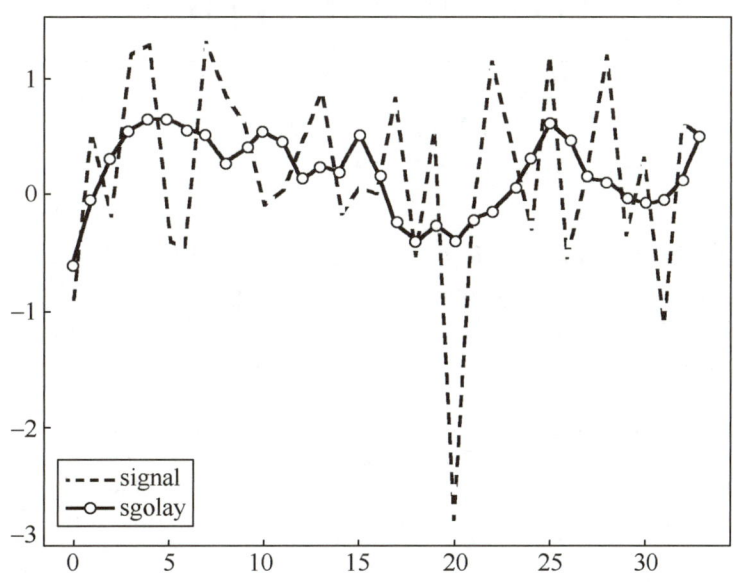

图 1-1　使用 sgolay 函数对随机信号进行平滑处理

2. 测量和特征提取

Syslab 信号处理工具箱支持从信号中提取关键特征，如幅度、频率、相位等，以及更高级的特征，如时域特征、频域特征等；提供了各种测量工具，如均方根（Root Mean Square，RMS）、峰值、谱峰值等，用于量化信号的属性和特性。其中，寻找信号局部极大值如图 1-2 所示。

3. 变换、相关性和建模

Syslab 信号处理工具箱提供了用于计算信号的变换、相关性和卷积的函数。Syslab 信号处理工具箱使用 FFT 将数据分解成若干频率分量；使用传递函数对信号求卷积，进而对信号进行滤波；使用相关性量化信号相似性；使用 DCT 压缩数据。

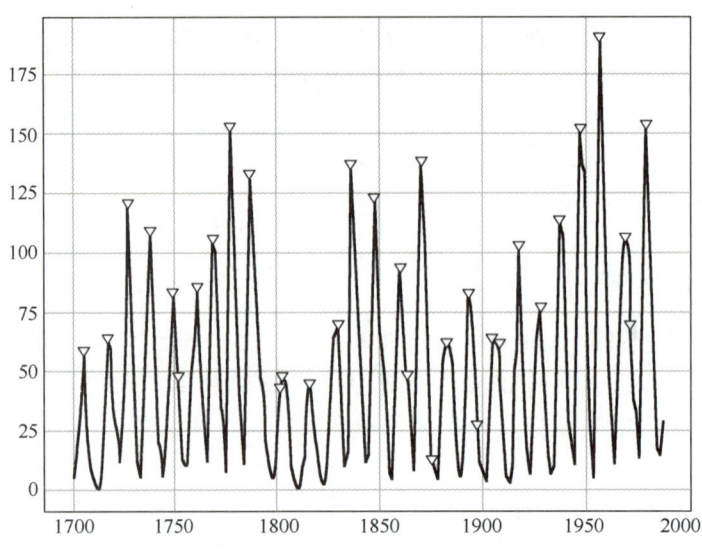

图 1-2 寻找信号局部极大值

4．数字和模拟滤波器

Syslab 信号处理工具箱提供了各种滤波器设计方法，如 FIR 滤波器、IIR 滤波器等，以满足不同应用的需求；提供了滤波器性能分析工具，如频率响应、相位响应、群延迟等，以帮助用户评估滤波器设计的效果和性能。其中，带阻巴特沃斯滤波器的频率响应和相位响应如图 1-3 所示。

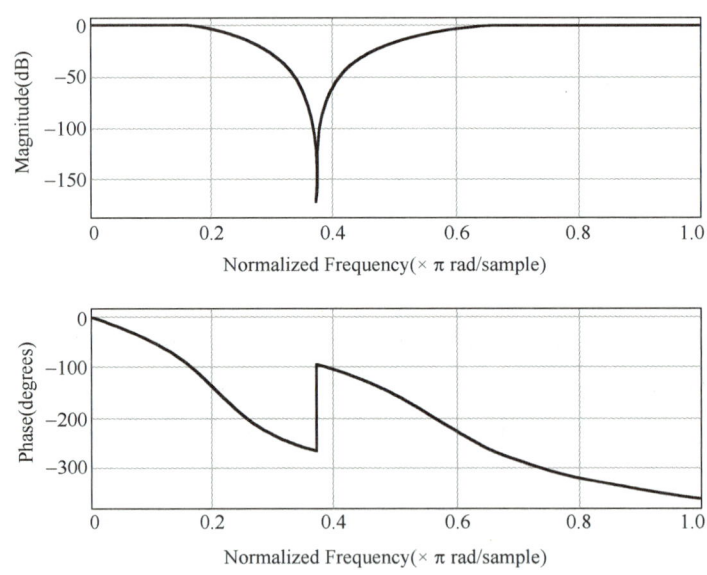

图 1-3 带阻巴特沃斯滤波器的频率响应和相位响应

5．频谱分析

Syslab 信号处理工具箱支持使用频谱分析和子空间方法表征信号的频率成分，以及设计和分析数据窗。其中，彩色噪声信号的互功率谱密度如图 1-4 所示。

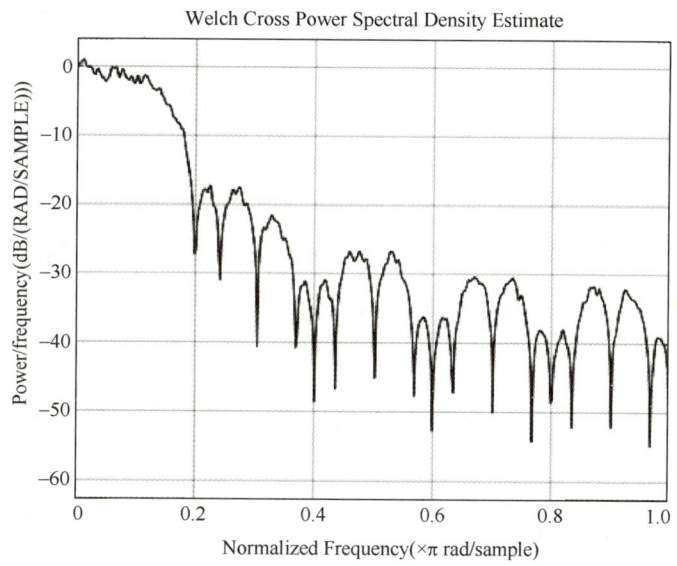

图 1-4　彩色噪声信号的互功率谱密度

综上所述，Syslab 信号处理工具箱旨在为信号在时域、频域的处理与分析提供各种常用算法和应用程序。

本书参考 MATLAB Signal Processing Toolbox 的体系架构及其函数和实例组织方式，对应整理并编写了基于 Syslab 的信号处理工具箱函数和实例，重点整理并编写了如下 5 个章节的对应函数和实例。

（1）信号生成和预处理。

（2）测量和特征提取。

（3）变换、相关性和建模。

（4）数字和模拟滤波器。

（5）频谱分析。

函数和实例都配以对应 MATLAB 的 Julia 代码示例，引导读者通过编程的方式准确地理解信号处理的相关知识及其应用。

第 2 章
MWORKS 概述

    MWORKS 是同元软控推出的新一代科学计算和系统建模仿真一体化基础平台。MWORKS 基于高性能科学计算语言 Julia 和多领域统一建模规范 Modelica，为科研及工程计算人员提供了交互式科学计算和建模仿真环境，实现了科学计算环境 Syslab 与系统建模仿真环境 Sysplorer 的双向融合，可满足各行业在设计、建模、仿真、分析、优化等方面的业务需求。Julia 是一门科学计算语言，是开源的、动态的计算语言，具备建模语言的表现力和开发语言的高性能两种特性，与系统建模和数字孪生技术紧密融合，是最适合构建信息物理系统的计算语言。Syslab 基于新一代高性能科学计算语言 Julia，提供了高效的数值计算能力，同时兼容 Python 和 M 语言，支持与 Python、C/C++、Fortran、M、R 等编程语言的相互调用。结合其丰富的专业工具箱，Syslab 可支持不同领域的计算应用，如信号处理、通信仿真、图形图像处理、控制系统设计分析、人工智能等。

通过本章学习，读者可以了解（或掌握）：
- ❖ MWORKS 科学计算和系统建模仿真。
- ❖ Julia 编程基础。
- ❖ Syslab 基本功能。

2.1 MWORKS 科学计算和系统建模仿真

2.1.1 科学计算环境 Syslab

科学计算环境 Syslab 基于高性能科学计算语言 Julia，提供了交互式编程环境的完备功能。Syslab 支持多范式统一编程，兼顾简约与性能，通过资源管理器、工作区、命令行窗口、包管理器、实时编辑器等，提供了功能完备、强大的交互式编程、调试与运行环境。Syslab 提供了数学、线性代数、矩阵与数组运算、插值、数值积分与微分方程、傅里叶变换与滤波、符号计算、曲线拟合、信号处理、通信等丰富的高质量、高性能科学计算函数。

1. 界面布局

Syslab 的界面布局如图 2-1 所示。其中，工具栏用于提供平台快捷操作按钮；左侧边栏用于提供不同的功能部件，可以通过单击展开功能面板；命令行窗口用于进行终端交互，可以输入脚本命令，并回显执行结果；工作区用于进行全局变量列表的显示与管理；状态栏用于提示状态信息。

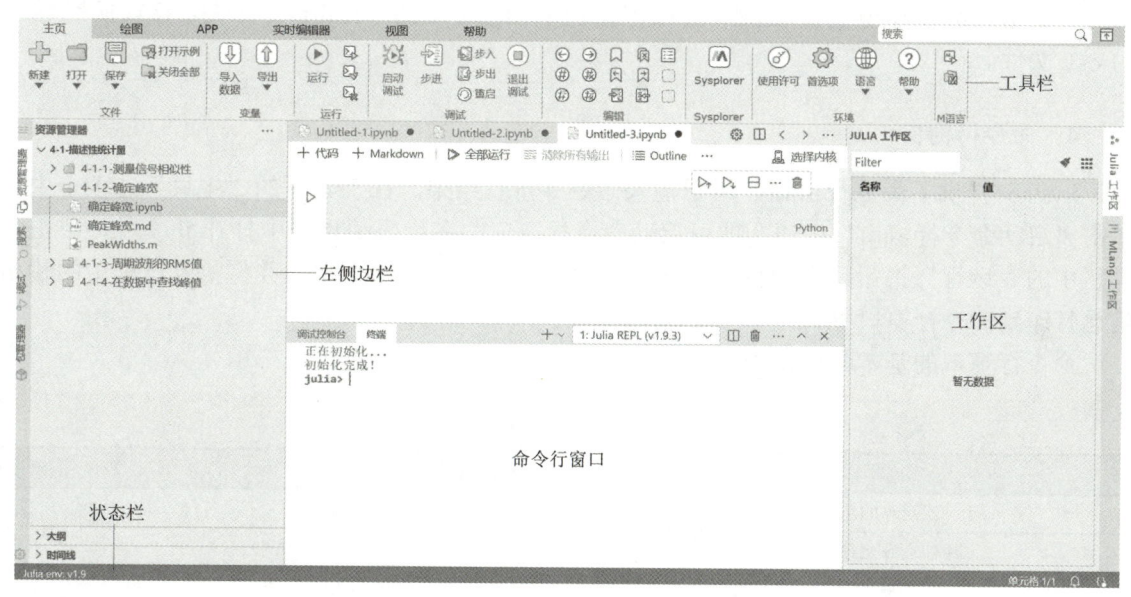

图 2-1 Syslab 的界面布局

2. 资源管理器

Syslab 的资源管理器主要提供了目录树管理功能，支持对文件（或文件夹）进行新增、删除、修改、查找等操作，默认处于左侧边栏的第一个位置。单击左侧边栏中的"资源管理器"按钮，展开资源管理器面板，当工作区不存在内容时，可以单击"打开文件夹"按钮，弹出"文件选择"对话框，选择文件夹并确认后，即可在资源管理器中打开文件夹。

在打开文件夹后，资源管理器将当前文件夹下的文件和子文件夹以树形结构展示。目录树上的文件节点可以进行展开和折叠，针对不同的文件类型，每个文件节点前面对应不同的图标。单击目录树上的文件节点,右侧会打开文件的文本视图,提供查看及代码编辑功能。目录树的顶层是一个标题栏,显示的是当前打开的文件夹的名称。把鼠标指针悬停在目录树上,标题右侧会显示四个按钮,单击"新建文件"按钮,会在选中目录位置处新建一个 Julia 类型的 Unnamed 文件,并进入编辑状态,用户自行修改文件名称后,退出编辑状态(按回车键或单击其他位置),新建文件成功。

3. 工作区

Syslab 的工作区支持对命令行窗口中的模块、类型、宏、函数、变量等元素进行集中显示与编辑,位于右侧边栏上方。

工作区主要由三部分组成。

(1)输入框:根据输入内容,对工作区显示内容进行过滤。

(2)按钮工具栏:包括"导出 csv 文件""导出 Julia 文件""列设置"等按钮。

(3)表格树展示区:以表格树形式对命令行窗口中的模块、类型、宏、函数、变量等元素进行集中显示。

Syslab 的工作区提供了导出 csv 文件功能。单击按钮工具栏中的第一个按钮,弹出"导出"对话框,选择导出位置后,默认在该路径下创建 syslab_results 文件夹,存放所有导出的 csv 文件。

4. 命令行窗口

Syslab 提供了命令行窗口,用于输入命令并查看结果。在工具栏的"主页"选项卡中,单击"启动命令行窗口"按钮,即可启动命令行窗口。在代码编辑器中打开 jl 文件,单击工具栏中的"运行"按钮,系统将启动命令行窗口并执行该文件脚本,并将执行过程中的输出信息打印到命令行窗口中。

命令行窗口的基本命令如表 2-1 所示。

表 2-1 命令行窗口的基本命令

操作	命令
上一次运算的结果	ans
中断命令执行	Ctrl+C
清屏	Ctrl+L
运行程序文件	include("filename.jl")
查找 func 相关的帮助	?func
查找 func 的所有定义	apropos("func")
命令行模式	;
包管理模式	]
帮助模式	?
查找特殊符号输入方式	?☆ # "☆" can be typed by \bigwhitestar<tab>
退出特殊模式返回命令行窗口	在空行上按回格键 Backspace
退出命令行窗口	exit() 或 Ctrl+D

5. 包管理器

包管理器提供了包的创建、开发、安装、卸载、注册、版本切换、依赖设置等功能，并支持对开发包和注册包进行分类管理，主要包括开发库和注册库。

开发库面板主要由三部分组成。
- 过滤框：根据输入内容，对表格树显示内容进行过滤。
- 按钮工具栏：包括"刷新面板""新建包""添加开发包""选项设置"等按钮。
- 表格树展示区：主要用于对开发包及其函数以表格树形式进行展示。

开发库面板初始默认为空面板，单击"刷新面板"按钮，将当前包环境下已安装的开发包（通过 Pkg.develop 安装的本地包）添加到开发包管理面板中。单击"新建包"按钮，右侧会弹出一个新建包配置页面。填写新建包的相关配置项，单击"确认"按钮，开始新建包。配置项说明如下。
- 包的根目录：新建包的父路径，必填。
- 包的名称：新建包的名称，默认为 Unnamed，必填。
- 包的中文名称：新建包的中文名称，选填。

包的类型如下。
- git 包：创建带 git 仓库的包，可以进行 git 操作，将来可以上传到注册库。
- 普通包：创建不带 git 仓库的包，只能本地开发和使用，无法上传到注册库实现共享。

注册库面板主要由三部分组成。
- 过滤框：根据输入内容，对表格树显示内容进行过滤。
- 按钮工具栏：包括"更新注册表""刷新面板""添加注册包""选项设置"等按钮。
- 表格树展示区：主要用于对注册包及其函数以表格树形式进行展示。

6. 实时编辑器

实时编辑器提供了交互式编程环境，支持用户在统一的文档环境中将代码与嵌入式输出、格式化文本、方程和图像组合到一起，生成交互式记事本，并与他人分享。实时脚本是在一个被称为实时编辑器的交互式环境中使用的同时包含代码、输出和格式化文本的程序文件。在实时脚本中，用户可以编写代码并查看生成的输出和图形及相应的源代码，还可以添加格式化文本、图像、超链接和方程，以创建可与其他人共享的交互式记事本。

实时脚本、函数在几个方面与纯代码脚本、函数存在差别，如表 2-2 所示。

表 2-2 实时脚本、函数与纯代码脚本、函数的差别

项目	实时脚本、函数	纯代码脚本、函数
文件格式	实时代码文件格式。有关详细信息，请参阅实时代码文件格式	普通文本文件格式
文件扩展名	.ipynb	.py
输出显示	在实时编辑器中，与代码一起显示（仅限实时脚本）	在命令行窗口中显示
文本格式设置	在实时编辑器中添加和查看格式化文本	使用发布标记添加格式化文本，发布到视图

实时编辑器支持单独运行每个代码节或同时运行文件中的所有代码节。若要单独运行某个代码节，则该代码节必须包含它需要的所有值。表 2-3 所示为运行代码的不同方式。

表 2-3 运行代码的不同方式

运行方式	说明
运行文件中的所有代码	在"实时编辑器"选项卡的运行分区中单击"运行"按钮,或者在代码编辑器上方单击"全部运行"按钮
运行所选代码节	将光标定位至所要运行的代码节,在"实时编辑器"选项卡的节分区中单击"运行节"按钮
运行所选代码节,然后将光标定位至下一个代码节	在"实时编辑器"选项卡的节分区中单击"运行并前进节"按钮,开始运行当前选中的代码节,运行结束后将光标定位至下一个代码节
运行所选代码节,然后运行所选代码节后的所有代码	在"实时编辑器"选项卡的节分区中单击"运行到结束"按钮,运行当前选中的代码节及所选代码节后的所有代码
运行所选代码节上方的所有代码	在代码编辑器中单击所选代码节右上角的"执行上方所有的单元格"按钮,开始运行所选代码节上方的所有代码

7. 性能采样分析器

Syslab 提供了性能采样分析器,支持程序计时及程序性能采样分析,并且可以将 Profiler 图保存。Syslab 针对程序计时提供了多种宏调用的方式,支持对表达式计时和查看内存分配情况。Syslab 内置了 Profiler 模块,用于进行性能采样分析,同时以火焰图的形式对性能采样分析结果进行可视化展示。Profiler 图以火焰图的形式展示时间分布,它从顶部到底部列出所有可能导致性能瓶颈的调用栈。具体规则如下。

- 每一列代表一个调用栈,每一个格子代表一个函数。
- 纵轴展示了栈的深度,按照调用关系从上到下排列。上面的函数是下面函数的父函数。
- 横轴格子的宽度代表其在采样中出现的频率,所以一个格子的宽度越大,说明它是性能瓶颈原因的可能性就越大。
- 针对特别的标志,如垃圾回收、动态派发等,会使用特别的颜色进行展示。

2.1.2 系统建模仿真环境 Sysplorer

在工业技术发展背景下,Sysplorer(全称为 MWORKS.Sysplorer)以独特的方式定义了下一代系统建模仿真环境。基于国际公认的 Modelica 建模规范,Sysplorer 提供了一种层次化的拓扑结构建模方式,为多领域工业产品的设计和验证铺平了道路。特别是在汽车电子系统领域,Sysplorer 不只是一个工具,更是一个完整的解决方案,覆盖了从需求分析到代码生成的全流程。

Sysplorer 将多种工具整合在一起,为用户提供了一个高度集成的开发环境。用户可以在一个统一的界面中进行模型建立、仿真、分析和代码生成,减少了在不同工具间切换的时间和成本。这种高度集成的开发环境支持使用 Simulink、Stateflow 等工具进行系统建模和建模后的实时仿真,使用户可以快速构建和修改系统模型,更准确地预测系统行为,提高成果的可信度和有效性。除此之外,Sysplorer 还具有强大的代码生成能力,可以将系统模型转换为 C、C++ 等编程语言的代码,直接用于实际系统的开发和部署,大幅缩短应用等的开发周期。

依托丰富的插件和扩展库,Sysplorer 具有较强的可扩展性,用户可以根据实际需求添加新的工具和功能,满足特定的开发需求。在人们关注的交互性和兼容性问题上,Sysplorer 支持多种操作系统,并提供了强大的社区支持,这使得用户可以在不同的操作系统上使用 Sysplorer 进行开发,获取最新的技术资讯、交流心得体会、解决问题等。Sysplorer 能够与

Simulink、Vector CANoe 等实现良好的兼容,这使得用户在开发过程中可以方便地与其他工具进行集成和交互,提高了开发的效率和便利性。

依赖自身的多种特性,Sysplorer 广泛应用于汽车电子系统设计和开发领域。Sysplorer 可以用于底盘控制、动力系统控制、车身控制等方面的系统设计和仿真。通过 Sysplorer,开发人员能够快速构建和验证复杂的汽车电子系统,提高开发效率和质量。除汽车电子系统领域以外,Sysplorer 还可应用于其他需要进行复杂系统设计和仿真的领域,如航空航天、轨道交通等。在资源规划和调度方面,Sysplorer 可用于辅助管理系统资源,通过管理员设置自动化任务和系统调度,提高系统的利用效率和自动化管理水平。总之,Sysplorer 的应用范围较广且前景较为广阔,随着 MWORKS 的不断使用和发展,Sysplorer 能够在不同领域发挥积极作用。

2.1.3 系统协同建模与模型数据管理环境 Syslink

Syslink(全称为 MWORKS.Syslink)是面向云端的系统协同建模与模型数据管理环境,为基于模型的系统工程设计和应用中的模型、数据及相关工作提供全面的协同管理解决方案。Syslink 着力于面向模型的协同,为工程师提供图形化、面向对象的协同建模和模型管理功能,为各行业的数字化转型全面赋能。产品系统设计示意图如图 2-2 所示。

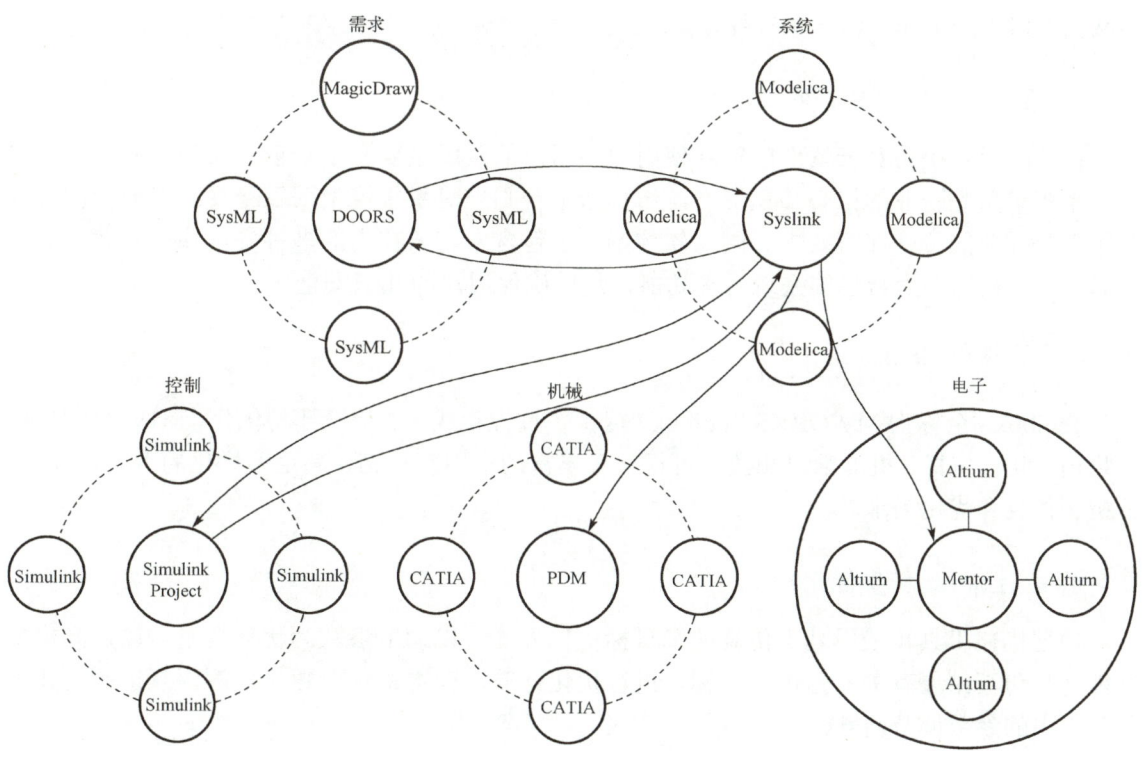

图 2-2 产品系统设计示意图

Syslink 面向私有部署,提供了多人协同建模、模型统一管理、云端仿真加速和模型安全保护等功能。针对不同应用场景,Syslink 分为社区版和企业版。企业版支持私有部署,提供了 Sysplorer、Syslab 全面云化部署,支持在线建模与仿真。针对保密管理要求,企业版提供"三员三库"、模型技术状态管理等特色功能。其技术特点如下所示。

1. 端云一体的多人协同建模

面向企业级高质量协同需求，Syslink 通过与 Sysplorer 客户端的紧密集成，利用 Sysplorer 强大的建模能力，实现了远程异地多人协同建模。在 Syslink 中，项目负责人可以创建协同项目，配置参与人员、定义人员权限，驱动大型复杂项目的有序开展。

在端云一体的多人协同模式下，Sysplorer 作为建模的客户端，可以从 Syslink 云端模型库中获取模型进行系统建模和仿真，也可以将自定义模型上传到云端模型库进行协同管理和共享，从而实现模型在不同项目、不同组织中的重用。

2. 云端在线仿真和结果查看

用户可以从仿真云平台进入系统模型信息界面，设置仿真参数、提交模型仿真任务，并对系统模型进行仿真计算，仿真结束后可以直接展示仿真结果。

3. 规范有序的云端模型库管理

Syslink 提供了规范有序的云端模型库管理逻辑，让模型价值充分发挥。用户可以从统一的网页入口进入工作台，并执行操作。

4. 多样化的模型安全保护机制

在现阶段系统仿真云软件的实际使用中，用户的疑虑主要在于知识产权和商业秘密的保护。系统模型是企业的核心知识资产，仿真云平台必须对系统模型采取稳妥的保护措施。针对军工等行业的特殊保密要求，同元软控推出了包含专有云在内的多种安全存储方案，提供了以"三员三库"为特色的系统管理功能，足以确保用户的知识安全。

2.1.4 工具箱 Toolbox

Toolbox（全称为 MWORKS.Toolbox）提供了过程集成、试验设计与优化、PHM、VV&A、半物理、联合仿真、机器学习和数据可视化等丰富的实用工具箱，满足多样化的数字化设计、分析、仿真和优化需求。

1. Sysplorer/模型优化

模型优化工具箱采用基于仿真的多目标优化方法，以调节参数为优化变量，以提高模型性能（与仿真结果有关）为优化目标，进行优化计算，获得最优参数，以解决复杂系统建模与仿真中的参数调节问题。

2. Sysplorer/模型标定

模型标定工具箱以试验得到的测量数据为依据，在某一范围内自动调整参数值，同时进行仿真。该工具箱通过自动比对模型仿真数据与试验测量数据的差异，使模型输出与测量结果达到最大限度的吻合。

3. Sysplorer/试验设计

试验设计工具箱以一种方便有效的方式支持用户进行参数研究。该工具箱支持对输入/输出参数的样本控件进行探索，支持随机的或自定义的批量仿真试验设计、运行和分析。

4. Sysplorer/故障仿真

故障仿真工具箱通过解析 Modelica 模型，以模型为载体，以故障模式为切入点，动态生成故障模型，实现基于模型的故障分析。该工具箱支持故障注入模拟、故障量化影响性分析、基于故障树的故障推断等，对于提升复杂系统的设计能力、提高设计质量具有长远的价值。

5. Sysplorer/频率估算

频率估算工具箱在系统稳态工作点（Steady-State Operating Points）处，针对待估算的模型，通过一组由不同频率的正弦信号构造的 Sinestream 信号进行激励，获取系统在时域上的输出。

6. Sysplorer/脚本编程环境

脚本编程环境全面支持 Python 编程，通过调用内置的高质量库进行科学计算，打通科学计算环境与建模仿真环境，帮助用户以极其便利的手段开展更深层次的设计、仿真和验证。Sysplorer/脚本编程环境如图 2-3 所示。

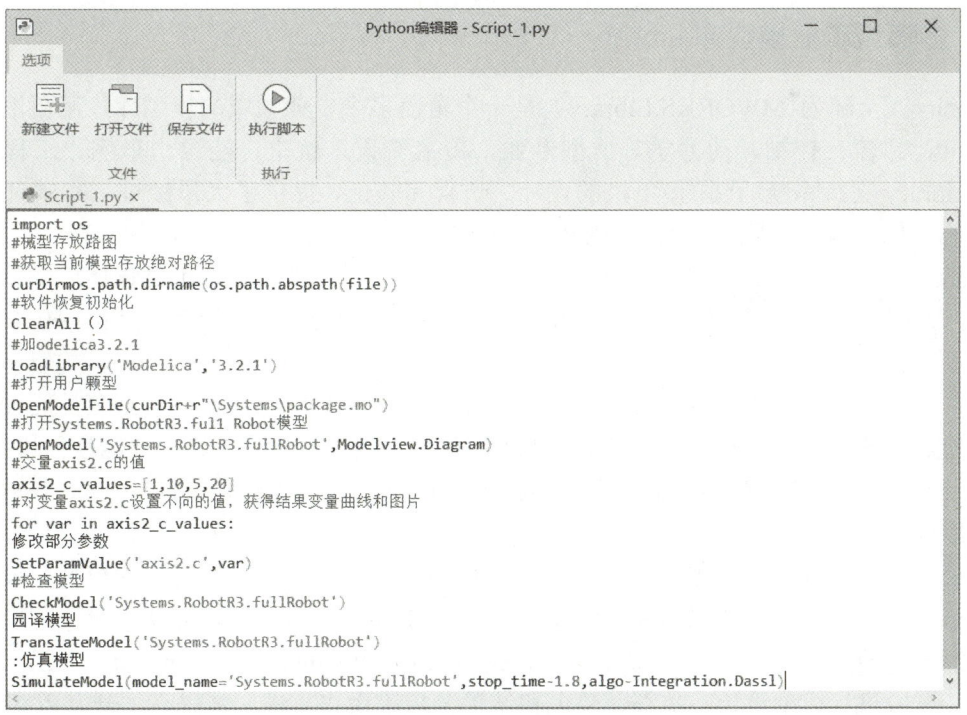

图 2-3　Sysplorer/脚本编程环境

7. Sysplorer/FMI 联合仿真

FMI 工具箱遵循 FMI 规范实现 Modelica 工具和异构软件之间的模型生成与交换。FMI 工具箱支持模型交换（Model-Exchange，ME）和协同仿真（Co-Simulation，CS）（包括 1.0 和 2.0）的导入及导出，ME 用于实现一个建模工具以输入、输出块的形式生成一个动态系统模型的 C 代码，供其他建模工具统一求解；CS 用于耦合多个建模工具，构建联合仿真环境。

8. Sysplorer/分布式联合仿真

分布式联合仿真工具箱基于开放的分布式通信协议，提供了一个多学科异构模型的联合仿真环境。该工具箱既支持本地仿真，也支持远程分布式仿真，可有效连接并同步和控制各仿真工具，大幅提升了复杂大系统的仿真效率。

9. Sysplorer/插件与 API

插件是一种通过遵循一定规范的应用程序接口编写出来的程序。Sysplorer 采用了灵活的插件机制，可以实现建模环境定制、集中配置管理等，给系统扩展提供了无限可能，只需将插件复制到指定目录中即可自动加载，无须进行复杂配置。

10. 三维 CAD 模型转换工具/KineTrans

KineTrans 可以从三维 CAD 的装配模型中自动导出与装配模型一致的动力学模型，该模型可以直接在 MWORKS 中求解并运行，以分析模型的运动学和动力学性能。

2.1.5 多领域工业模型库 Library

Library（全称为 MWORKS.Library）是一个覆盖多个专业领域的模型库，涵盖液压、传动、电气、热流、控制、动力学等典型专业，覆盖航天、航空、能源、车辆、工程机械等领域。Library 支持系统/子系统/单机的设计、仿真和验证，提供了大量经过工程验证的设计和仿真一体化模型库，旨在帮助用户实现代码的高效复用。

Library 具有很多优点。Library 中的模型库都是经过工程验证的，可以直接用于工程设计和仿真，为用户提供了极大的便利，提高了代码复用率。Library 支持多领域协同仿真，用户可以将不同领域的模型组合在一起进行仿真，以评估整个系统的性能。Library 的用户界面简洁明了，易于使用，这使得用户能够轻松完成设计和仿真任务。Library 具有可扩展性，并且其模型库是开放式的，用户可以根据实际需求添加自己的模型库，或者与其他软件进行集成。Library 中的模型库都是经过严格测试和验证的，具有很高的可靠性，用户可以高效地使用这些模型库进行工程设计和仿真。

此外，Library 还支持定制化开发，用户可以根据自己的需求定制特定的模型库或功能模块。Library 可以在不同的操作系统上运行，如 Windows、Linux 等，方便用户在不同平台上使用。Library 提供了一个集成开发环境（Integrated Development Environment，IDE），用户可以在该环境中进行模型设计、仿真、验证和结果分析等操作，进一步提高了开发效率。

Library 提供的基础模型有助于大幅降低复杂产品模型开发的门槛，降低模型开发人员的学习成本，减小数字化转型的阻力，从而加速装备行业数字化转型。

总之，Library 是一款功能强大、易于使用、稳定可靠的工程仿真模型库。它为用户提供了丰富的模型库资源，支持多领域协同仿真和历史代码复用，可广泛应用于航天、航空、能源、车辆、工程机械等领域，完成设计和仿真工作。同时，Library 还具有良好的可扩展性和可定制性，可以根据用户的实际需求进行定制化开发，实现更高效、更精准的工程设计和仿真。

2.2 Julia 编程基础

2.2.1 变量

在 Julia 中，变量是与某个值相关联（或绑定）的名字，可以用它来保存一个值（如某些计算得到的结果），供之后的代码使用。例如：

```
# 将 10 赋值给变量 x
julia> x = 10
10
# 使用 x 的值进行计算
julia> x + 1
11
# 重新给 x 赋值
julia> x = 1 + 1
2
# 也可以给 x 赋其他类型的值，如字符串文本
julia> x = "Hello World!"
"Hello World!"
```

Julia 提供了非常灵活的变量命名策略。变量名是大小写敏感的，且不包含语义，也就是说，Julia 不会根据变量的名字来区别对待它们。在 Julia 命令行窗口和一些其他 Julia 编辑器中，很多 Unicode 字符可以通过反斜杠加 LaTeX 符号接 tab 键输入。例如，变量名 δ 可以通过\delta-tab 输入，甚至可以通过\alpha-tab-\hat-tab-\^(2)-tab 输入 α̂$^{(2)}$ 这种复杂的变量名。

1. 合法变量

变量名必须以英文字母（A~Z 或 a~z）、下画线或编码大于 00A0 的 Unicode 字符的一个子集开头。具体来说指的是，Unicode 字符分类中的 Lu/Ll/Lt/Lm/Lo/Nl（字母）、Sc/So（货币和其他符号）及其他像字母的符号（如 Sm 类别数学符号中的一部分）可以作为变量名的开头。变量名的非首字符还允许使用感叹号、数字（包括 0~9 和其他 Nd/No 类别的 Unicode 字符）及其他 Unicode 字符，如变音符号和其他修改标记（Mn/Mc/Me/Sk 类别）、标点与连接符（Pc 类别）、引号及少许其他字符。

像+这样的运算符也是合法的标识符，但是它们会被特别地解析。在一些上下文中，运算符可以像变量一样使用，如(+)表示加函数，语句(+) = f 会对它重新赋值。大部分 Unicode 中缀运算符（Sm 类别），如 ⊕，会被解析成真正的中缀运算符，并且支持用户自定义方法（如用户可以使用语句 const ⊗ = kron 将⊗定义为中缀的 Kronecker 积）。运算符也可以使用修改标记、引号和上标/下标进行加缀，如+′a″ 被解析成一个与+具有相同优先级的中缀运算符。以下标/上标字母结尾的运算符与后续变量名之间需要加一个空格。举个例子，如果+^{a}是一个运算符，那么+^{a}x 应该被写为+^{a} x，以区别于表达式+ ^{a}x，其中^{a}x 是变量名。

一类特定的变量名是只包含下画线的变量名。这些标识符只能进行赋值，不能用于给其

他变量赋值。严格来说，它们只能用作左值而不能用作右值。例如：

```
julia> x, ___ = size([2 2; 1 1])
(2, 2)
julia> y = ___
ERROR: syntax: all-underscore identifier used as rvalue
```

唯一明确禁止的变量名是内置关键字的变量名。例如：

```
julia> else = false
ERROR: syntax: unexpected "else"

julia> try = "No"
ERROR: syntax: unexpected "="
```

某些 Unicode 字符被认为是等价的标识符。不同的输入 Unicode 组合字符的方法（如重音）被视为等价方法（Julia 标识符采用 NFC 标准）。Julia 还加入了一些非标准的等价字符，其在视觉上相似且易于通过某些输入法输入。Unicode 字符ɛ（U+025B：Latin small letter open e）和 µ（U+00B5：micro sign）被视为等同于相应的希腊字母。点·（U+00B7）和希腊字符间断·（U+0387）都被视为等同于数学上的点积运算符·（U+22C5）。减号−（U+2212）和连接号-（U+002D）也被视为相同的符号。

2．命名规范

虽然 Julia 对合法变量名的限制非常少，但是遵循以下命名规范是非常有用的。

（1）变量名使用小写字母。

（2）可以使用下画线分隔变量名中的单词，但是不鼓励使用下画线，除非不使用下画线变量名会非常难读。

（3）类型（Type）和模块（Module）的名字以大写字母开头，并且用大写字母而非下画线分隔单词。

（4）函数（function）和宏（macro）的名字使用小写字母，不使用下画线。

（5）会对输入参数进行更改的函数要使用"！"结尾。这些函数有时被称为 mutating 函数或 in-place 函数，因为它们在被调用后会修改输入参数的内容，而不仅是返回一个值。

2.2.2　数组

数组是一种数据结构，由相同数据类型的元素按照特定顺序组成的集合构成，可分为一维数组和多维数组两种形式。在 Julia 中，数组是一种支持多样化数据结构的容器，能够存储各种类型的元素，并以灵活的方式构建不固定大小的顺序集合。Julia 数组具有可变类型的特性，适用于表示列表、向量、表格和矩阵等结构。其索引采用整数表示，且数组的大小不固定。为了操作数组，Julia 提供了丰富的函数，包括元素添加、数组合并等功能函数，以满足对数组进行灵活处理的需求。

1．数组的声明

对于一维数组（向量），其声明的语法格式如下：

```
array1D = [element1, element2, ...]
```

这表示一个由 element1、element2 等元素组成的一维数组。这里的元素可以为任何数据类型，包括数字、字符串，甚至其他数组。创建的数组可以直接使用索引访问，第一个元素的索引为 1（不是 0），第二个元素的索引为 2，以此类推，最后一个元素的索引可以使用 end 表示。

2．指定数组的类型及维度

在 Julia 中，可以使用以下语法指定数组的类型和维度：

```
Array{type}(undef, dims...)
julia> array = Array{Int64}(undef, 3)           # 表示 1 维数组，数组中有 3 个元素
julia> array = Array{Int64}(undef, 3, 3, 3)     # 表示 3 维数组，每个维度数组中有 3 个元素
```

3．使用推导式或生成器创建数组

创建数组的一种有用方法是使用推导式。数组推导式的语法格式如下：

```
A = [ F(x,y,...) for x=rx, y=ry, ... ]
```

F(x,y,...) 表示取其给定列表中变量 x,y 等的每个值进行计算。值可以指定为任何可迭代对象，但通常是 1:n 或 2:(n-1) 之类的范围，或者是像 [1.2, 3.4, 5.7] 这样的显式数组值。结果是一个 N 维密集数组，将变量范围 rx,ry 等的维数拼接起来即可得到其维数，并且每次 F(x,y,...) 计算返回一个标量。

4．Julia 数组的基本函数

Julia 数组的基本函数如表 2-4 所示。

表 2-4 Julia 数组的基本函数

函数	描述
eltype(A)	A 中元素的类型
length(A)	A 中元素的数量
ndims(A)	A 的维数
size(A)	一个包含 A 各个维度上元素数量的元组
size(A,n)	A 第 n 维中的元素数量
axes(A)	一个包含 A 有效索引的元组
axes(A,n)	第 n 维有效索引的范围
eachindex(A)	一个访问 A 中每个位置的高效迭代器
stride(A,k)	在第 k 维上的间隔（stride）（相邻元素间的线性索引距离）
strides(A)	包含每个维度上间隔（stride）的元组

2.2.3 函数

1．数学函数

与其他科学计算语言类似，Julia 支持常见的数学函数，如 log、exp、sqrt、sin、cos、tan 等函数，Julia 编程中常用数学函数的用法如下所示。

（1）log(x)：计算自然对数。

示例:
```
result_log = log(10)
```

(2) exp(x): 计算指数函数。
示例:
```
result_exp = exp(2)
```

(3) sqrt(x): 计算平方根。
示例:
```
result_sqrt = sqrt(25)
```

(4) sin(x)、cos(x)和tan(x): 计算正弦函数、余弦函数和正切函数。
示例:
```
result_sin = sin(π/2)
result_cos = cos(π)
result_tan = tan(π/4)
```

在上述数学函数中,括号中的值就是赋给该数学函数自变量的值,结果存储在变量 result_x 中。

除了基本的数学函数,Julia 中还包含一些常用于简化编程数学步骤的实用函数:round(Int, x)用于将 x 四舍五入为整数,round(x, digits=2)用于将 x 四舍五入到两位小数,round(x)用于将 x 四舍五入到 0 位小数的浮点数,floor(Int, x)用于返回小于或等于 x 的最大整数,floor(x)用于返回浮点数结果,ceil(Int, x)用于返回大于或等于 x 的最小整数,ceil(x)用于返回浮点数结果,factorial(n)用于计算阶乘,binomial(n, k)用于计算 n 取 k 的组合数,gcd(x, y)用于计算最大公因数,lcm(x, y)用于计算最小公倍数,ndigits()用于求数值以某个进制表示后的数字位数(仅数字),evalpoly(p, x)用于计算多项式 p 的值。以下是部分函数的具体格式与示例。

(1) round(Int, x): 将 x 四舍五入为整数。

round(x): 将 x 四舍五入到 0 位小数的浮点数。

示例:
```
rounded_int = round(Int, 3.5)
rounded= round(3.5)
```

(2) round(x, digits=2): 将 x 四舍五入到两位小数。

示例:
```
rounded_float = round(3.14159, digits=2)
```

(3) floor(Int, x): 返回小于或等于 x 的最大整数。

floor(x): 返回浮点数结果。

示例:
```
floor_int = floor(Int, 4.8)
floor_float = floor(4.8)
```

(4) ceil(Int, x): 返回大于或等于 x 的最小整数。

ceil(x): 返回浮点数结果。

示例:
```
ceil_int = ceil(Int, 2.3)
ceil_float = ceil(2.3)
```

(5) factorial(n)：计算阶乘。

示例：
```
result_factorial = factorial(5)
```

(6) binomial(n, k)：计算 n 取 k 的组合数。

示例：
```
result_binomial = binomial(8, 3)
```

(7) gcd(x, y)：计算最大公因数。

示例：
```
result_gcd = gcd(24, 36)
```

(8) lcm(x, y)：计算最小公倍数。

示例：
```
result_lcm = lcm(4, 5)
```

(9) ndigits(x, base=10)：求数值以某个进制表示后的数字位数（仅数字）。

示例：
```
num_digits = ndigits(12345, base=10)
```

(10) evalpoly(p, x)：计算多项式 p 的值。

示例：
```
result_evalpoly = evalpoly([2, 0, -1], 3)
```

2. 自定义函数

在 Julia 中，自定义函数同样对代码简洁性、复用性有很大的作用。在 Julia 中，自定义函数有其特点，下面将一一介绍。

（1）函数定义：在 Julia 中，函数通过 function 和 end 关键字定义。示例：

```
"
function add(x, y)
return x + y
end
"
```

这个简单的函数名为 add，接收两个参数 x 和 y，返回它们的和。

（2）多重派发：Julia 采用了多重派发的编程范式，允许定义多个具有相同名字但参数类型不同的函数。系统会根据输入参数的类型动态地选择调用哪个函数。这有助于提高代码的灵活性和性能。示例：

```
"
function add(x::Int, y::Int)
return x + y
end
function add(x::Float64, y::Float64)
return x + y
end
"
```

（3）可变参数函数：Julia 中的函数可以接收可变数量的参数，使用...表示。示例：

```
"
function variable_args(x, y...)
println(x)
```

```
println(y)
end
```

（4）匿名函数：Julia 支持匿名函数，可以使用->语法定义。示例：

```
f = (x, y) -> x^2 + y^2
```

这里创建了一个匿名函数，用于计算输入参数的平方和。

（5）关键字参数：Julia 中的函数可以使用关键字参数，以提高函数调用的可读性。示例：

```
function print_info(name; age=0, city="Unknown")
    println("Name: $name, Age: $age, City: $city")
end
```

这个函数接收一个必需的参数 name，以及可选的关键字参数 age 和 city。

（6）高阶函数：Julia 支持高阶函数，即可以接收其他函数作为参数或返回函数作为结果。这种特性使得编写更灵活、可复用的代码变得更加容易。示例：

```
function operate_on_array(func, arr)
    return func.(arr)
end

square(x) = x^2
result = operate_on_array(square, [1, 2, 3, 4])
```

（7）内嵌函数：在 Julia 中，可以在函数内部定义内嵌函数。这些内嵌函数对于实现复杂逻辑和代码模块化非常有用。内嵌函数仅在外部函数中可见，提高了代码的封装性。示例：

```
function outer_function(x)
    function inner_function(y)
        return y * 2
    end
    return inner_function(x)
end

result = outer_function(5)
```

（8）全局变量：Julia 使用词法作用域，函数内部的变量通常不会影响函数外部的同名变量。但是，可以使用 global 关键字声明全局变量，以便在函数内修改外部变量。示例：

```
global_var = 10

function modify_global()
    global global_var
    global_var += 5
end

modify_global()
```

（9）异常处理：Julia 提供了异常处理机制，可以使用 try、catch 和 finally 块处理异常情况。这有助于编写鲁棒性更强的代码，有效地处理潜在的错误。示例：

```
"
function safe_divide(x, y)
    try
        return x / y
    catch
        println("Error: Division by zero.")
        return NaN
    end
end
"
```

通过综合掌握 Julia 中的函数及其操作，用户能够更灵活地进行科学计算和数据处理。这些函数为解决实际问题提供了强大的工具支持。同时，使用这些函数与 Julia 强调的性能和灵活性的理念相一致，使得编写高效、准确的科学计算代码变得更加容易。

2.2.4 控制流

Julia 中提供了大量的流程控制构件。
- 复合表达式：begin 和;。
- 条件表达式：if-else 和?:（三元运算符）。
- 短路求值：&&、||和链式比较。
- 重复执行：while 循环和 for 循环。
- 异常处理：try-catch、error 和 throw。
- Task（协程）：yieldto。

前五类流程控制构件是大多编程语言的基础，在 Julia 中也不例外。值得注意的是，在 Julia 中，异常处理和 Task 都是使用任务实现的。日常编程不需要直接使用任务，但使用任务可以更容易地解决某些问题。

1. 复合表达式

在 Julia 中，复合表达式是指可以将多个表达式组合在一起的语法结构，一个表达式能够有序地计算若干子表达式，并返回最后一个子表达式的值。下面是一个 begin 代码块的示例：

```
result = begin
    sum = 0
    for i in 1:5
        sum += i
    end
    sum
end
```

2. 条件表达式

在 Julia 中，条件表达式通常是指使用三元运算符或 if-else 语句根据条件选择不同的值或执行不同的代码块，可以根据布尔表达式的值让部分代码被执行或不被执行。下面是一个 if-else 语句的示例：

```
x = 10
if x > 5
    println("x 大于 5")
else
    println("x 不大于 5")
end
```

3. 短路求值

在 Julia 中，短路求值是指在逻辑运算中，如果根据第一个操作数的值就能确定整个表达式的值，就不再计算第二个操作数。示例：

```
x = 5
y = 10
z = 0

result = x > 0 && y > 0    # 因为 x 大于 0，所以不需要计算 y > 0，直接返回 true
println(result)
result2 = x < 0 || z > 0   # 因为 x 小于 0，所以不需要计算 z > 0，直接返回 false
println(result2)
```

4. 重复执行

在 Julia 中，可以使用循环结构实现重复执行的功能。Julia 中主要存在两个用于重复执行表达式的组件：while 循环和 for 循环。while 循环会执行条件表达式，只要为 true，就会一直执行循环的主体部分。for 循环能够更简明地表达 while 循环想要达到的逻辑。示例：

```
for i in 1:5
    println("这是第 $i 次循环")
end

i = 1
while i <= 5
    println("这是第 $i 次循环")
    i += 1
end
```

5. 异常处理

当一个意外条件发生时，一个函数可能无法向调用者返回一个合理的值。在这种情况下，异常处理组件能够让意外条件终止程序并打印出调试的错误信息，或者根据程序员预先提供的异常处理代码采取恰当的措施。下面是一个简单的使用 try-catch 方法处理异常问题的示例：

```
function divide(x, y)
    try
        x / y
    catch e
        println("发生除法错误：", e)
    end
end

divide(10, 2)    # 不会触发异常
divide(10, 0)    # 会触发除零异常
```

6. Task（协程）

Task 是一种允许计算以更灵活的方式被中断或被恢复的流程控制特性。

2.2.5 类型

通常，将程序语言中的类型分为两类：静态类型和动态类型。在静态类型系统中，每个表达式的类型可以在程序运行之前被计算出来。在动态类型系统中，只有在运行程序并获取到表达式的实际值后才能确定具体类型。通过允许编写的代码在编译时无须了解确切类型的值，面

向对象的编程赋予了静态类型语言一定的灵活性。多态指的是一种能够编写可在不同类型系统中运行的代码的能力。在经典的动态类型语言中,所有代码都是多态的,这意味着这些代码对于其中值的类型没有约束,除非在代码中明确判断值的类型或对对象执行一些其不支持的操作。

1. 类型声明

::运算符可用于在程序中为表达式和变量添加类型注释,这主要有两个目的。

(1) 作为断言,帮助验证程序运行是否正常。

(2) 提供额外的类型信息给编译器,在某些情况下可以提高程序性能。

当::运算符被置于计算值的表达式后面时,它被解释为"是……的实例(is an instance of)"。它可以在任何地方用于断言左侧表达式的值是右侧类型的实例。当右侧类型是具体类型时,左侧表达式的值必须能够以该类型作为其实现。因为所有具体类型都是最终的,所以没有任何实现是任何其他具体类型的子类型。当右侧类型是抽象类型时,左侧表达式的值必须由该抽象类型的子类型中的某个具体类型实现才能满足该断言。如果类型断言不成立,则将引发异常;否则,返回左侧表达式的值。

```
julia> (1+2)::AbstractFloat
ERROR: TypeError: in typeassert, expected AbstractFloat, got a value of type Int64

julia> (1+2)::Int
3
```

这将允许类型断言作用在任意表达式上。

2. 抽象类型

抽象类型无法被实例化,其主要作用是作为类型图中的节点,用于描述相关的具体类型集合,即那些作为其后代的具体类型。尽管抽象类型本身没有实例,但它们构成了类型系统的骨干。抽象类型形成了概念的层次结构,使得 Julia 的类型系统不仅仅是对象实例的集合。

抽象类型允许构建类型的层次结构,为具体类型提供了适应的环境。通过使用 abstract type 关键字声明,抽象类型的一般语法如下:

```
abstract type «name» end
abstract type «name» <: «supertype» end
```

abstract type 关键字引入了一个新的抽象类型,其名称为«name»。在此名称后面,可以使用<:运算符接一个已存在的类型,表示新声明的抽象类型是此父类型的子类型。

3. 原始类型

原始类型是基础数据类型,由简单的位构成,如整数和浮点数。Julia 的特点在于允许用户自定义原始类型,而不仅仅是使用内置的固定原始类型。实际上,Julia 中的标准原始类型都是由语言本身定义的,其一般语法如下:

```
primitive type «name» «bits» end
primitive type «name» <: «supertype» «bits» end
```

在 Julia 中,bits 属性决定了类型的存储需求,而 name 用于命名新类型。类型可以声明为其他类型的子类型,若未指定超类型,则默认为 Any 类型。对于 Bool 类型,其需要用 8

位来存储，且其直接超类型为 Integer。值得注意的是，目前支持的大小只能是 8 位的倍数，否则会触发 LLVM 的 bug。因此，尽管存储布尔值仅需一位，但是无法声明小于 8 位的值。

4. 复合类型

复合类型是由命名字段组成的集合，其实例被视为单独的值。在 Julia 中，复合类型是最常用的用户定义类型。将方法组织到函数对象中而非每个对象内部命名，这在语言设计中是一个有益的特性。

struct 关键字与复合类型一起引入，后跟一个字段名称的块，可选择使用::运算符注释类型。示例：

```
julia> struct Foo
           bar
           baz::Int
           qux::Float64
       end
```

没有类型注释的字段默认为 Any 类型，所以可以包含任何类型的值。

类型为 Foo 的新对象通过将 Foo 类型对象像函数一样应用于其字段的值来创建。示例：

```
julia> foo = Foo("Hello, world.", 23, 1.5)
Foo("Hello, world.", 23, 1.5)

julia> typeof(foo)
Foo
```

像函数一样使用的类型被称为构造函数。有两个构造函数已被自动生成（这些构造函数被称为默认构造函数）。其中，一个构造函数接收任何参数并调用 convert 函数将其转换为字段的类型，另一个构造函数接收与字段类型完全匹配的参数。两者都生成的原因是更容易添加新定义而不会在无意中替换默认构造函数。

2.2.6 数据可视化

Julia 中的可视化函数有很多，包括 TyPlot、TyImages、TyGeoGraphics 等函数。

1. TyPlot 函数

TyPlot 函数包括二维和三维绘图函数，用于以可视化形式呈现数据和通信的结果。TyPlot 函数以交互方式或编程方式自定义绘图。

二维图与三维图：绘制连续、离散、曲面及三维体数据图，如表 2-5 所示。

表 2-5 二维图与三维图

类别	简介
线图	线图、对数图和函数图
数据分布图	直方图、饼图、文字云图等
离散数据图	条形图、散点图等
极坐标图	在极坐标中绘图
等高线图	二维和三维等高线图
曲面、体积和多边形	网格曲面和三维体数据、非网格多边形数据
向量场	彗星状图、罗盘状图、羽状图、箭状图和流线图

格式与注释：添加标签、调整颜色、定义坐标轴范围、应用光照或透明度、设置照相机视图，如表 2-6 所示。

表 2-6 格式与注释

类别	简介
标签和注释	添加标题、轴标签、信息性文本及其他图表注释
坐标区外观	修改坐标轴范围和刻度值、添加网格线、合并多个绘图
颜色图	查看和修改颜色图、控制颜色映射、添加颜色栏
三维场景控制	添加光源、设置对象透明度、控制照相机视图

打印与保存：打印和导出为标准文件格式，如表 2-7 所示。

表 2-7 打印与保存

类别	简介
导出	将文件导出

图形对象：通过设置底层对象的属性自定义图形，如表 2-8 所示。

表 2-8 图形对象

类别	简介
图形对象属性	通过设置底层对象的属性自定义图形
图形对象的标识	查找、复制和删除图形对象
图形对象编程	比较、有效性测试、预分配和对象数组
指定图形输出的目标	控制目标图窗和轴及如何更新这些对象

2. TyImages 函数

TyImages 函数用于读取、写入、显示和修改图像。Syslab 图像是可以对其进行分析的数值数据数组。在使用 TyImages 函数之前，需要通过 import TyImages 或 using TyImages 实现加载。

显示图像：显示图形文件图像并控制其大小和纵横比，如表 2-9 所示。

表 2-9 显示图像

函数名	简介
imshow	显示图像
Image	由数组显示图像
Imagesc	使用缩放颜色显示图像
Imhist	生成图像数据的直方图

读取和写入图像文件：在 Syslab 中处理标准图像文件格式，如读取和写入图像文件，如表 2-10 所示。

表 2-10 读取和写入图像文件

函数名	简介
imread	从图形文件中读取图像
Imresize	调节图像大小
Imtile	将多个图像帧合并为一个矩形分块图
Imwrite	将图像写入图形文件
Imfinfo	有关图形文件的信息

转换图像类型：转换数据类型会改变图像数据的解释，如表 2-11 所示。

表 2-11　转换图像类型

函数名	简介
frame2im	返回与影片帧关联的图像数据
im2frame	将图像转换为影片帧
im2double	将图像转换为双精度值
ind2rgb	将索引图像转换为 RGB 图像
rgb2gray	将 RGB 图像或颜色图像转换为灰度图像
rgb2ind	将 RGB 图像转换为索引图像

修改图像颜色：对图像颜色进行处理，如表 2-12 所示。

表 2-12　修改图像颜色

函数名	简介
imapprox	通过减少颜色数量近似处理索引图像
dither	转换图像，通过抖动提高表观颜色分辨率
cmpermute	重新排列颜色图像中的颜色
cmunique	消除颜色图像中的重复颜色，将灰度图像或真彩色图像转换为索引图像
Imcomplement	对图像求补码
histeq	使用直方图均衡增强对比度

形态学运算：以形态学方式进行图像处理，如表 2-13 所示。

表 2-13　形态学运算

函数名	简介
imerode	腐蚀图像
imdilate	膨胀图像
imopen	对图像执行形态学开运算
imclose	对图像执行形态学闭运算
imtophat	顶帽滤波
imbothat	底帽滤波
strel	形态学结构元素
conndef	创建连接数组
imreconstruct	形态学灰度值重建
imfill	填充图像区域和孔

滤波器运算：常用滤波算法，如表 2-14 所示。

表 2-14　滤波器运算

函数名	简介
imnoise	向图像添加噪声
fspecial	创建预定义的二维滤波器
imfilter	多维图像的 N 维滤波
medfilt2	二维中值滤波
imedge	查找二维灰度图像中的边缘

3. TyGeoGraphics 函数

TyGeoGraphics 函数使用地理图在交互式地图上可视化纬度和经度数据。通过指定坐标在地图上创建线图、散点图、地理密度图和气泡图,并使用底图自定义地图影像。在使用 TyGeoGraphics 函数之前,需要通过 import TyGeoGraphics 或 using TyGeoGraphics 实现加载。

绘制地理数据:使用地理坐标区和地理图在地图上绘制数据,如表 2-15 所示。

表 2-15 绘制地理数据

函数名	简介
geoplot	在地理坐标中绘制线图
geoscatter	地理坐标中的散点图
geobubble	以可视化形式呈现特定地理位置的数据值
geodensityplot	地理密度图

自定义地理坐标区:使用地理坐标区指定地图范围,如表 2-16 所示。

表 2-16 自定义地理坐标区

函数名	简介
geobasemap	设置或查询底图
geolimits	设置或查询地理范围
geoaxes	创建地理坐标区
geotickformat	设置或查询地理刻度标签格式
geotext	在地理坐标区标注文本

网络地图:在 Web 浏览器中查看 Web 地图,如表 2-17 所示。

表 2-17 网络地图

函数名	简介
wmline	在 Web 地图上显示地理线

2.2.7 外部函数调用

Julia 具有强大的交互性,可以直接调用利用 C/C++或 Python 封装的库函数,从而充分利用各种语言的优点,提高编程效率和性能。

1. Julia 调用 C/C++

在数值计算领域,存在很多用 C 或 Fortran 写的高质量且成熟的库,为了便捷复用现有的知识资产,Julia 提供了简洁且高效的调用方式。为了实际实现对库函数的调用,可以使用 ccall。ccall 的定义如下:

```
ccall((function_name, library), returntype, (argtype1, ...), argvalue1, ...)
ccall(function_name, returntype, (argtype1, ...), argvalue1, ...)
ccall(function_pointer, returntype, (argtype1, ...), argvalue1, ...)
```

除了使用 ccall,还有一种更简洁明了的方法来调用 C 函数,即使用 @ccall。@ccall 的使用方式如下:

```
@ccall library.function_name(argvalue1::argtype1, ...)::returntype
@ccall function_name(argvalue1::argtype1, ...)::returntype
@ccall $function_pointer(argvalue1::argtype1, ...)::returntype
```

（1）调用 C 标准库函数。

对于 C 标准库函数，Julia 可以直接调用。例如，C 标准库中的 getenv 函数声明 char* getenv (const char* name);可用以下代码表示：

```
julia> path = ccall(:getenv, Cstring, (Cstring,), "PATH")
Cstring(0x00000000028c4f68)
```

（2）调用自定义 C++动态库函数。

除了直接调用 C 标准库函数，Julia 还支持调用用户自己开发的 C++动态库函数，提供了更高的灵活性和可扩展性。假设，用户有一个自己开发的动态库 ArrayMaker.dll，该动态库中有一个求和函数，其声明如下：

```
#求和
extern "C" __declspec(dllexport) double GetSum(double x, double y);
```

那么，在 Julia 中可以直接调用该求和函数。

```
julia> lib = "f:\\Syslab\\Julia-C\\ArrayMaker\\x64\\Release\\ArrayMaker" #动态库路径
julia> c = @ccall lib.GetSum(2::Cdouble, 3::Cdouble)::Cdouble
5.0
```

通过这种方式调用 C++动态库函数存在一个弊端，即动态库被加载后不会被释放，直到 Julia 退出。可以使用 Libdl 加载和卸载动态库，从而有效地解决动态库不会被释放的问题。解决该问题的步骤如下：

```
using Libdl
# 加载动态库
lib_path = joinpath(@__DIR__, "ArrayMaker", "x64", "Release", "ArrayMaker")
lib = Libdl.dlopen(lib_path)
# 获取调用函数的符号
GetSum = Libdl.dlsym(lib, :GetSum)
# 调用函数
c = @ccall $GetSum(2::Cdouble, 3::Cdouble)::Cdouble
# 关闭 dll
Libdl.dlclose(lib)
```

2．Julia 调用 Python

在数值计算领域，存在很多用 Python 写的高质量且成熟的库，为了便捷复用现有的知识资产，Julia 提供了简洁且高效的调用方式。

（1）调用 Python 库函数。

可以通过 pyimport 和@pyimport 调用 Python 库函数，具体调用方法如下：

```
using PyCall
using TyPlot
#case 1
math = pyimport("math")
v = math.sin(pi/2)
println("v = $v")
# v = 1.0
#case 2
@pyimport numpy as np
x = np.linspace(0, 2π, 1000)
y = np.sin(x)
```

plot(x,y)

（2）调用 Python 代码。

可以通过 py"..."和 py"""..."""直接调用 Python 代码，具体调用方法如下：

```
module MyModule
using PyCall
function __init__()
    py"""
    def hello(s):
        return "Hello, " + s
    """
end
# 封装 Python 函数
hello(s) = py"hello"(s)
end
MyModule.hello("Syslab") # "Hello, Syslab"
```

（3）调用 Python 文件。

Julia 不仅具备调用 Python 库函数和调用 Python 代码的能力，而且具备调用 Python 文件的能力。调用 Python 文件，一般分为三步：一是将路径添加到 Python 工作目录中，二是导入 Python 文件，三是调用 Python 接口。调用 Python 文件的步骤图如图 2-4 所示。

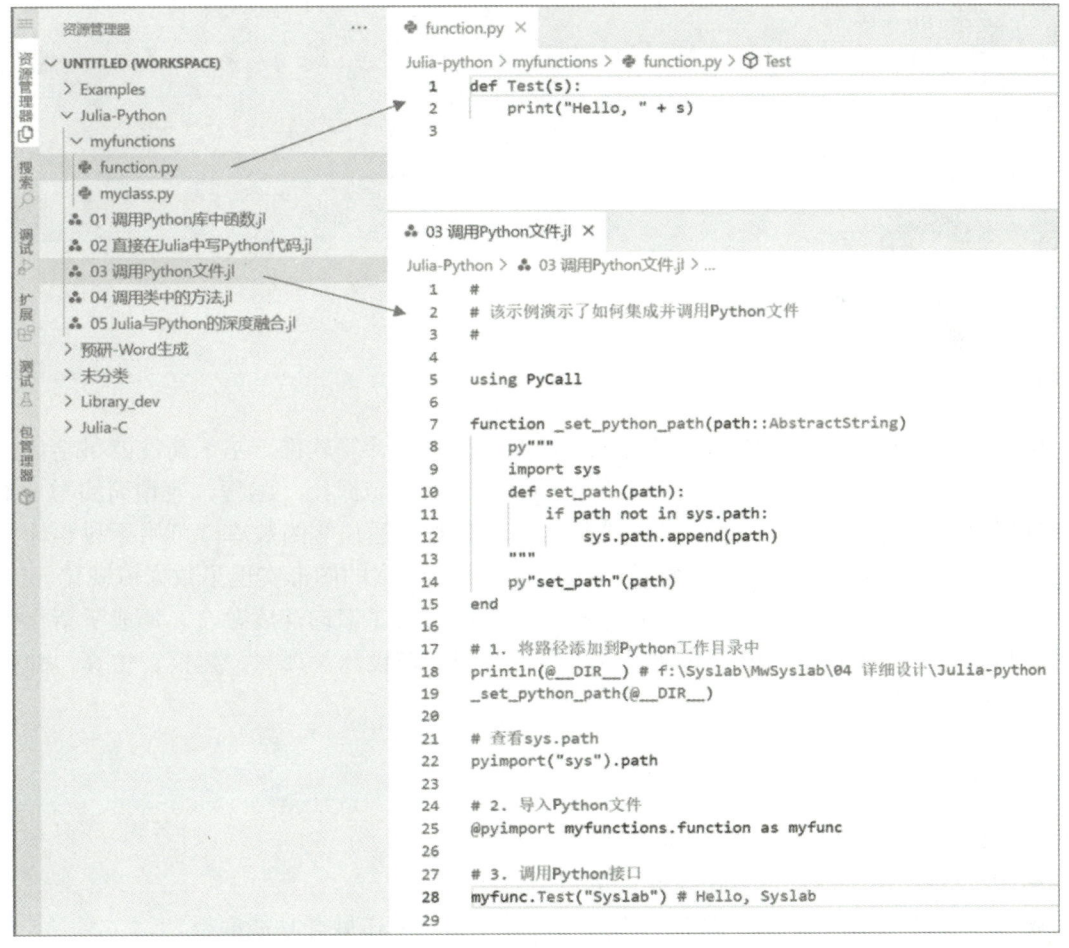

图 2-4　调用 Python 文件的步骤图

(4) 定义 Python 类。

Julia 可以通过@pydef 定义一个 Python 类，具体定义方法如下：

```
using PyCall
# Python 代码
py"""
import numpy.polynomial
class Doubler(numpy.polynomial.Polynomial):
    def __init__(self, x=10):
        self.x = x
    def my_method(self, arg1): return arg1 + 20
    @property
    def x2(self): return self.x * 2
    @x2.setter
    def x2(self, new_val):
        self.x = new_val / 2
print(Doubler().x2) # 20
"""
# 与上面等价的写法如下
# @pydef 用于定义一个 Python 类，这是用 Julia 实现的
P = pyimport("numpy.polynomial")
@pydef mutable struct Doubler <: P.Polynomial
    __init__(self, x = 10) = (self.x = x)
    my_method(self, arg1::Number) = arg1 + 20
    x2.get(self) = self.x * 2
    x2.set!(self, new_val) = (self.x = new_val / 2)
end
d = Doubler()
println(d.x2) # 20
d.x2 = 10
println(d.x) # 5
d.x = 15
println(d.x2) # 30
```

2.3 Syslab 基本功能

2.3.1 Syslab 简介

Syslab 是同元软控 MWORKS 平台推出的新一代科学计算软件，基于高性能科学计算语言 Julia 提供了交互式编程环境的完备功能。Syslab 支持多范式统一编程，兼顾简约与性能，内置通用编程、数学、符号计算、曲线拟合、信号处理、通信等函数库，可用于科学计算、数据分析、算法设计、机器学习等领域，并且通过内置丰富的图形实现了数据可视化。

此外，Syslab 与系统建模仿真环境 Sysplorer 之间实现了双向深度融合，形成了新一代科学计算与系统建模仿真的一体化基础平台，满足各行业在设计、计算、建模、仿真、分析、优化等方面的业务需求。

2.3.2 软件界面

Syslab 的界面主要由五大块构成。
- 工具栏：用于提供平台快捷操作按钮。
- 左侧边栏：用于提供不同的功能部件，可以通过单击展开功能面板。
- 命令行窗口：用于进行终端交互，可以输入脚本命令，并回显执行结果。

- 工作区：用于进行全局变量列表的显示与管理。
- 状态栏：用于提示状态信息。

Syslab 界面布局如图 2-1 所示。

Syslab 的资源管理器主要提供了目录树管理功能，支持对文件（或文件夹）进行新增、删除、修改、查找等操作，默认处于左侧边栏的第一个位置，如图 2-5 所示。

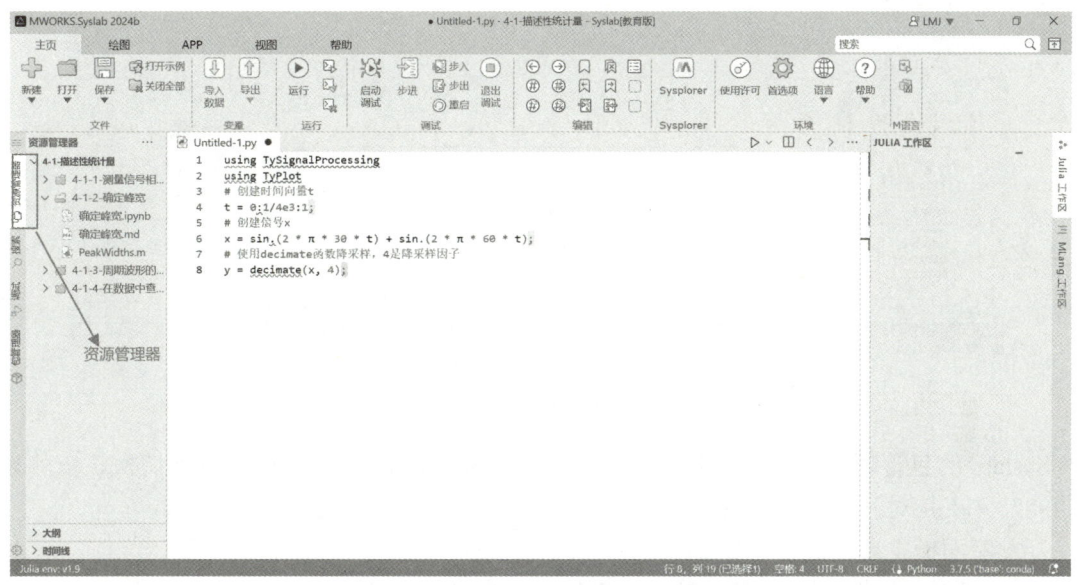

图 2-5　Syslab 的资源管理器位置图

Syslab 的代码编辑器主要提供了对代码文本的编辑功能，包括语法高亮显示、编码助手、悬停提示、查找引用、代码格式化及重命名等，如图 2-6 所示。

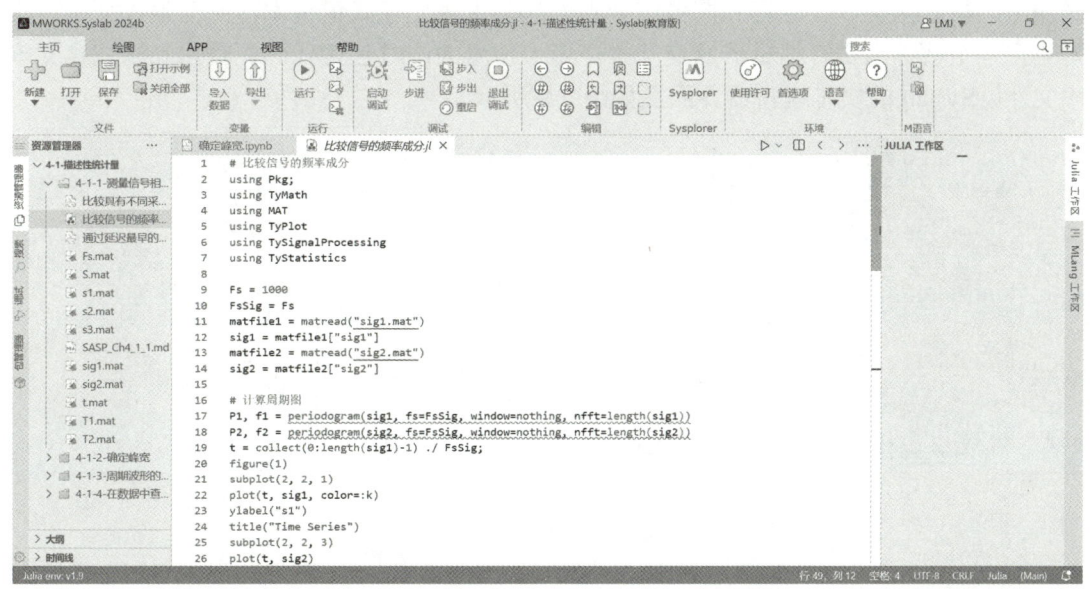

图 2-6　Syslab 的代码编辑器界面图

Syslab 提供了命令行窗口，用于输入命令并查看结果，如图 2-7 所示。

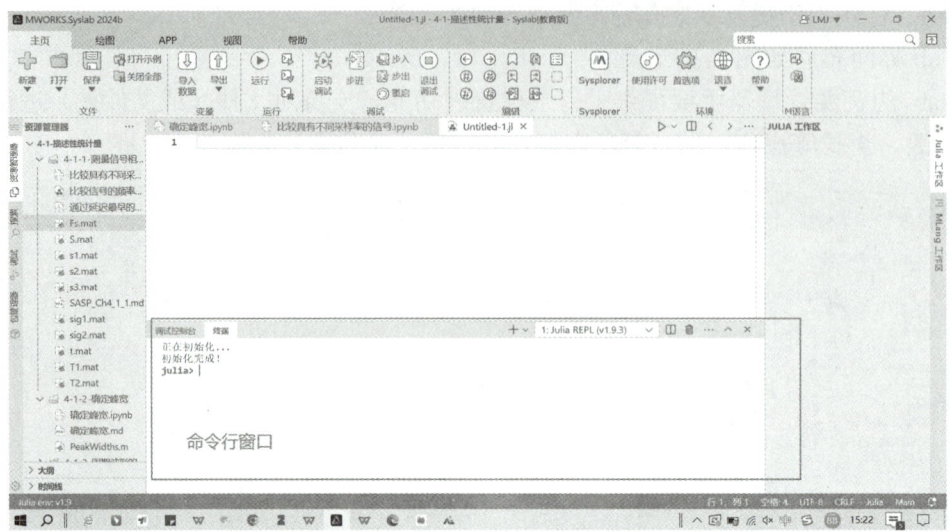

图 2-7　Syslab 的命令行窗口

Syslab 的包管理器，提供了包的创建、开发、安装、卸载、注册、版本切换、依赖设置等功能，并支持对开发包和注册包进行分类管理，主要包括开发库和注册库。

开发库面板主要由三部分组成。

- 过滤框：根据输入内容，对表格树显示内容进行过滤。
- 按钮工具栏：包括"刷新面板""新建包""添加开发包""选项设置"等按钮。
- 表格树展示区：主要用于对开发包及其函数以表格树形式进行展示。

Syslab 的实时编辑器提供了交互式编程环境，支持用户在统一的文档环境中将代码与嵌入式输出、格式化文本、方程和图像组合到一起，生成交互式记事本，并与他人分享。实时脚本是在一个被称为实时编辑器的交互式环境中使用的同时包含代码、输出和格式化文本的程序文件。Syslab 的实时编辑器界面图如图 2-8 所示。

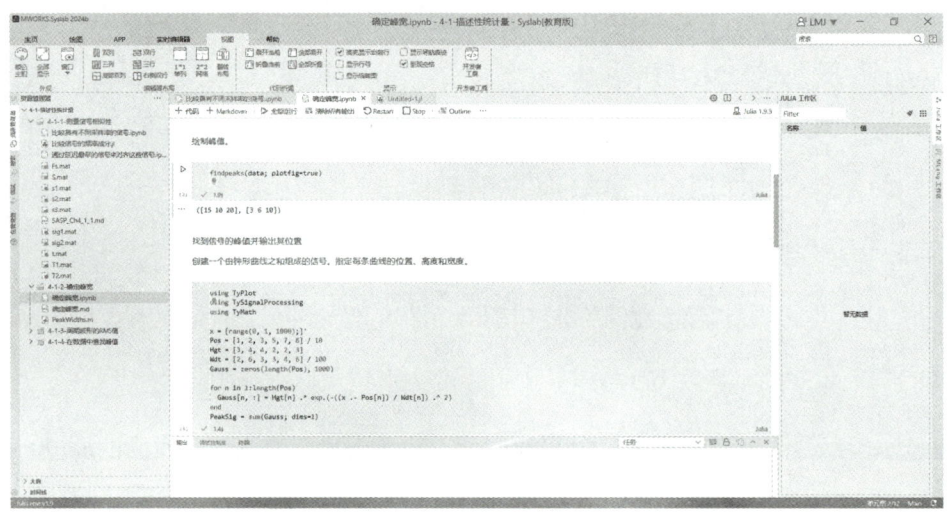

图 2-8　Syslab 的实时编辑器界面图

Syslab 提供了性能采样分析器,支持程序计时及程序性能采样分析,并且可以将 Profiler 图(见图 2-9)保存。Syslab 针对程序计时提供了多种宏调用的方式,支持对表达式计时和查看内存分配情况。Syslab 内置了 Profiler 模块,用于进行性能采样分析,同时以火焰图的形式对性能采样分析结果进行可视化展示。Profiler 图以火焰图的形式展示时间分布,它从顶部到底部列出所有可能导致性能瓶颈的调用栈。具体规则如下。

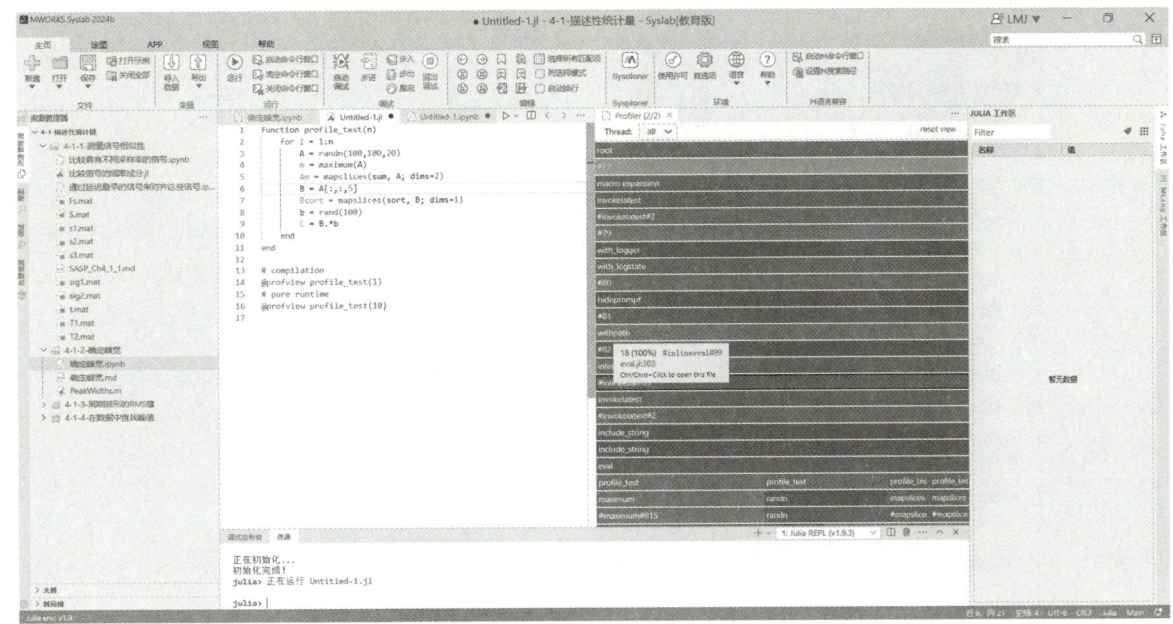

图 2-9　Profiler 图

- 每一列代表一个调用栈,每一个格子代表一个函数。
- 纵轴展示了栈的深度,按照调用关系从上到下排列。上面的函数是下面函数的父函数。
- 横轴格子的宽度代表其在采样中出现的频率,所以一个格子的宽度越大,说明它是性能瓶颈原因的可能性就越大。
- 针对特别的标志,如垃圾回收、动态派发,会使用特别的颜色进行展示。

2.3.3　工具箱加载

在 Syslab 中可以通过包管理器直接管理注册库与开发库,单击"刷新"按钮即可查看注册库和开发库,如图 2-10 所示。注册库中包含已安装的第三方工具箱,开发库中包含同元软控的商业工具箱。各类工具箱为 MWORKS 实现统计优化、深度学习、信号处理、通信、系统控制、并行计算等功能提供了工具,满足用户在设计、建模、仿真、分析、优化等方面的业务需求。

在了解各类包管理器后,开始安装 Syslab 工具箱。一种较为简单的安装方式为可视化操作,首先在注册库中单击"添加注册包"按钮,然后搜索第三方工具箱,选择对应工具箱,自动将其添加到注册库列表中,右击选择的工具箱,在弹出的快捷菜单中选择"安装"选项,就可以获取所需的注册库工具箱。开发库工具箱不需要用户自行安装,其中的同元软控商用工具箱可直接使用。此外,还可以采用文本操作安装工具箱,首先在命令行窗口中输入"]",

进入 pkg 模式（退出 pkg 模式可以使用 Backspace 或 Ctrl+C 指令），然后在 pkg 模式下输入"add+第三方工具箱名"即可获取所需的工具箱。完成安装后，可以在 pkg 模式下输入"st"来查看所有工具箱的版本号。

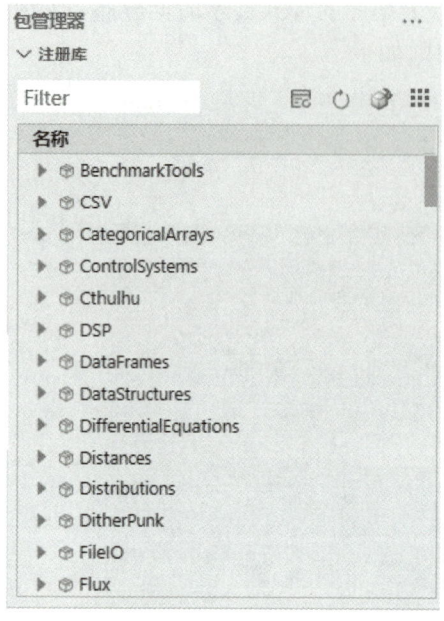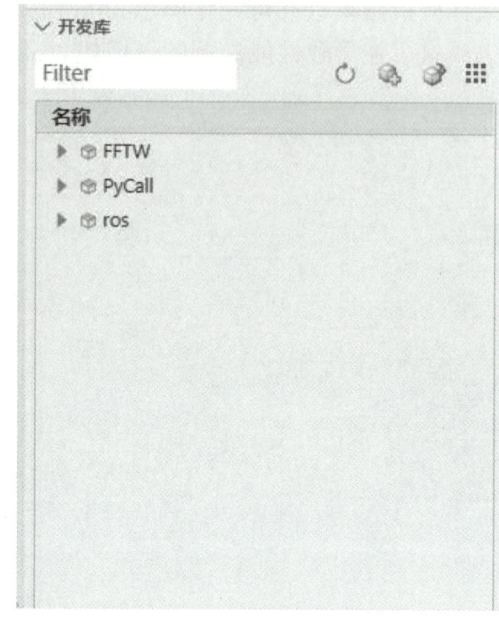

图 2-10　注册库和开发库

对于工具箱卸载任务，同样可以采用可视化操作，即找到注册库中对应包并右击，在弹出的快捷菜单中选择"卸载"选项；也可以采用文本操作，即在进入 pkg 模式后输入"remove+第三方工具箱名"。

可视化安装方式和文本安装方式分别如图 2-11、图 2-12 所示。

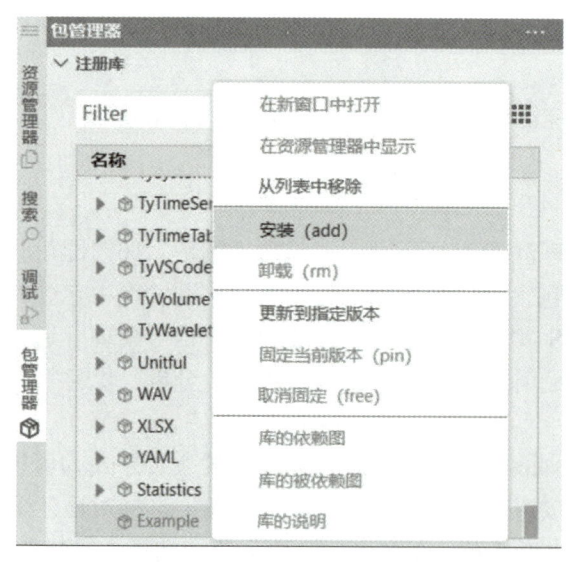

图 2-11　可视化安装方式　　　　图 2-12　文本安装方式

接下来就可以使用安装好的 Syslab 工具箱了。在"主页"选项卡中单击"首选项"按钮，设置预加载同元软控商业工具箱，每次软件启动自动加载函数库。在 Julia 中通过 using 使用已正确安装的第三方工具箱和同元软控商用工具箱，可直接调用使用的工具箱，如图 2-13 所示。

```
using Flux, MLDatasets, Statistics
using Flux: onehotbatch, onecold, logitcrossentropy, Chain, params
using MLDatasets: MNIST
using Base.Iterators: partition
using Printf, BSON
using Parameters: @with_kw
using CUDA
```

```
model = build_model(args) #直接调用Flux库中的函数
```

```
julia> flatten
ERROR: UndefVarError: flatten not defined
#当多个库中的函数产生冲突时，需要使用库名+函数名的方式
julia> Flux.flatten
flatten (generic function with 1 method)
```

图 2-13　工具箱的使用

2.3.4　脚本创建

若要重复执行命令或保存命令以备后用，则应将其保存在程序文件中。在 Syslab 中，最基础的程序形式是脚本，其中包含一系列与命令行窗口中输入的命令等价的命令。若追求更高的编程灵活性，则建议创建函数，这类函数能够接收输入并返回输出。若涉及特殊的数据结构或大量函数与特定类型的数据交互，则建议使用面向对象的编程方法创建类。

1. 代码编辑器

代码编辑器主要用于编辑代码文本。它提供了一系列功能，如语法高亮显示、编码助手、悬停提示、查找引用、代码格式化及重命名等，以帮助用户更高效地编写和修改代码。这些功能可以大大提高代码编写的效率和准确性，使代码更加易于阅读和维护。

在代码编辑器中，Julia 的代码补全功能可根据当前项目、文件和光标位置，为用户提供建议列表。随着输入字符的增加，代码编辑器会动态过滤列表，以匹配当前上下文的代码选项。代码编辑器具备代码拖曳功能。用户可以选中一段文本，通过按住鼠标左键并拖动鼠标的方式将选中的文本移动到代码编辑器中的任何位置。在拖动过程中，代码编辑器中会显示一个由虚线构成的光标，以指示文本的放置位置。当用户松开鼠标左键时，选中的文本将被放置在光标所在的位置。

Syslab 中还提供了 Julia 服务，针对 jl 文件，允许用户查看选定函数的文档信息。

2. 实时编辑器

实时脚本是在实时编辑器中创建的，它结合了代码、输出、格式化文本、方程和图像，形成一个交互式记事本。这个交互式环境使得用户能在一个统一的文档中整合这些元素，并轻松与他人分享。

实时脚本、函数与纯代码脚本、函数的差别如表 2-2 所示。

（1）创建实时脚本。

要在实时编辑器中创建实时脚本，首先在菜单栏中单击"主页"选项卡，然后单击"新建"→"新建实时脚本"按钮，这样就可以在代码编辑区域新建实时脚本并进行代码编辑。

（2）指定编译内核。

实时编辑器提供了编辑和运行 Julia、Python 脚本的功能。

若要指定实时脚本的编译内核，则可单击实时编辑器右上角的内核选择按钮，从中选择所需的编译内核。

例如，可以选择 Syslab 自带的 Python 内核，如"base(Python 3.7.5) ..."。

（3）添加/删除代码节。

在设置好编译语言后，用户可以在实时脚本中添加并运行代码节。代码文件中通常包含许多命令和文本行，而代码节允许用户一次专注于代码的一个部分，分块操作代码和相关文本。

实时编辑器支持将文件划分为多个代码节，让用户能够单独运行每个代码节，并在各个代码节之间轻松导航，从而简化文档管理和导航。例如，在实时脚本中，用户可以通过添加代码块分别实现斐波那契序列和列表复制的功能。示例：

```python
def fib(n):
    a,b = 1,1
    for i in range(n-1):
        a,b = b,a+b
    return a
print (fib(10))

# 代码块 2
a = [1, 2, 3]
b = a[:]
print (b)
```

2.3.5 脚本调试

Julia 支持以调试模式运行代码文件，提供了单步调试、断点调试、添加监视、查看调用堆栈等功能。在编辑器中打开代码文件，在工具栏中单击"启动调试"按钮或按 F5 键，即可开启调试运行。

在工具栏中的"主页"选项卡中，提供了调试运行的快捷按钮。

（1）"继续"按钮（F5）：启动调试或继续运行调试。

（2）"步进"按钮（F10）：当单步执行遇到子函数时，不进入子函数，而是将子函数整个执行完再停止调试。

（3）"步入"按钮（F11）：当单步执行遇到子函数时，进入子函数并继续单步执行。

（4）"步出"按钮（Shift+F11）：当单步执行到子函数内时，执行完子函数余下部分并返回上一层函数。

（5）"重启"按钮（Ctrl+Shift+F5）：重新启动调试。

（6）"退出调试"按钮（Shift+F5）：停止调试。

调试按钮位置如图 2-14 所示。

此外，还可以通过图形化界面进行调试。

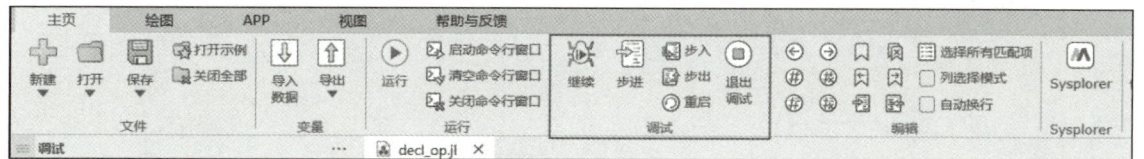

图 2-14　调试按钮位置

在以调试模式运行过程中，通过调试控制台能够对左侧变量面板中的变量进行新增、删除、修改、查看等操作。操作步骤如下所示。

首先，设置断点，启动调试；其次，当运行到断点处时，可以在变量面板中查看或修改变量。当然，也可以在调试控制台中输入命令，按 Enter 键执行并回显计算结果。例如，在代码编辑区域输入"sin.(0:0.1:pi)"后，将立即回显计算结果，如图 2-15 所示。

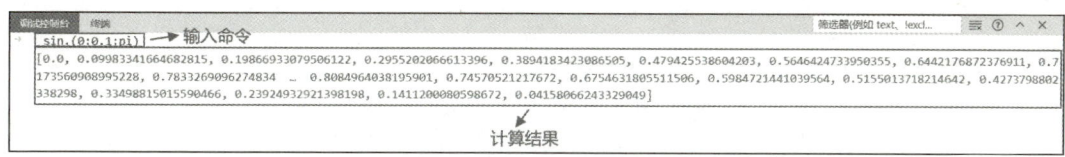

图 2-15　计算结果

在进行脚本调试前要对 Julia 进行调试配置，Julia 调试服务的基本原理如下。

（1）元编程转换：在调试开始之前，Julia 会将原始的 Julia 代码转换为低阶的中间表示代码，该部分代码被称为抽象语法树（Abstract Syntax Tree，AST）。

（2）解释模式执行：在调试过程中，Julia 解释器会以解释模式运行转换后的低阶代码。解释模式是指逐行执行代码，通过 Julia 解释器将 AST 的每个节点转化为相应的操作。

Julia 调试配置步骤如下。

（1）打开 Syslab 后，先单击"首选项"按钮，然后下拉滚动条找到调试，单击"编辑"按钮，可以打开 setting.json 配置文件进行配置。

（2）打开 settings.json 配置文件后，可以在该文件中修改 Julia 调试编译模式的配置信息。详细信息参见 Julia 调试配置规则。

（3）配置修改完成后，保存文件，重启 Syslab 后生效（仅重启命令行窗口不生效）。

可将 Julia 调试配置恢复到默认设置，打开 Syslab 后，先单击"首选项"按钮，然后下拉滚动条找到调试，单击"重置"按钮，可以恢复默认配置，重启 Syslab 后生效。

2.3.6　结果后处理

1. 数据可视化（图形化操作）

Syslab 的"绘图"选项卡中提供了多种类型的图形绘制功能，可以直接选择变量进行绘制，如图 2-16 所示。

（1）在工作区选择绘图的变量。

（2）在"绘图"选项卡中选择图的类型。

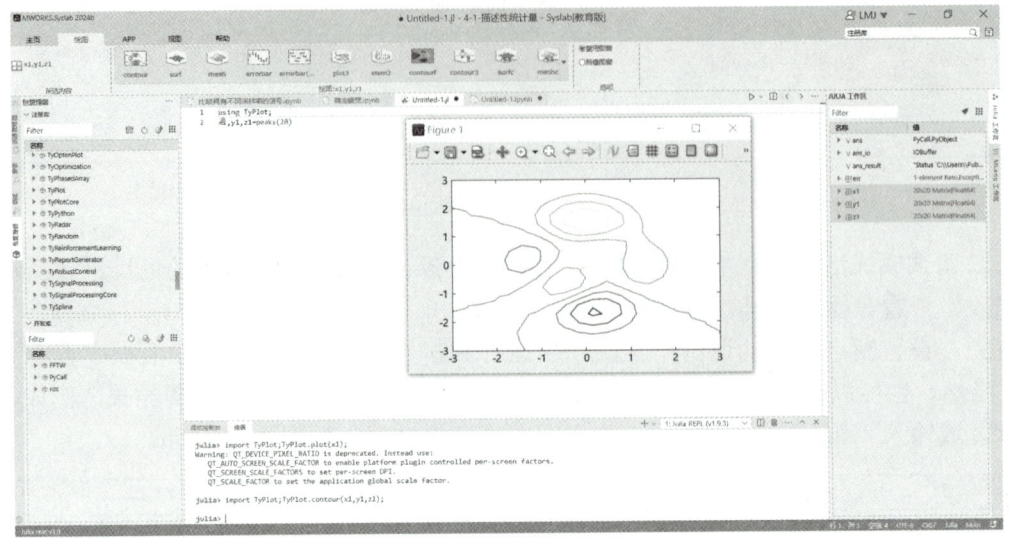

图 2-16　绘制变量图

可以在图形窗口中直接配置属性，如添加标题、坐标轴标签等，如图 2-17 所示。

（1）添加标题。

（2）添加 X 轴、Y 轴、Z 轴标签。

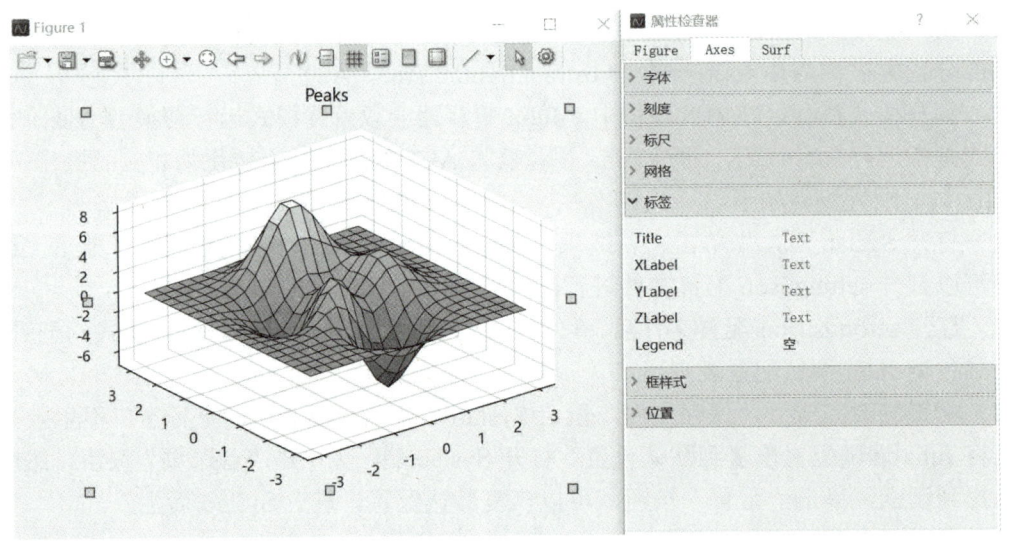

图 2-17　配置属性

2．数据可视化（脚本）

二维图可分为线图、对数图、函数图、直方图、散点图、饼图和热图、条形图、针状图、极坐标图、等高线图等，如图 2-18 所示。

可以使用 plot 函数直接绘制二维线图，一般形式为 plot(x1,y1,"s1",x2,y2,"s2")，其中 s1、s2 为曲线的特征。绘图说明如图 2-19 所示。

三维图可分为线图、函数图、散点图、条形图、针状图、等高线图、曲面图和网格图等，如图 2-20 所示。

图形类型	函数	说明
线图	plot	二维线图
	stairs	阶梯图
	drrorbar	含误差条的线图
	area	填充区二维绘图
对数图	loglog	双对数刻度图
	semilogx	半对数图(x轴有对数刻度)
	semilogy	半对数图(y轴有对数刻度)
函数图	fplot	绘制表达式或函数
	fimplicit	绘制隐函数
直方图	histogram	直方图
	boxchart	创建箱线图

图形类型	函数	说明
散点图	scatter	散点图
	spy	可视化矩阵的稀疏模式
	plotmatrix	散点图矩阵
饼图和热图	pie	饼图
	heatmap	创建热图
	sortx	对热图行中的元素进行排序
	sorty	对热图列中的元素进行排序
	wordcloud	使用文本数据创建文字云图
条形图	bar	条形图
	barh	水平条形图
	pareto	帕累托图
针状图	stem	针状图

图形类型	函数	说明
极坐标图	polarlpot	在极坐标中绘制线图
	polarscatter	极坐标中的散点图
	polarhistogram	极坐标中的直方图
	ezpolar	易用的极坐标绘图函数
等高线图	contour	矩阵的等高线图
	contourf	填充的二维等高线图
	fcontour	绘制等高线

图 2-18 二维图分类

线型	说明	表示的线条
"-"	实线	———
"--"	虚线	- - - - - -
":"	点线	············
"-."	点画线	—·—·—

标记	符号	说明
"."	○	空心小圆
"o"	○	空心大圆
"v"	▽	下三角
"∧"	△	上三角
"<"	◁	左三角
">"	▷	右三角
"☆"	☆	星号
"x"	×	叉号
"s"	□	正方形
"d"	◇	菱形

颜色名称	短名称	颜色
red	r	
green	g	
blue	b	
cyan	c	
magenta	m	
yellow	y	
black	k	
white	w	

图 2-19 绘图说明

类型	函数	说明
线图	plot3	三维点或线图
函数图	fplot3	三维参数化曲线绘图函数
散点图	scatter3	三维散点图
条形图	bar3	绘制三维条形图
	bar3h	绘制水平三维条形图
针状图	stem3	三维针状图
等高线图	contour3	三维等高线图
曲面图和网格图	surf	曲面图
	mesh	网格曲面图
	peaks	包含两个变量的示例函数
	fsurf	绘制三维曲面
	fmesh	绘制三维网格图

图 2-20 三维图分类

可以使用 plot3 函数直接绘制三维线图，一般形式为 plot3(x1,y1,z1,"s")，其中 s 为曲线的特征。

可以使用 subplot 函数对图形区进行分区，可在各个分区中分别进行绘图。

结果导出。

数据导出：所有计算结果和部分变量结果可直接导出为 csv 格式。

- 方式 1：导出单个结果。
- 方式 2：导出所有结果。

结果导入。

数据导入：可以将数据文件直接导入工作区进行使用。

操作步骤。

① 单击"导入数据"按钮，选择文件格式。
- 文本：txt、CSV。
- Excel：xls。
- Mat。

② 选择文件并导入数据。

③ 在工作区查看结果，并可对结果进行重命名。

第 3 章
信号生成和预处理

  信号生成和预处理是信号处理中的重要环节,涉及信号的产生、采集、处理和分析等方面。在信号处理中,信号的质量与准确性往往取决于信号生成和预处理过程。信号生成和预处理的目的是提高信号的质量与准确性,以便后续的信号处理和分析能够更加准确、有效。本章将介绍信号生成和预处理的基本概念、常用方法和技术,以及其在不同领域中的应用。

通过本章学习,读者可以了解(或掌握):
- ❖ 信号生成和预处理环节。
- ❖ 平滑和去噪。
- ❖ 波形生成。

3.1 平滑和去噪

3.1.1 函数

平滑和去噪使用到的 MWORKS 函数如表 3-1 所示。

表 3-1 平滑和去噪使用到的 MWORKS 函数

函数名	简介
hampel	使用 Hampel 标识符去除异常值
medfilt1	一维中值滤波
sgolay	Savitzky-Golay 滤波器设计
sgolayfilt	Savitzky-Golay 滤波

下面简要介绍这些函数。

1. 一维中值滤波

中值滤波是指将每个点的值设置为该点某邻域窗口内所有点的中位数，设定 n 为邻域的大小。当 n 为偶数时，第 k 个点滤波后的值是 $x(k-n/2) \sim x(k+n/2-1)$ 的中位数；当 n 为奇数时，第 k 个点滤波后的值是 $x(k-(n-1)/2) \sim x(k+(n-1)/2)$ 的中位数。

n 的大小取决于希望滤波的程度，n 越大，滤波后的结果越平滑，原序列的细节就越少。
medfilt1 函数的语法如下：

```
# 此函数使用 3 阶一维中值滤波器对输入向量 x 进行滤波
y = medfilt1(x)
# 此函数使用 n 阶一维中值滤波器对 x 进行滤波
y = medfilt1(x, n)
# 此函数指定筛选器操作的维度 dim
y = medfilt1(x,n,[],dim)
# 此函数指定如何在每个段上处理 NaN 值，使用前面语法中的任何输入参数，同时指定填充，即在信号边缘执行的过滤类型
y = medfilt1(___,nanflag = "nanflag",padding = "padding")
```

示例：中值滤波的噪声抑制。
生成采样频率为 100Hz、持续时间为 1s 的正弦信号。添加更高频率的正弦信号来模拟噪声。

```
using TyPlot
using TySignalProcessing
fs = 100
t = 0:1/fs:1-1/fs
x = sin.(2*pi*t*3)+0.25*sin.(2*pi*t*40)
```

使用 10 阶一维中值滤波器来平滑信号，并绘制结果，如图 3-1 所示。

```
y = medfilt1(x,10)
plot(t,x,t,y)
legend(["Original","Filtered"])
```

2. Savitzky-Golay 滤波器设计

Savitzky-Golay（萨维茨基-戈雷）滤波器是一种在时域内基于局域多项式最小二乘法拟合的滤波器。这种滤波器最大的特点是在滤除噪声的同时可以确保信号的形状、宽度不变。

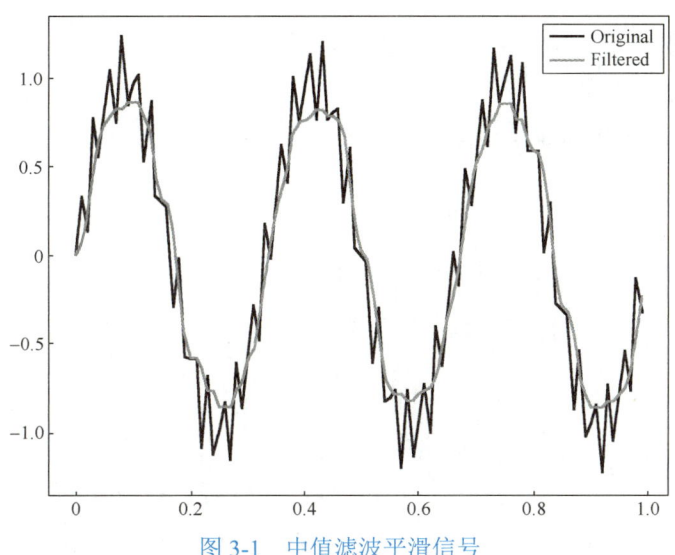

图 3-1　中值滤波平滑信号

在使用 Savitzky-Golay 滤波器对信号进行滤波时,实际上是拟合了信号中的低频成分,而将高频成分平滑掉。如果噪声在高频段,那么滤波的结果是去除了噪声;如果噪声在低频段,那么滤波的结果是留下了噪声。Savitzky-Golay 滤波的效果随着选取的窗口宽度不同而不同,可以满足多种不同场合的需求。

sgolay 函数的语法如下:

```
# 此函数设计了一种具有多项式阶数和帧长度的 Savitzky-Golay 滤波器
b = sgolay(order, frameLen)
# 此函数指定一个加权向量 weights,它包含在最小二乘最小化过程中要使用的实数正值权重
b, = sgolay(order, frameLen, weights)
# 此函数返回 Savitzky-Golay 滤波器的矩阵 g
b, g = sgolay(__)
```

示例:噪声正弦曲线的 Savitzky-Golay 滤波平滑。

生成一个信号,该信号由嵌入高斯白噪声的 0.2Hz 正弦波组成,每秒采样 5 次,持续 200s。

```
using TyPlot
using TySignalProcessing
using TyMath
rng = MT19937ar(1234)
dt = 1 / 5
t = (0:dt:200-dt)'
x = 5 * sin.(2 * pi * 0.2 * t) + randn(rng,size(t))
```

使用 sgolay 函数平滑信号,使用 21 个样本帧和 4 阶多项式。

```
order = 4;
frameLen = 21;
b, = sgolay(order, frameLen)
```

通过对信号与 b 的中心行进行卷积计算信号的稳态部分。

```
ycenter = conv(x[:], b[Int((frameLen + 1) / 2), :], "valid")
```

计算瞬态部分,将 b 的最后一行用于启动,将 b 的第一行用于终端。

```
ybegin = b[end:-1:Int((frameLen + 3) / 2), :] * x[frameLen:-1:1]
yend = b[Int((frameLen - 1) / 2):-1:1, :] * x[end:-1:end-(frameLen-1)]
```

连接瞬态部分和稳态部分，以生成完整的平滑信号，并绘制结果，如图 3-2 所示。

```
y = [ybegin; ycenter; yend]
plot(1:length(x), x, 1:length(y), y)
legend(["Noisy Sinusoid", "S-G smoothed sinusoid"])
```

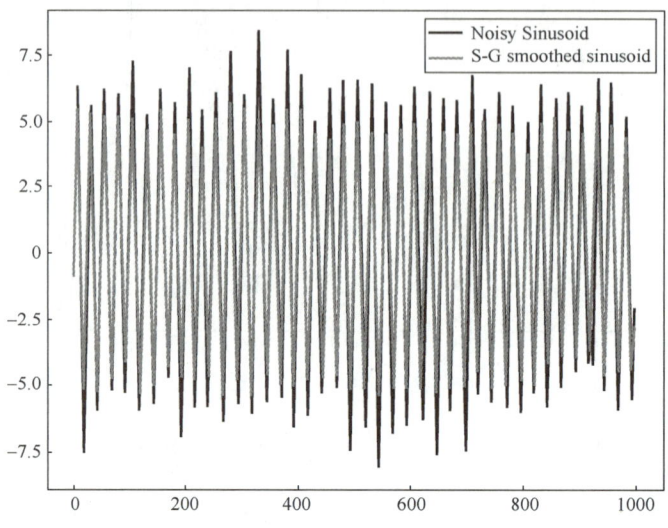

图 3-2 Savitzky-Golay 滤波平滑信号

sgolayfilt 函数的语法如下：

```
# 使用 Savitzky-Golay 滤波器对 x 进行滤波
y = sgolayfilt(x, order, frameLen)
```

示例：语音信号的 Savitzky-Golay 滤波。

加载一段在 Fs=7418Hz 时采样的语音信号。

```
using TyPlot
using TySignalProcessing
pkg_dir = pkgdir(TySignalProcessing)
source_path = pkg_dir * "/examples/SignalGenerationAndPreprocessing/SmoothingAndDenoising/sgolayfilt/data_sgolayfilt.jl"

include(source_path)
t = (0:length(mtlb)-1) / Fs
```

通过将多项式阶数为 9 的 Savitzky-Golay 滤波器应用于长度为 21 的数据帧来平滑信号。绘制原始语音信号和 Savitzky-Golay 滤波后的语音信号，放大 0.02s 的间隔，如图 3-3 所示。

```
rd = 9;
fl = 21;
smtlb = sgolayfilt(mtlb, rd, fl);
subplot(2, 1, 1)
plot(t, mtlb)
axis([0.2 0.22 -3 2])
title("Original")
grid()
subplot(2, 1, 2)
hold("on")
plot(t, smtlb)
axis([0.2 0.22 -3 2])
title("Filtered")
grid()
```

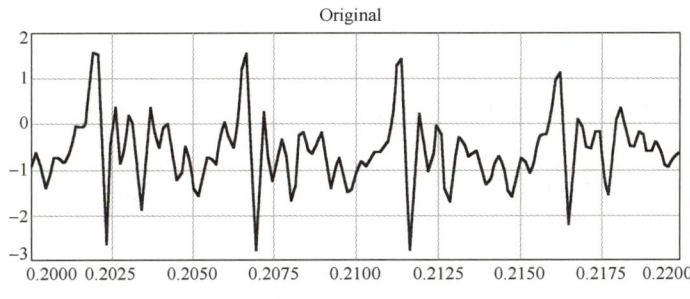

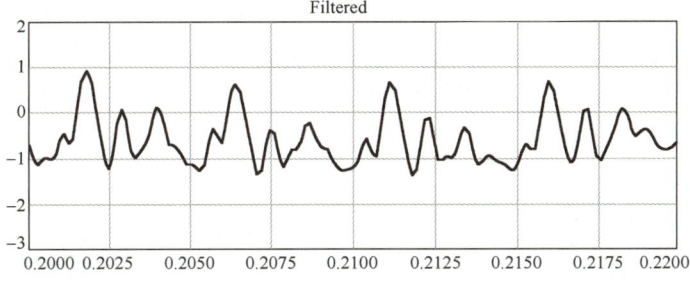

图 3-3　原始语音信号和 Savitzky-Golay 滤波后的语音信号

绘制滤波信号的稳态部分，如图 3-4 所示。

```
kmtlb = sgolayfilt(mtlb, rd, fl, kaiser(fl, 38));
plot(t, kmtlb)
axis([0.2 0.22 -3 2])
hold("off")
```

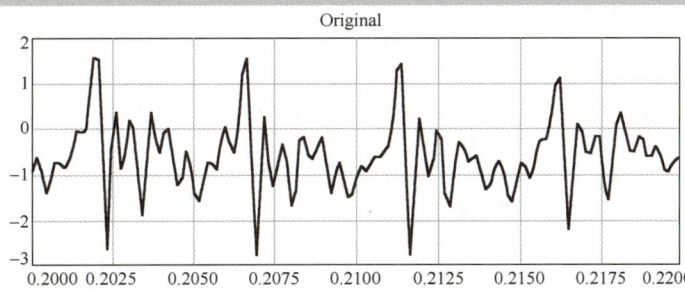

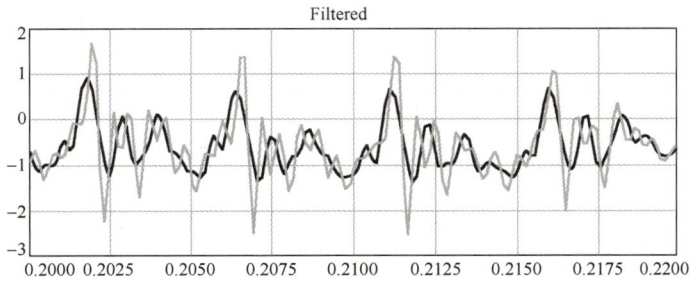

图 3-4　滤波信号的稳态部分

3.1.2　信号平滑处理

1. 数据加载与初步处理

首先使用 matread 函数加载存储在 bostemp.mat 文件中的信号数据，这里假设数据是 Logan

Airport 的干球温度记录数据。然后创建一个时间向量 days，它表示从 2011 年 1 月 1 日开始的天数，以天为单位，并将其转换为以 24 小时为单位的天数，以便在后续的绘图中使用。最后使用 TyPlot 函数绘制原始温度数据随时间的变化图，以帮助我们直观地理解信号的原始形态。

```
using MAT
# using Plots
using TyPlot
using TySignalProcessing
using TyMath

# 从 bostemp.mat 文件中加载数据
matfile = matread("bostemp.mat")
tempC = matfile["tempC"]

# 数据读取
days = collect(1:31*24) ./ 24

# 绘制原始温度数据
figure(1)
TyPlot.plot(days, tempC)
xlabel("Time elapsed from Jan 1, 2011 (days)")
ylabel("Temp (°C)")
title("Logan Airport Dry Bulb Temperature (source: NOAA)")
```

运行代码，结果如图 3-5 所示。

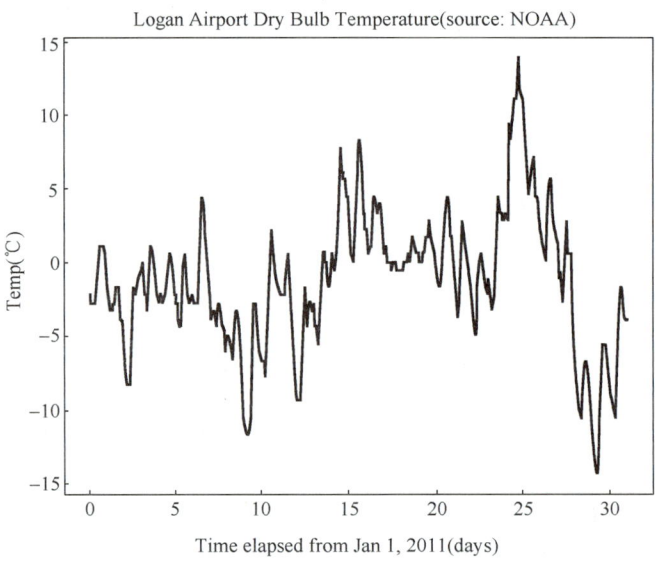

图 3-5　原始温度数据随时间的变化图

2．移动平均滤波器

设计一个简单的移动平均滤波器，它通过计算每个 24 小时周期内的平均值来平滑温度数据。这里使用了一个均分的权重数组 b，并将其应用于信号 tempC，以获得平滑后的温度 y1。通过脚本绘制原始温度和 24 小时平均温度随时间的变化图，以便比较它们之间的差异。

```
# 设计一个简单的移动平均滤波器
hoursPerDay = 24;
b = (1 / hoursPerDay) * ones(1, hoursPerDay);
```

```
a = 1;
y1, y2 = filter1(b', a, tempC)

figure(2)
TyPlot.plot(days, tempC)
hold("on")
TyPlot.plot(days, y1)
legend(["Hourly Temp", "24 Hour Average (delayed)"])
ylabel("Temp(°C)")
xlabel("Time elapsed from Jan 1, 2011 (days)")
title("Logan Airport Dry Bulb Temperature (source: NOAA)")
```

运行代码，结果如图 3-6 所示。

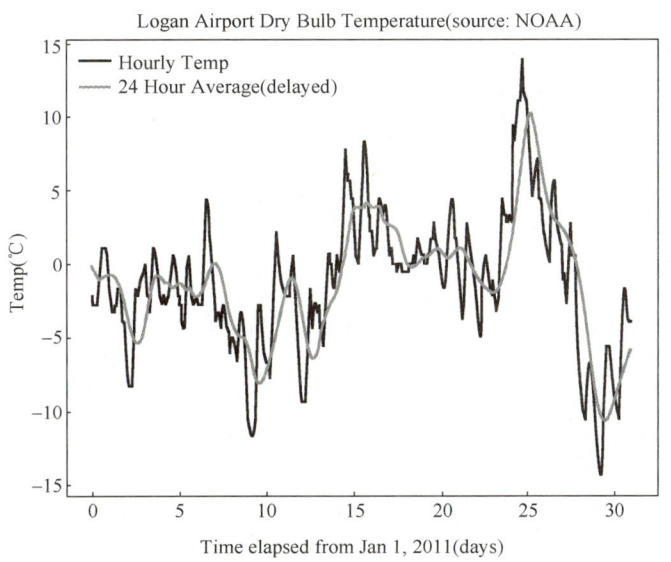

图 3-6　原始温度和 24 小时平均温度随时间的变化图

3．移动平均滤波器延迟

为了处理移动平均滤波器引入的延迟，计算一个平滑后的温度信号 avg24hTempC，并将其与原始信号进行比较。这种延迟处理可以帮助我们更好地理解移动平均滤波器对信号时域特性的影响。

滤波后的输出存在大约 12 小时的延迟，这是因为移动平均滤波器有延迟。

```
# 移动平均滤波器延迟
avg24hTempC = smooth(tempC, hoursPerDay);
fDelay = (hoursPerDay - 1) ./ 2;
figure(3)
TyPlot.plot(days, tempC)
hold("on")
TyPlot.plot(days .- (fDelay / 24), avg24hTempC)
ylabel("Temp (°C)")
xlabel("Time elapsed from Jan 1, 2011 (days)")
title("Logan Airport Dry Bulb Temperature (source: NOAA)")
legend(["Hourly Temp", "24 Hour Average(delayed)"])
```

运行代码，结果如图 3-7 所示。

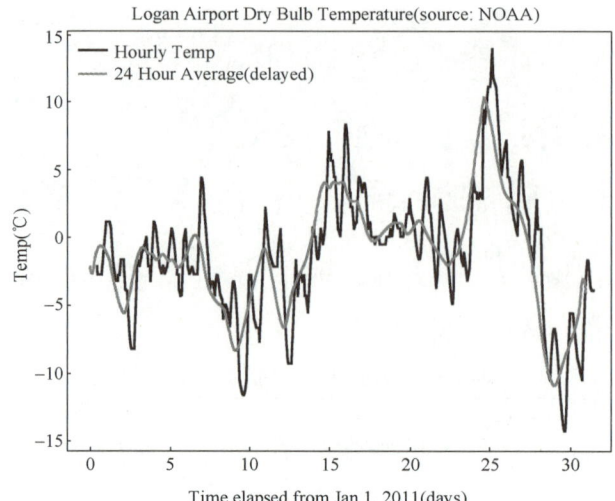

图 3-7 移动平均滤波器延迟

4．提取平均差异

在分析了平滑信号之后，通过脚本进一步探讨原始温度与 24 小时平均温度之间的差异。通过计算每小时的平均温差 meanDeltaTempC，我们可以识别一天中不同时间段的温度变化模式。

```
# 提取平均差异
hours = collect(1:24)
deltaTempC = tempC - avg24hTempC
deltaTempC = reshape(deltaTempC, 24, 31)'

meanDeltaTempC = mean(deltaTempC, dims=1)'
figure(4)
TyPlot.plot(hours, meanDeltaTempC)
ylabel("Temperature difference (℃)")
xlabel("Hour of day (since midnight)")
title("Mean temperature differential from 24 hour average")
```

运行代码，结果如图 3-8 所示。

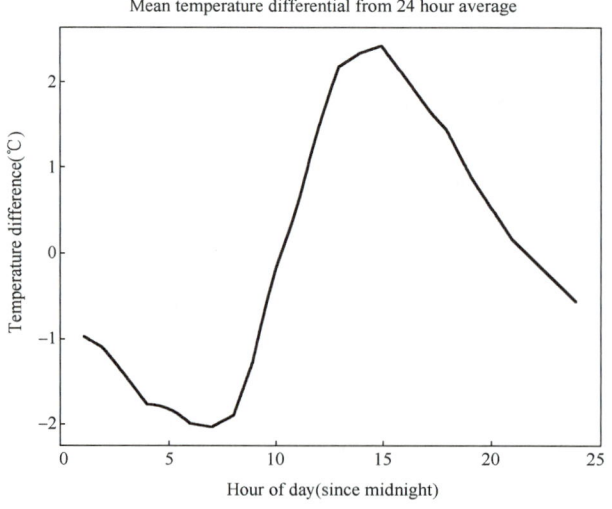

图 3-8 提取平均差异

5. 提取峰值包络

使用 envelope 函数提取温度信号的峰值包络 envHigh 和 envLow，以及它们的平均值 envMean。这个步骤有助于我们识别信号中的异常值或极端变化。通过绘制这些包络线，我们可以更清晰地看到信号的主要趋势和波动范围。

```
# 提取峰值包络
envHigh, envLow = envelope(tempC, 20, "peak")
envMean = (envHigh + envLow) / 2
figure(5)
TyPlot.plot(days, tempC)
hold("on")
TyPlot.plot(days, envHigh)
hold("on")
TyPlot.plot(days, envMean)
hold("on")
TyPlot.plot(days, envLow)
legend("Hourly Temp", "High", "Mean", "Low")
ylabel("Temp(°C)")
xlabel("Time elapsed from Jan 1, 2011 (days)")
title("Logan Airport Dry Bulb Temperature (source: NOAA)")
```

运行代码，结果如图 3-9 所示。

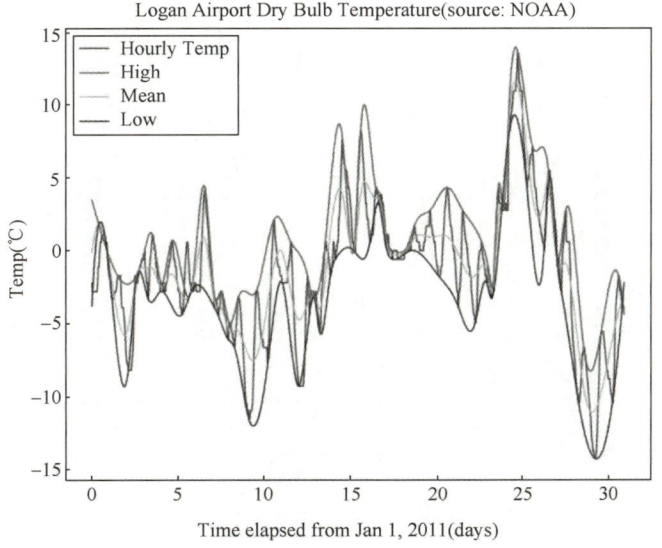

图 3-9　提取峰值包络

6. 加权移动平均滤波器

设计一个二项式加权移动平均滤波器用来处理 Logan Airport 的干球温度数据。首先定义一个简单的二项式权重向量 h，加权移动平均滤波器遵循[1/2,1/2]的 n 次二项式展开，这意味着加权移动平均滤波器将平等地考虑相邻的两个数据点。对于大的 n 值，这种类型的滤波器逼近正态曲线；对于小的 n 值，这种类型的滤波器适合滤除高频噪声。要找到二项式加权系数，需要先对[1/2,1/2]n 进行自身卷积，然后用[1/2,1/2]n 与输出以迭代方式进行指定次数的卷积。在此示例中，总共进行 5 次迭代。

在得到最终的权重向量后，计算加权移动平均滤波器的延迟 fDelay，这是为了在后续的绘图中正确对齐滤波后的数据。使用 filter1 函数，将计算得到的二项式加权系数应用于温度信号 tempC，得到平滑后的温度数据 y3。

```
# 加权移动平均滤波器
h = [1 / 2, 1 / 2];
binomialCoeff = TyMath.conv(h, h);
for n = 1:4
    global binomialCoeff = TyMath.conv(binomialCoeff, h)
end
fDelay = (length(binomialCoeff) - 1) / 2;
y3, y4 = filter1(binomialCoeff, a, tempC)
figure(6)
TyPlot.plot(days, tempC)
hold("on")
TyPlot.plot(days .- fDelay / 24, y3)
legend("Hourly Temp", "Binomial Weighted Average")
ylabel("Temp(°C)")
xlabel("Time elapsed from Jan 1, 2011 (days)")
title("Logan Airport Dry Bulb Temperature (source: NOAA)")
```

运行代码，结果如图 3-10 所示。

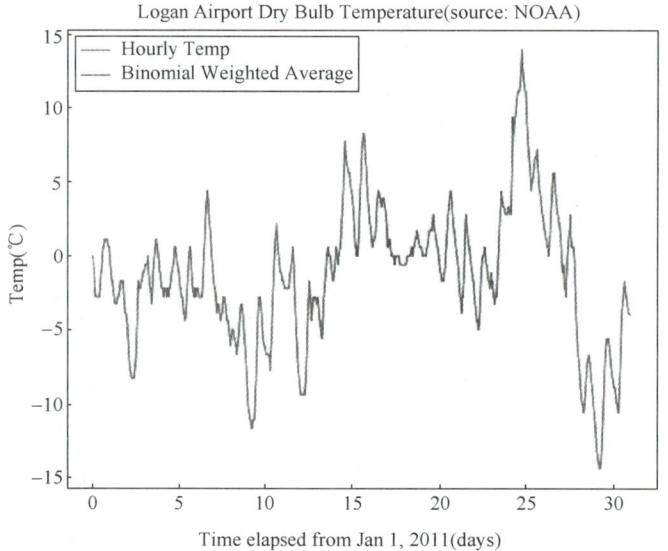

图 3-10　平滑后的温度数据 y3

另一种有点类似高斯展开滤波器的滤波器是指数加权移动平均滤波器。这种类型的滤波器易于构造，并且不需要大的窗口。用户可以通过介于 0 和 1 之间的 alpha 参数来调整指数加权移动平均滤波器。alpha 参数越大，平滑度越低。

首先设置 alpha 参数为 0.45。然后使用 filter1 函数将基于 alpha 参数的权重向量[1 alpha - 1] 应用于温度信号 tempC，计算出加权平均后的平滑温度数据 y5，从而实现指数衰减的加权效果。

```
alpha = 0.45;
y5, y6 = filter1(alpha, [1 alpha - 1], tempC);
figure(7)
TyPlot.plot(days, tempC)
hold("on")
TyPlot.plot(days .- fDelay / 24, y3)
hold("on")
TyPlot.plot(days .- 1 / 24, y5)
```

```
legend("Hourly Temp", "Binomial Weighted Average", "Exponential Weighted Average")
ylabel("Temp(°C)")
xlabel("Time elapsed from Jan 1, 2011 (days)")
title("Logan Airport Dry Bulb Temperature (source: NOAA)")
```

运行代码，结果如图 3-11 所示。

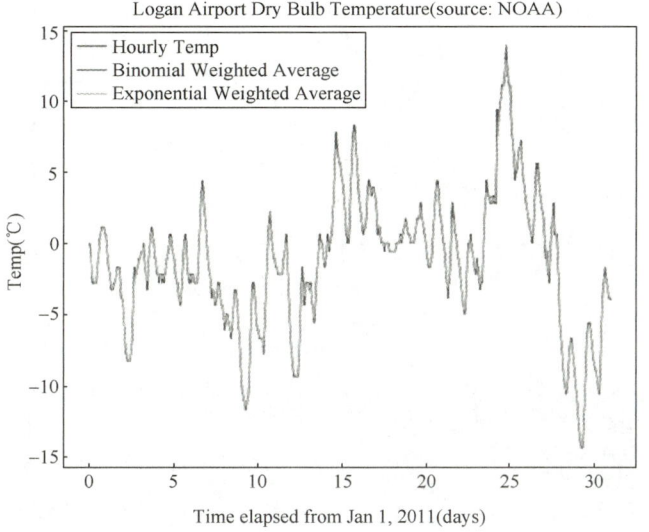

图 3-11　平滑温度数据 y5

设置显示范围为[3 4 -5 2]，放大一天的读数，更细致地展示数据的变化趋势。

```
alpha = 0.45;
y5, y6 = filter1(alpha, [1 alpha - 1], tempC);
figure(8)
TyPlot.plot(days, tempC)
hold("on")
TyPlot.plot(days .- fDelay / 24, y3)
hold("on")
TyPlot.plot(days .- 1 / 24, y5)
axis([3 4 -5 2])
legend("Hourly Temp", "Binomial Weighted Average", "Exponential Weighted Average")
ylabel("Temp(°C)")
xlabel("Time elapsed from Jan 1, 2011 (days)")
title("Logan Airport Dry Bulb Temperature (source: NOAA)")
```

运行代码，结果如图 3-12 所示。

7. Savitzky-Golay 滤波器

通过平滑处理的数据，其极值得到一定程度的削减。为了更紧密地跟踪信号，我们可以使用 Savitzky-Golay 滤波器，该滤波器尝试以最小二乘方式对指定数量的采样进行指定阶数的多项式拟合。

为了方便起见，我们可以使用 sgolayfilt 函数来实现 Savitzky-Golay 滤波器。要使用 sgolayfilt 函数，需要指定一个奇数长度段的数据和严格小于该段长度的多项式阶数。sgolayfilt 函数在内部计算平滑多项式系数，执行延迟对齐，处理数据，并记录开始和结束位置的瞬变效应。

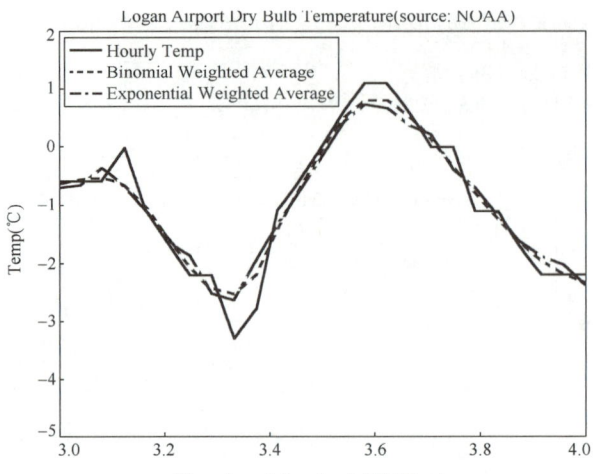

图 3-12　放大后的部分平滑温度数据 y5

```
# Savitzky-Golay 滤波器
cubicMA = sgolayfilt(tempC, 3, 7);
quarticMA = sgolayfilt(tempC, 4, 7);
quinticMA = sgolayfilt(tempC, 5, 9);

figure(9)
TyPlot.plot(days, tempC)
hold("on")
TyPlot.plot(days, cubicMA)
hold("on")
TyPlot.plot(days, quarticMA)
hold("on")
TyPlot.plot(days, quinticMA)
axis([3 5 -5 2])
legend("Hourly Temp", "Cubic-Weighted MA", "Quartic-Weighted MA", "Quintic-Weighted MA")
ylabel("Temp(°C)")
xlabel("Time elapsed from Jan 1, 2011 (days)")
title("Logan Airport Dry Bulb Temperature (source: NOAA)")
```

运行代码，结果如图 3-13 所示。

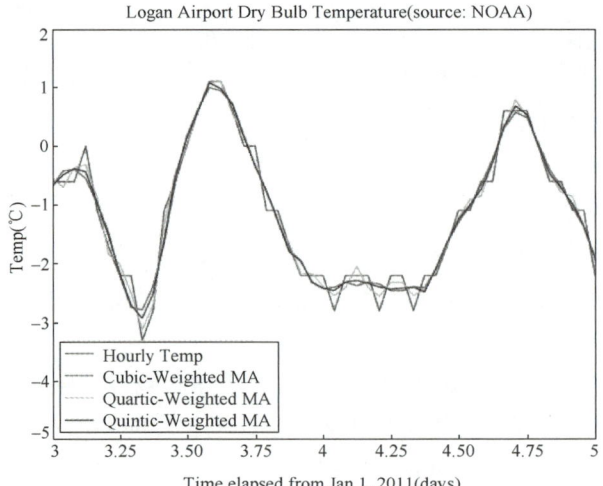

图 3-13　Savitzky-Golay 滤波器

8. 重采样

有时为了正确应用移动平均值，需要对信号进行重采样。在下面的示例中，我们对某模拟仪器输入端的开环电压进行采样，其中存在 60Hz 交流电源线噪声的干扰，我们以 1kHz 采样频率对电压进行采样。

```
# 重采样
matfile1 = matread("openloop60hertz.mat")
openLoopVoltage = matfile1["openLoopVoltage"]

fs = 1000;
t = (0:length(openLoopVoltage)-1) / fs;
figure(10)
TyPlot.plot(t, openLoopVoltage)
ylabel("Voltage (V)")
xlabel("Time (s)")
title("Open-loop Voltage Measurement")
```

运行代码，结果如图 3-14 所示。

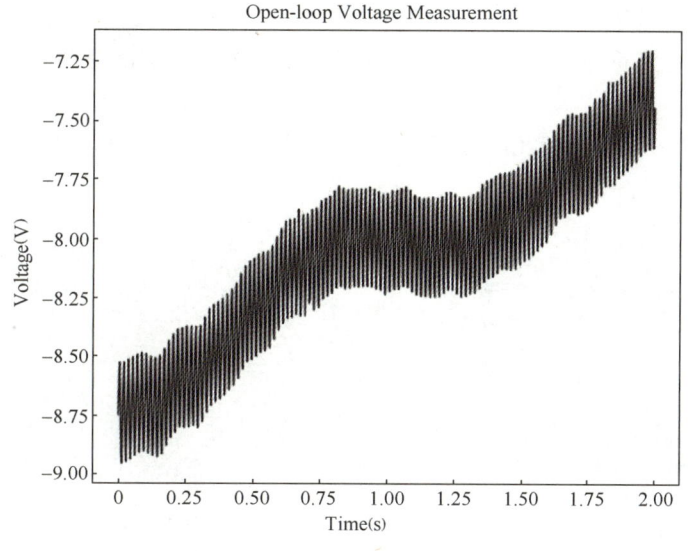

图 3-14　开环电压采样

我们尝试通过使用移动平均滤波器去除电源线噪声的影响。如果构造一个均匀加权的移动平均滤波器，那么它将去除相对于滤波器持续时间而言具有周期性的任何分量。

当以 1000Hz 对信号进行采样时，在 60Hz 的完整周期内，大约有 1000Hz/60Hz≈16.667 个采样点。我们尝试"向上舍入"并使用一个 17 点移动平均滤波器，这将在 1000Hz/17≈58.82Hz 的基频下为我们提供最佳滤波效果。

```
figure(11)
TyPlot.plot(t, sgolayfilt(openLoopVoltage, 1, 17))
ylabel("Voltage (V)")
xlabel("Time (s)")
title("Open-loop Voltage Measurement")
legend("Moving average filter operating at 58.82Hz")
```

运行代码，结果如图 3-15 所示。

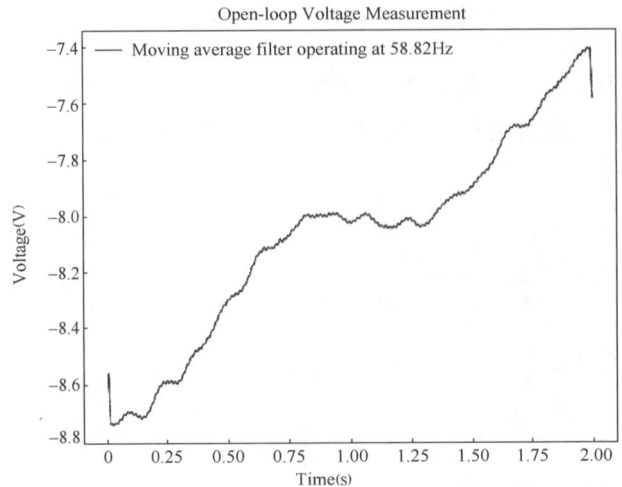

图 3-15　滤波后的开环电压采样

虽然电压明显经过平滑处理,但它仍然包含小的 60Hz 波纹。

如果我们对信号进行重采样,通过移动平均滤波器捕获 60Hz 信号的完整周期,就可以显著减弱该波纹。

如果我们以 17×60Hz = 1020Hz 对信号进行重采样,则可以使用 17 点移动平均滤波器去除 60Hz 的电源线噪声。

```
fsResamp = 1020;
vResamp, = resample(openLoopVoltage, fsResamp, fs)
tResamp = (0:length(vResamp)-1) / fsResamp;
vAvgResamp = sgolayfilt(vResamp, 1, 17);
figure(12)
plot(tResamp, vAvgResamp)
ylabel("Voltage (V)")
xlabel("Time (s)")
title("Open-loop Voltage Measurement")
legend("Moving average filter operating at 60 Hz")
```

运行代码,结果如图 3-16 所示。

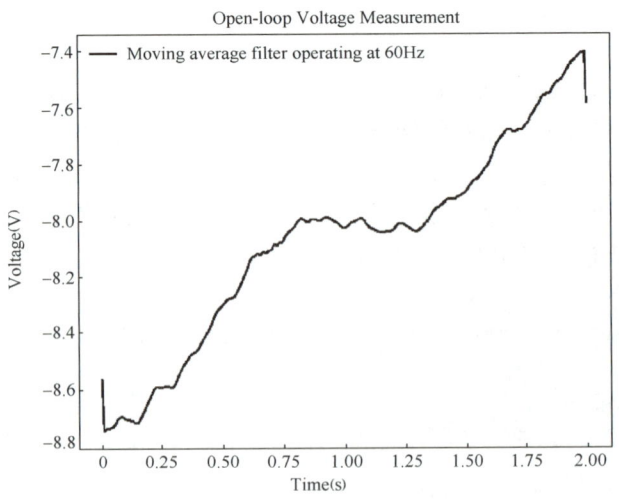

图 3-16　开环电压重采样

9. 中值滤波器

移动平均滤波器、加权移动平均滤波器和 Savitzky-Golay 滤波器会对它们滤波的所有数据进行平滑处理。然而，有时并不需要进行这种处理。例如，有时数据取自时钟信号并且不希望对其中的锐边进行平滑处理。原始信号及移动平均滤波器和 Savitzky-Golay 滤波器处理后的信号如图 3-17 所示。

```
# 移动平均滤波器和 Savitzky-Golay 滤波器
matfile = matread("x.mat")
x = matfile["x"]
matfile = matread("t1.mat")
t = matfile["t"]
yMovingAverage = TyMath.conv(vec(x), ones(5) ./ 5, "same")
ySavitzkyGolay = sgolayfilt(x, 3, 5)
figure(13)
TyPlot.plot(t, x)
hold("on")
TyPlot.plot(t, yMovingAverage)
hold("on")
TyPlot.plot(t, ySavitzkyGolay)
legend(["original signal", "moving average", "Savitzky-Golay"])
```

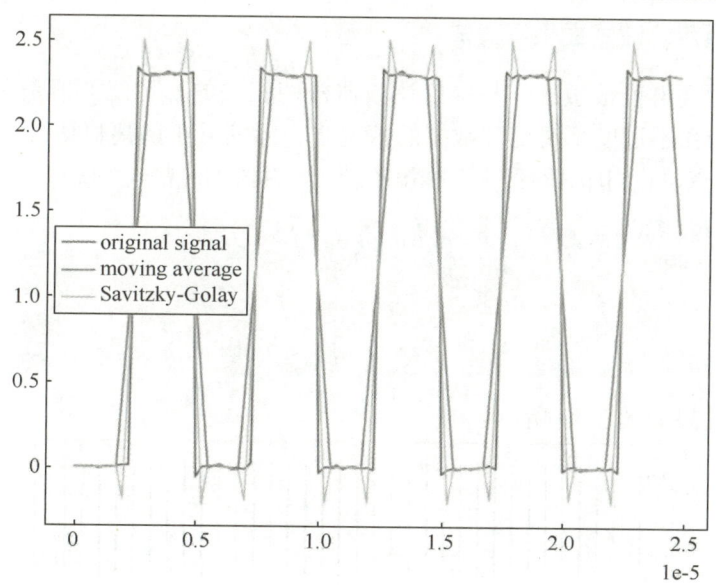

图 3-17　原始信号及移动平均滤波器和 Savitzky-Golay 滤波器处理后的信号

移动平均滤波器和 Savitzky-Golay 滤波器分别在时钟信号的边沿附近进行欠校正及过校正。保留边沿但仍保持平滑处理水平的一种简单方法是使用中值滤波器，原始信号及中值滤波器处理后的信号如图 3-18 所示。

```
yMedFilt = medfilt1(x, 5)
figure(14)
TyPlot.plot(t, x)
hold("on")
TyPlot.plot(t, yMedFilt)
legend(["original signal", "Median filter"])
```

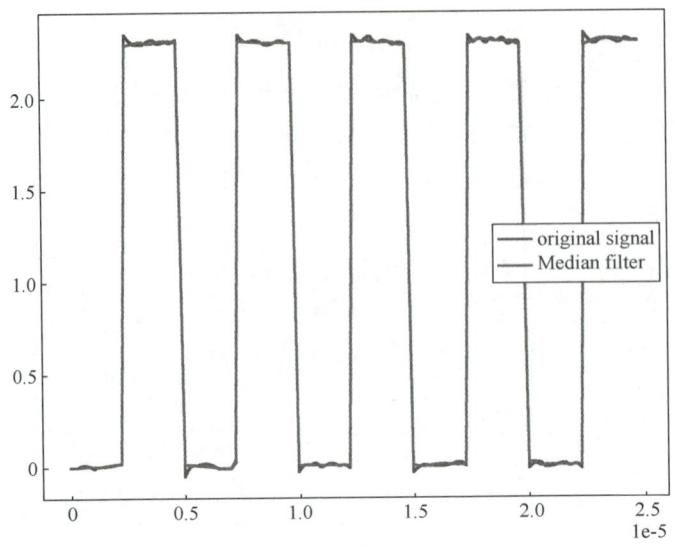

图 3-18　原始信号及中值滤波器处理后的信号

10. 通过汉佩尔滤波器去除离群值

许多滤波器对离群值很敏感。与中值滤波器密切相关的一种滤波器是汉佩尔滤波器。汉佩尔滤波器有助于在不过度平滑处理数据的情况下去除信号中的离群值。

为了演示这一点，我们加载一段火车鸣笛的录音，并添加一些人为噪声尖峰。

```
# 通过汉佩尔滤波器去除离群值
matfile2 = matread("y.mat")
y = matfile2["y"]
y[1:400:end] .= 2.1;
figure(15)
plot(y)
```

运行代码，结果如图 3-19 所示。

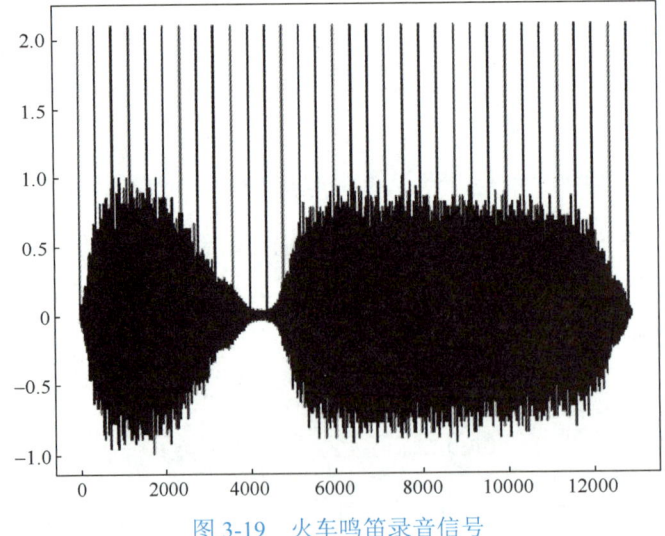

图 3-19　火车鸣笛录音信号

由于我们引入的每个尖峰只有一个采样的持续时间，因此可以使用只包含三个元素的中值滤波器来去除尖峰。

```
figure(16)
plot(y)
hold("on")
plot(medfilt1(y, 3))
legend("original signal", "filtered signal")
```

运行代码，结果如图 3-20 所示。

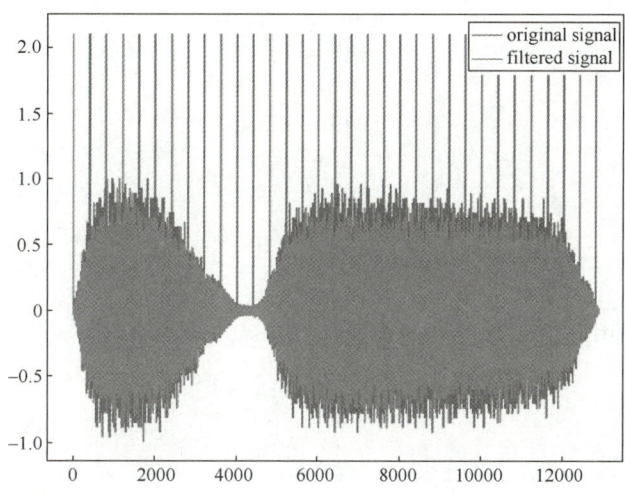

图 3-20　中值滤波器处理后的火车鸣笛录音信号

中值滤波器去除了尖峰，但同时也去除了原始信号的大量数据点。汉佩尔滤波器的工作原理类似于中值滤波器，但它仅替换与局部中位数相差几倍标准差的值。

```
Hampely, = hampel(y, 13)
figure(17)
plot(y, "*-")
hold("on")
plot(Hampely)
legend("original signal", "filtered signal")
```

运行代码，结果如图 3-21 所示。

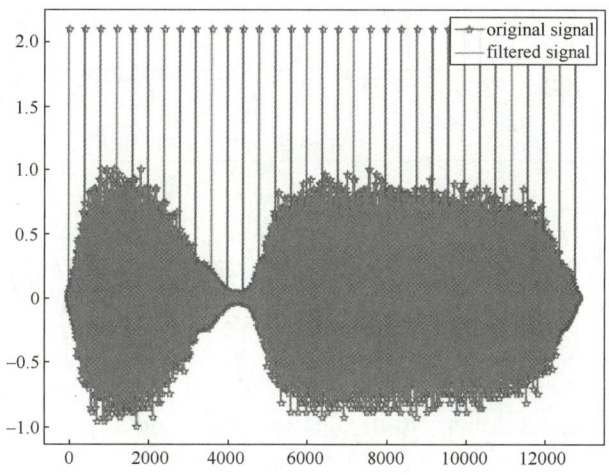

图 3-21　汉佩尔滤波器处理后的火车鸣笛录音信号

3.1.3 对数据去趋势

加载一段在 Fs=7418Hz 时采样的语音信号。通过将多项式阶数为 9 的 Savitzky-Golay 滤波器应用于长度为 21 的数据帧来平滑信号。绘制原始信号和过滤后的信号，放大 0.02s 的间隔并绘制滤波信号的稳态部分。

```
using TyPlot
using TySignalProcessing
pkg_dir = pkgdir(TySignalProcessing)
source_path=pkg_dir*"/examples/SignalGenerationAndPreprocessing/SmoothingAndDenoising/sgolayfilt/data_sgolayfilt.jl"

include(source_path)
t = (0:length(mtlb)-1) / Fs
rd = 9;
fl = 21;
smtlb = sgolayfilt(mtlb, rd, fl);
subplot(2, 1, 1)
plot(t, mtlb)
axis([0.2 0.22 -3 2])
title("Original")
grid()
subplot(2, 1, 2)
hold("on")
plot(t, smtlb)
axis([0.2 0.22 -3 2])
title("Filtered")
grid()
kmtlb = sgolayfilt(mtlb, rd, fl, kaiser(fl, 38));
plot(t, kmtlb)
axis([0.2 0.22 -3 2])
hold("off")
```

运行代码，结果如图 3-22 所示。

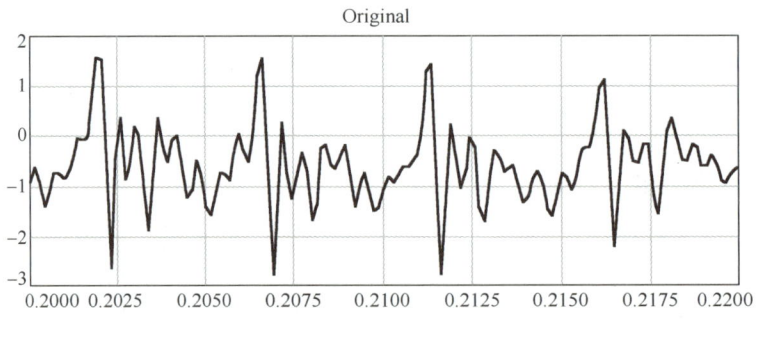

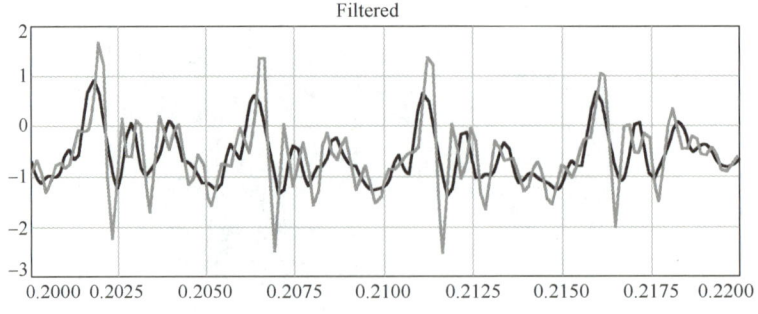

图 3-22　对数据去趋势

3.1.4 从信号中去除 60Hz 干扰

美国和其他几个国家的交流电以 60Hz 的频率振荡,这些振荡通常会破坏测量结果,在处理信号时必须将其去除。在存在 60Hz 交流电源线噪声干扰的情况下,研究模拟仪器输入的开环电压,电压采样频率为 1kHz。

```
using DSP
using TyPlot
using MAT

# 读取 mat 文件
mat_contents = matread("openloop60hertz.mat")
openLoop = mat_contents["openLoopVoltage"]
# 采样频率
Fs = 1000
# 时间向量
t = (0:length(openLoop)-1) / Fs
# 绘制原始信号
plot(t, openLoop)
ylabel("Voltage (V)")
xlabel("Time (s)")
title("Open-Loop Voltage with 60 Hz Noise")
```

运行代码,结果如图 3-23 所示。

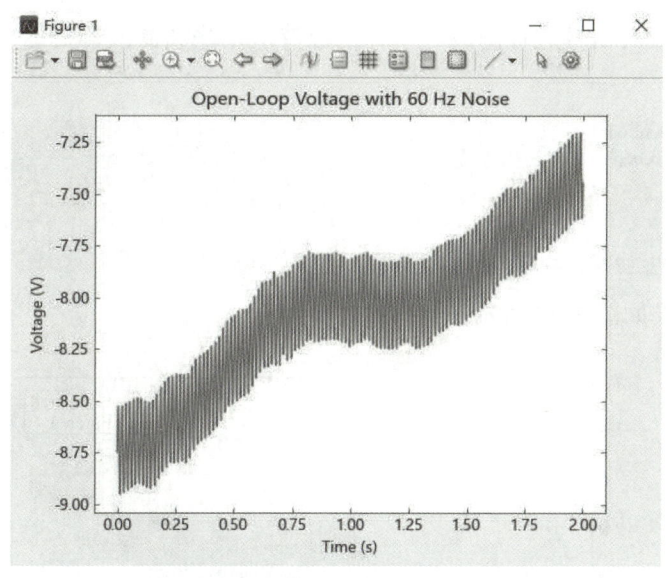

图 3-23　开环电压原始信号

使用巴特沃斯陷波滤波器消除 60Hz 噪声。使用 designfilt 函数设计巴特沃斯陷波滤波器,陷波的宽度定义为 59Hz 到 61Hz 的频率区间,巴特沃斯陷波滤波器至少应去除该范围内频率分量的一半功率。

```
# 设计巴特沃斯陷波滤波器
d = designfilt("bandstopiir", FilterOrder=2, HalfPowerFrequency1=59, HalfPowerFrequency2=61, DesignMethod="butter", SampleRate=Fs)

# 可视化巴特沃斯陷波滤波器
fvtool(d, Fs=Fs)
```

运行代码，结果如图 3-24 所示。

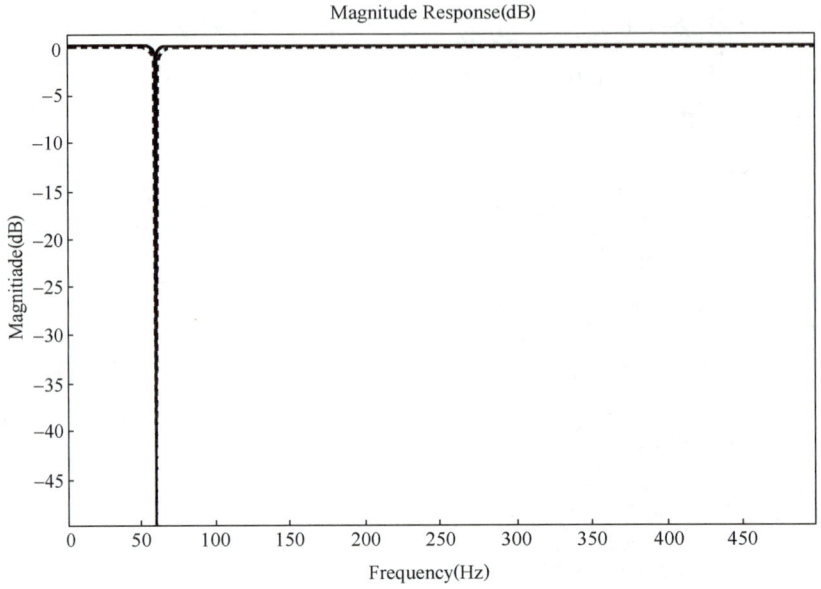

图 3-24　巴特沃斯陷波滤波器幅频响应

使用 filtfilt 函数对信号进行滤波，以补偿巴特沃斯陷波滤波器延迟。要注意振荡是如何显著减小的。

```
buttLoop = filtfilt(d, openLoop)
plot(t, openLoop, t, buttLoop)
ylabel="Voltage (V)"
xlabel="Time (s)"
title="Open-Loop Voltage"
label=["Unfiltered" "Filtered"]
```

运行代码，结果如图 3-25 所示。

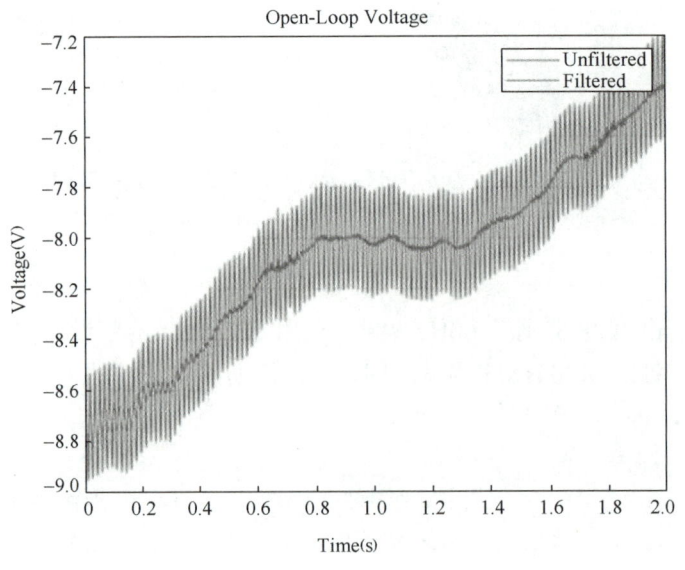

图 3-25　滤波之后的开环电压

通过周期图可以看到 60Hz 的"峰值"已被去除。

```
popen, fopen = periodogram(openLoop, Fs=Fs)
pbutt, fbutt = periodogram(buttLoop, Fs=Fs)
plot(fopen, 20*log10.(abs.(popen)), fbutt, 20*log10.(abs.(pbutt)), linestyle=(:solid, :dash))
ylabel="Power/frequency (dB/Hz)"
xlabel="Frequency (Hz)"
title="Power Spectrum"
label=["Unfiltered" "Filtered"]
```

运行代码,结果如图 3-26 所示。

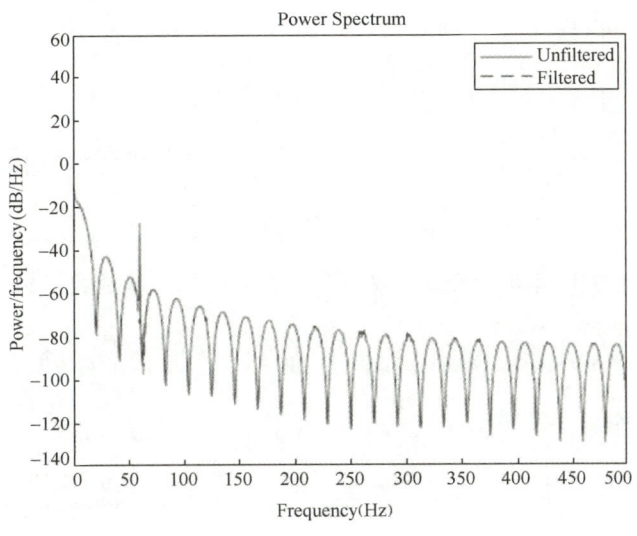

图 3-26 能量谱

3.1.5 去除信号中的峰值

生成 100 个样本的正弦信号,用尖峰替换第 6 个和第 20 个数据点。

```
using TyPlot
using TySignalProcessing

x = sin.(2*pi*[0:99;]/100)
x[6] = 2
x[20] = -2
```

使用 hampel 函数定位与当地中位数相差超过 3 倍标准差的每个样本。测量窗口由样品及其周围的 6 个样品组成,每侧 3 个。

```
y,i,xmedian,xsigma = hampel(x)
```

绘制滤波后的信号并注释异常值。

```
n = [1:length(x);]
plot(n,x)
hold("on")
plot(n,xmedian-3*xsigma,n,xmedian+3*xsigma)
idx = findall(x->x>0,i)
plot(n[idx],x[idx],"sk")
legend(["Original signal","Lower limit","Upper limit","Outliers"])
```

运行代码,结果如图 3-27 所示。

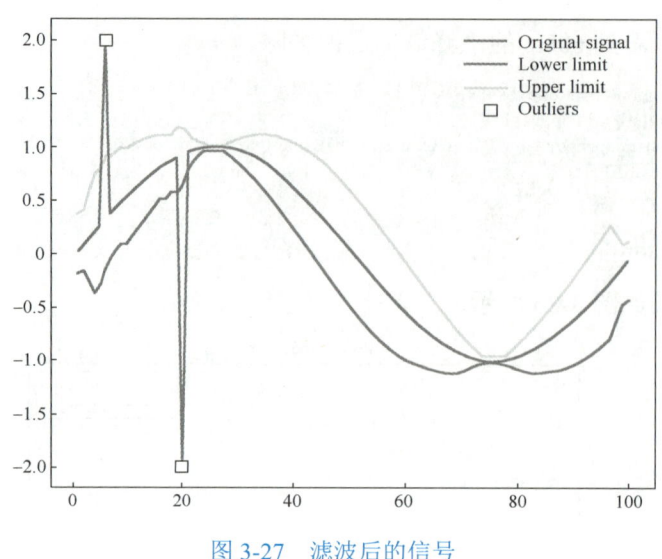

图 3-27 滤波后的信号

重复计算，但在计算中间值时每边只取一个相邻的样本。该函数将极值视为异常值。

```
figure()
hampel(x, 1; plotfig=true)
```

运行代码，结果如图 3-28 所示。

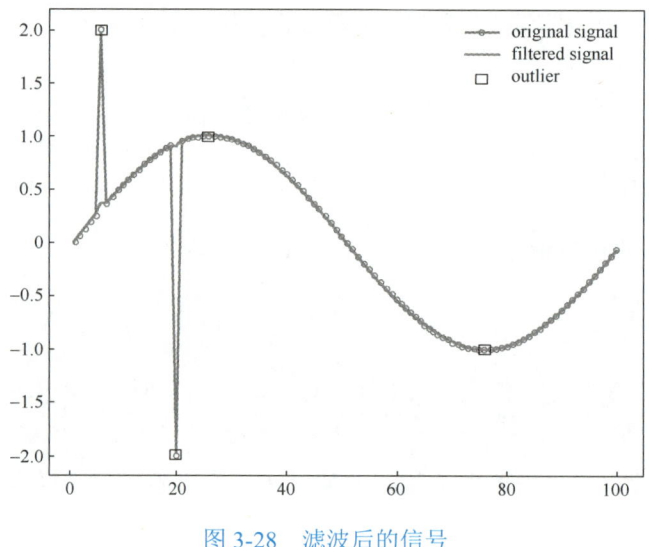

图 3-28 滤波后的信号

3.2 波形生成

3.2.1 函数

函数信号生成和预处理在通信、生物医学、音视频处理及控制系统等领域均具有广泛应用。通过波形生成、平滑和去噪、归一化、特征提取等技术手段，可以有效检测和模拟信号传输过程，提取关键信息，提升信号质量，进而优化系统性能。可以通过 MWORKS 实现这些操作，为各领域的研究和应用提供强有力的支持。

常见的波形包括正弦波、方波、三角波、矩形波、锯齿波及正负尖脉冲等。这些波形具有特定的周期性或频率特性，并在不同的应用领域中发挥着重要的作用。在 MWORKS 中，可以使用 chirp 函数生成线性、二次和对数 chirp，使用 square 函数、rectpuls 函数、sawtooth 函数生成方波、矩形波和三角波。一些常见的波形生成函数如表 3-2 所示。

表 3-2　一些常见的波形生成函数

函数名	简介
chirp	扫频余弦
cw	cw 调制信号
diric	Dirichlet 或周期性 sinc 函数
gauspuls	高斯调制正弦射频脉冲
gmonopuls	高斯单脉冲
gmseq	广义 m 序列
mseq	m 序列
pulstran	脉冲序列
rectpuls	采样的非周期性矩形
sawtooth	锯齿波或三角波
sinc	sinc 函数
square	方波
tripuls	采样的非周期性三角形
vco	压控振荡器

针对这些函数，MWORKS 提供了简洁明了的操作方式，使用户能够轻松实现所需功能，提高工作效率。

在 MWORKS 信号处理仿真中有几个较为常用的函数，如 chirp、square、rectpuls、sawtooth 和 tripuls 等函数，它们的用法如表 3-3 所示。

表 3-3　常用函数的用法

函数名	用法

chirp	y = chirp(t, f0, t1, f1) #在数组 t 中定义的时间实例生成线性扫频余弦信号的样本。0 时刻的瞬时频率为 f0, t1 时刻的瞬时频率为 f1。
	y = chirp(t, f0, t1, f1, method) #指定一个可选择的扫频方法选项。
	y = chirp(t, f0, t1, f1, method, phi, vertex_zero) #指定扫频方法及初始相位

square	y = square(t) #为时间数组 t 的元素生成周期为 2π 的方波。square 函数类似于正弦函数，但会产生峰值为–1 和 1 的方波。
	y = square(t, duty) #生成具有指定占空比的方波。占空比是方波为正的信号周期的百分比

rectpuls	y = rectpuls(t) #返回一个连续的、非周期性的、单位高度的矩形脉冲，其采样时间在数组 t 中指明，以 t = 0 为中心。
	y = rectpuls(t,w) #生成一个宽度为 w 的矩形

sawtooth	y = sawtooth(t) #为时间数组 t 的元素生成周期为 2π 的锯齿波。sawtooth 函数类似于正弦函数，但会产生峰值为–1 和 1 的锯齿波。锯齿波定义为 –1 在 2π 的倍数处，并在所有其他时间以 $1/\pi$ 的斜率随时间线性增加。
	y = sawtooth(t,tmax) #生成修改后的三角波，每个周期的最大位置由 tmax 控制。将 tmax 设置为 0.5，以生成标准三角波

tripuls	y = tripuls(t) #在数组 t 中指示的采样时间返回一个连续的、非周期性的、对称的、单位高度的三角脉冲，以 t = 0 为中心。
	y = tripuls(t, w, s) #生成一个宽度为 w 且倾斜度为 s 的三角形

3.2.2 创建均匀和非均匀时间向量

在 MWORKS 中,创建时间向量是模拟和分析动态系统的重要步骤。均匀时间向量是指时间间隔相等的向量,它适用于那些具有固定采样频率或恒定时间步长的系统模拟。通过指定起始时间、结束时间和时间步长,可以生成均匀时间向量。非均匀时间向量更为灵活,它允许时间间隔在向量中变化,以适应不同的模拟需求,如变步长仿真或事件驱动的系统分析。在创建非均匀时间向量时,可以指定每个时间点,或者根据某些条件或算法动态生成这些时间点。这两种时间向量在 MWORKS 中都有相应的函数或方法来实现,使用户能够根据实际需求选择合适的时间向量进行模拟和分析。使用 TyTimeSeries 函数库创建 timeseries 对象。创建一个具有 5 个数据样本(以 10 个时间单位为间隔进行采样)的 timeseries 对象,通过 addevent 函数将事件添加到 timeseries 对象中。

```
Tsin = TyTimeSeries.timeseries(1:5, [0 10 20 30 40])
tsout = TyTimeSeries.addevent(tsin, "Event1", 0);
tsout.Events
```

通过 appendtimeseries 函数沿时间维度串联 timeseries 对象,创建两个 timeseries 对象,并按时间追加它们。显示所生成的 timeseries 对象的时间样本。

```
import TyTimeSeries
ts1 = TyTimeSeries.timeseries(rand(5, 1), [1 2 3 4 5]);
ts2 = TyTimeSeries.timeseries(rand(5, 1), [6 7 8 9 10]);
ts = TyTimeSeries.appendtimeseries(ts1, ts2);
ts.Time
```

可以通过 resample 函数对 tscollection 时间向量重采样。对由两个 timeseries 对象构成的 tscollection 对象重采样。使用两个 timeseries 对象创建一个 tscollection 对象。

```
import TyTimeSeries
ts1 = TyTimeSeries.timeseries([1.1 2.9 3.7 4.0 3.0]', 1:5, name="Acceleration");
ts2 = TyTimeSeries.timeseries([3.2 4.2 6.2 8.5 1.1]', 1:5, name="Speed");
tscin = TyTimeSeries.tscollection([ts1, ts2])
```

通过 setuniformtime 函数修改均匀的 timeseries 时间向量。创建一个具有均匀时间向量的 timeseries 对象,并通过指定新的开始时间和结束时间修改时间向量。

```
import TyTimeSeries
tsin = TyTimeSeries.timeseries((1:5)', 1:5);
tsin.Time
tsout = TyTimeSeries.setuniformtime(tsin; starttime=10, endtime=20);
tsout.Time
```

可以利用时间向量创建时间表。下面介绍如何创建时间表、合并时间表及将多个时间表中的数据调整到一个公共时间向量中。公共时间向量可以包含其中一个时间表或两个时间表中的时间,也可以是一个用户指定的全新时间向量。以下示例演示如何计算和显示不同时间表中包含的天气测量值的日均值。

```
using TimeSeries
using Dates
using Statistics
using DataFrames
using TyPlot
using TyMath
using Pkg
```

```
## 从文件导入时间表
file_path = joinpath(@__DIR__, "03 indoors.csv")
indoors = readtimearray(file_path, meta = nothing, format = "yyyy-mm-dd HH:MM:SS", delim = ',')
indoors[1:5]

# 加载包含天气测量值的时间表，显示 outdoors 的前五行
data_path = joinpath(@__DIR__, "03 data.jl")
include(data_path)
dates = DateTime.([time...], dateformat"yyyy-mm-dd HH:MM:SS")
data = (datetime = dates, Humidity = Humidity, TemperatureF = TemperatureF, PressureHg = PressureHg)
outdoors = TimeArray(data; timestamp = :datetime)
outdoors[1:5]

## 同步时间表
tt = merge(indoors, outdoors, method = :outer, padvalue = NaN)
tt[1:5]

## 再次同步这些时间表，这次将会通过线性插值填充缺失的数据值
# TODO：暂不支持，读取 M 软件数据
dates = DateTime.([linear_data[:, 1]...], dateformat"yyyy-mm-dd HH:MM:SS")
data = (datetime = dates, Humidity_indoors = linear_data[:, 2], AirQuality = linear_data[:, 3],
        Humidity_outdoors = linear_data[:, 4], TemperatureF = linear_data[:, 5], PressureHg = linear_data[:, 6])
ttLinear = TimeArray(data; timestamp = :datetime)
ttLinear[1:5]

## 调整一个时间表中的数据
tv = DateTime(2015, 11, 15):Hour(6):DateTime(2015, 11, 18)
ttHourly = from(ttLinear, DateTime(2015, 11, 15))
ttHourly = to(ttHourly, DateTime(2015, 11, 18))
ttHourly = collapse(ttHourly, Hour(6), last, mean)

#修改时间戳：DateFrame 与 TimeArray 相互转化
df = DataFrame(ttHourly)
df.timestamp = tv[1:end-1];
ttHourly = TimeArray(df, timestamp = :timestamp)
## 绘制时间表数据图
ttMeanVars = values(ttHourly::TimeArray)./mean(values(ttHourly::TimeArray), dims = 1);
plot(timestamp(ttHourly::TimeArray), ttMeanVars);
legend(colnames(ttHourly::TimeArray));
xlabel("Time");
ylabel("Normalized Weather Measurements");
title("Mean Daily Weather Trends");
```

运行代码，结果如图 3-29 所示。

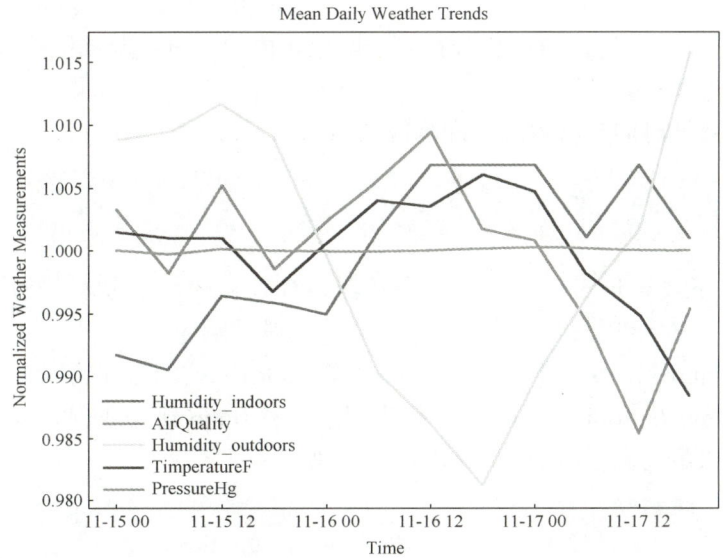

图 3-29　平均每日天气趋势

由图 3-29 可以看出时间表可用于将时间与每一行进行关联，清晰直观地展示了天气随时间向量的变化。

3.2.3　时间向量和正弦波

以下示例演示如何进行简单的信号处理，其模拟了在实际应用中常见的操作：生成一个时间序列，创建基于此时间序列的复合信号，以及向该信号中添加噪声。

```
using Plots
# 生成时间向量 t，Julia 中步长使用步进操作符指定
t = 0:0.001:1
# Julia 中没有必要将行向量转换为列向量，因为 Julia 在处理向量时比较灵活
# 创建示例信号 y，其由两个正弦波组成
y = sin.(2 * pi * 50 * t) .+ 2 .* sin.(2 * pi * 120 * t)
# 向信号中添加正态分布的白噪声
# Julia 的 randn 函数用于生成符合标准正态分布的随机数，大小与 t 相同
yn = y .+ 0.5 * randn(size(t))
# 绘制前 50 个点
# 可以使用 Julia 的绘图库 Plots 来实现，这里使用 scatter 函数来更明显地表示点
scatter(t[1:50], yn[1:50], label="Signal with Noise", title="Signal Noise Plot", xlabel="Time (s)", ylabel="Amplitude")
```

3.2.4　脉冲函数、阶跃函数和斜坡函数

1．脉冲函数

脉冲函数（也称为冲激函数）在数学、工程和物理学等领域中都有重要的应用。脉冲函数在系统分析中具有重要作用，特别是在连续时间和离散时间系统中。系统的单位脉冲响应是系统对脉冲函数输入的响应。通过对系统的单位脉冲响应进行卷积操作，可以计算出系统对任意输入信号的响应。

脉冲函数通常用符号 $\delta(t)$ 表示，其中 t 是自变量。其定义为

$$\delta(t) = \begin{cases} +\infty, & t = 0 \\ 0, & t \neq 0 \end{cases}$$

脉冲函数的性质：脉冲函数的积分在整个实数域内等于 1；脉冲函数是奇函数；脉冲函数在整个实数域的平均值为零。

在 Julia 中，离散时间滤波器的脉冲响应的语法如下：

```
impResp, t = impz(sysobj)
impResp, t = impz(sysobj, n)
impResp, t = impz(sysobj, n, fs)
```

其中，impResp, t = impz(sysobj) 计算滤波器系统对象 sysobj 的脉冲响应，并返回列向量 impResp 的响应，同时绘制滤波器系统对象 sysobj 的脉冲响应。

impResp, t = impz(sysobj, n) 以 1 秒为间隔计算 floor(n) 处的脉冲响应。

impResp, t = impz(sysobj, n, fs) 以 1/fs 秒为间隔计算 floor(n) 处的脉冲响应。

在 Julia 中，求解动态系统的脉冲响应的语法如下：

```
impulse(sys)
impulse(sys,tFinal)
impulse(sys,t)
```

```
impulse(sys1,sys2,...,sysN,___)
impulse(sys1,fmt1,...,sysN,fmtN,___)
impulse(___,config)
impulse(___; fig, ishold, kwargs...)

y, = impulse(sys,t)

y,t, = impulse(sys; fig = false)
y,t, = impulse(sys,tFinal; fig = false)
y,t,x, = impulse(sys; fig = false)
y,t,x,ysd = impulse(sys,___; fig = false)

[___] = impulse(___,config; fig = false)
```

例如，可以用以下传递函数表示连续时间系统的脉冲响应：

$$\text{sys}(s) = \frac{4}{s^2 + 2s + 10}$$

对于这个例子，创建一个 tf 模型来表示传递函数。

可以类似地绘制其他动态系统模型类型的脉冲响应，如零极增益（zpk）或状态空间（ss）模型。

```
using TyControlSystems
sys = tf(4, [1, 2, 10])
```

画出脉冲响应图，如图 3-30 所示。

```
impulse(sys)
```

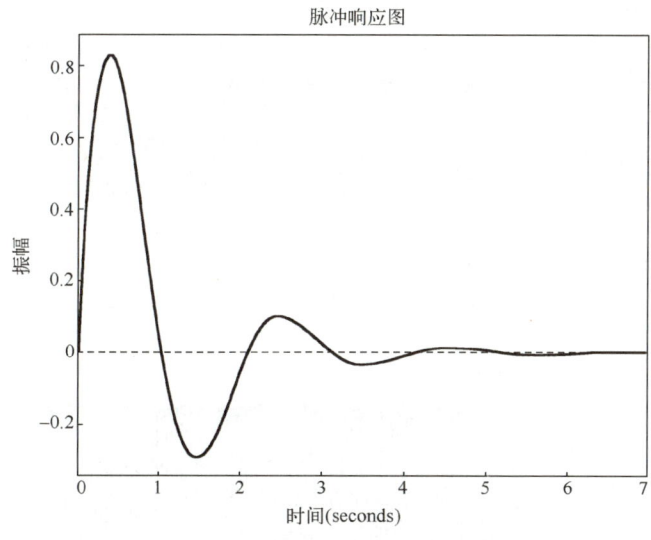

图 3-30　脉冲响应图

在信号处理和通信系统中，脉冲函数用于描述时域中的离散采样和频域中的脉冲响应。例如，在连续时间信号中，脉冲函数可以用于模拟连续时间信号的采样过程。在数字信号处理中，脉冲函数可以用于设计数字滤波器。一种常见的方法是脉冲响应法，其中系统的单位脉冲响应用于设计数字滤波器的频率响应。在概率论和统计学中，脉冲函数通常用于描述随机过程中的冲击事件或冲击噪声。

2. 阶跃函数

阶跃函数在系统分析中也具有重要作用，特别是在连续时间和离散时间系统中。系统的单位阶跃响应是系统对阶跃函数输入的响应。通过对系统的单位阶跃响应进行积分操作，可以计算出系统对任意输入信号的响应。阶跃函数在信号处理中经常用于定义信号的启动时间、模拟开关操作及定义系统的开启时间。在微积分中，阶跃函数的导数是脉冲函数。

在 Julia 中，阶跃响应的语法如下：

```
h,t = stepz(b,a)
h,t = stepz(sos)
h,t = stepz(___,n)
h,t = stepz(___,n,fs)
```

其中，h,t = stepz(b,a) 返回阶跃响应向量 h 和对应数字滤波器的采样时间 t，传递函数系数存储在 b 和 a 中。

h,t = stepz(sos) 返回对应于二阶基本节矩阵 sos 的阶跃响应。

h,t = stepz(___,n) 计算阶跃响应的前 n 个样本。此语法可以包括来自先前语法的输入参数的任意组合。

h,t = stepz(___,n,fs) 计算 n 个样本并产生一个向量 t，使样本间隔 1/fs 秒。

在 Julia 中，离散时间滤波器的阶跃响应的语法如下：

```
stepResp, t = stepz(sysobj)
stepResp, t = stepz(sysobj, n)
stepResp, t = stepz(sysobj, n, fs)
```

可以构造一个 Biquad 滤波器，并绘制其阶跃响应曲线图。

```
using TyDSPSystem

s1 = [1 0.0852427881712990 1 1 -0.739993916949389 0.860969240005475; 1 0.690150981425659 1 1 -1.03745044026477 0.706247526252594; 1 1.74342357239464 1 1 -1.37395086734852 0.543081949521588; 1 -0.132512164313766 1 1 -0.608297743544437 0.960519923528524]
s2 = [0.727727853638573, 0.828960811852979, 1.34935808589046, 0.004787090723771218, 1]
biquad = dsp_BiquadFilter(Structure = "Direct form II", SOSMatrix = s1, ScaleValues = s2)
stepz(biquad, 100; plotfig = true)
```

运行代码，结果如图 3-31 所示。

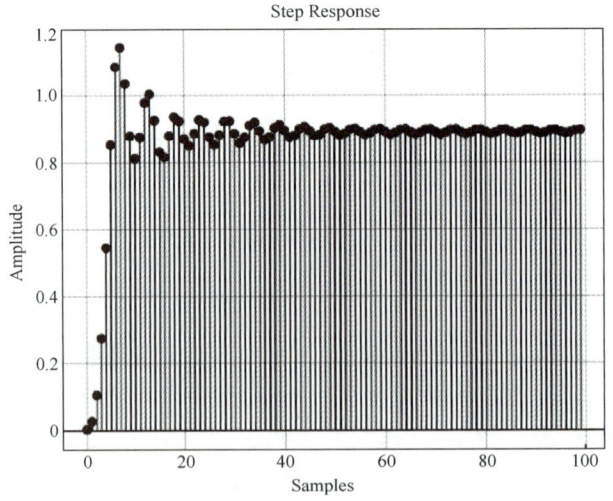

图 3-31　阶跃响应曲线图

在电路分析中，阶跃函数可以表示电路中的开关动作或电路的开启时间，以及系统对阶跃输入的响应，这对于分析电路的稳态和暂态响应非常有用。

3. 斜坡函数

斜坡函数（也称为斜坡信号或斜坡波形）是一种常见的数学函数，通常用符号 $r(t)$ 表示，其中 t 是自变量。斜坡函数在信号处理、控制系统、电路分析等领域中有重要的应用。

斜坡函数通常定义为

$$r(t) = \begin{cases} 0, & t \leq 0 \\ t, & t > 0 \end{cases}$$

斜坡函数的性质：斜坡函数在整个实数域内都是连续的；斜坡函数是单调递增的；斜坡函数的导数在整个实数域内都是连续的，且处处等于 1；斜坡函数在 $t = 0$ 处的值为 0，其斜率为 1。

在 Julia 中，可以使用 if-else 语句实现斜坡函数：

```
function ramp_function(t)
    if t < 0
        return 0
    else
        return t
    end
end
```

也可以使用三元运算符更简洁地实现斜坡函数：

```
ramp_function(t) = t < 0 ? 0 : t
```

这里 ramp_function 是斜坡函数的名称，t 是自变量。在第一个示例中，使用 if-else 语句检查了 t 的值，如果 t 的值小于 0，则返回 0，否则返回 t 的值。在第二个示例中，使用了三元运算符，它的意思与 if-else 语句的逻辑相同，如果 t 的值小于 0，则返回 0，否则返回 t 的值。

在工程和物理学中，斜坡函数表示的是一个线性增加的过程。因此，斜坡函数经常用于表示物理系统的起始条件或随时间逐渐增加的过程。在电路分析中，斜坡函数可以表示电路中的起始条件或电路中随时间逐渐增加的信号，这对于分析电路中的初始条件和暂态响应非常有用。在信号处理中，斜坡函数经常用于模拟信号的渐变过程，如渐变淡入淡出效果。

3.2.5 常见的周期性波形

借助 TySignalProcessing 函数库，可以生成常见的周期性波形。

- y = sawtooth(t) 为时间数组 t 的元素生成周期为 2π 的锯齿波。sawtooth 函数类似于正弦函数，但会产生峰值为 –1 和 1 的锯齿波。锯齿波定义为 –1 在 2π 的倍数处，并在所有其他时间以 $1/\pi$ 的斜率随时间线性增加。
- y = square(t) 为时间数组 t 的元素生成周期为 2π 的方波。square 函数类似于正弦函数，但会产生峰值为 –1 和 1 的方波。

生成 10 个周期基本频率为 50Hz 的锯齿波，采样频率为 1kHz。

```
using TySignalProcessing
using TyPlot
T = 10*(1/50)
fs = 1000
```

```
t = 0:1/fs:T-1/fs
y = sawtooth(2*pi*50*t)
plot(t,y)
grid()
```

运行代码，结果如图 3-32 所示。

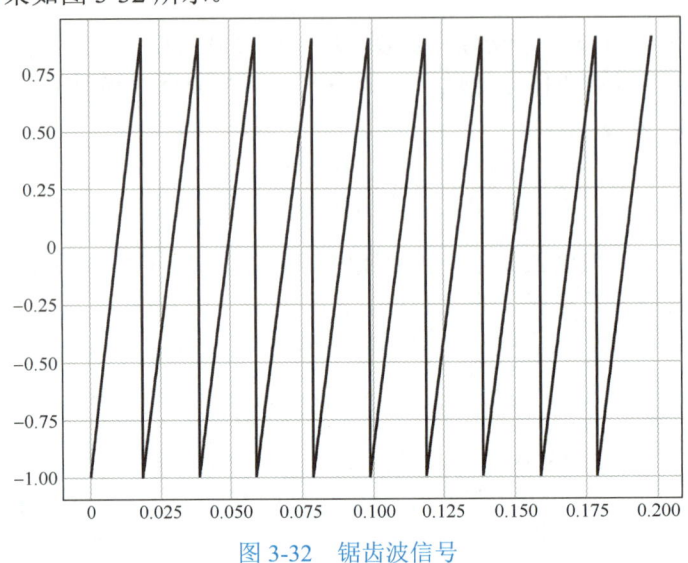

图 3-32　锯齿波信号

生成 10 个周期基本频率为 50Hz 的方波，采样频率为 1kHz。

```
using TySignalProcessing
using TyPlot
T = 10*(1/50)
fs = 1000
t = 0:1/fs:T-1/fs
y = square(2*pi*50*t)
plot(t,y)
grid()
```

运行代码，结果如图 3-33 所示。

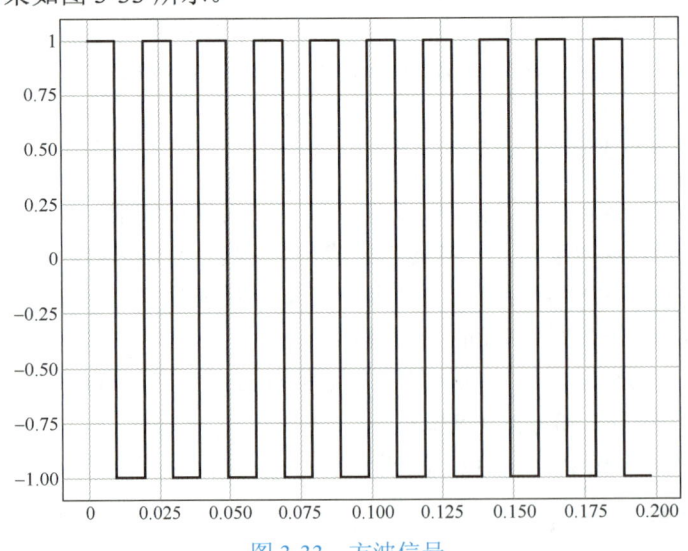

图 3-33　方波信号

- d = dutycycle(x) 返回每个正极性脉冲的脉冲宽度与脉冲周期的比率。

```
using TySignalProcessing
using TyPlot
T = 10*(1/50)
fs = 1000
t = 0:1/fs:T-1/fs
y = square(2*pi*50*t)
plot(t,y)
grid()
dc = dutycycle(y, fs; plotfig=true);
```

运行代码，结果如图 3-34 所示。

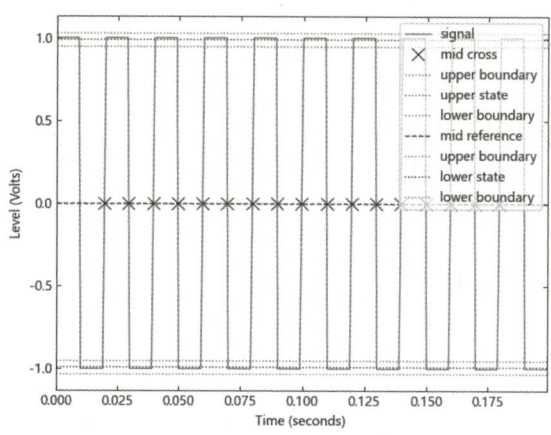

图 3-34 方波信号占空比

查看占空比。

```
julia> dc[1]
8-element Vector{Float64}:
 0.4999999999999999
 0.5000000000000002
 0.5000000000000003
 0.49999999999999967
 0.5
 0.5
 0.4999999999999993
 0.5000000000000007
```

3.2.6 常见的非周期性波形

gauspuls 函数使用指定时间、中心频率和小数带宽生成高斯调制正弦脉冲。可选参数返回同相脉冲和正交脉冲、RF 信号包络，以及尾部脉冲包络的截止时间。

chirp 函数生成线性、对数或二次扫频正弦信号。可选参数指定替代扫描方法。可选参数允许以度数指定初始相位。

示例：生成具有线性瞬时频率偏差的噪声，计算并绘制 chirp 函数的时域图。噪声以 1kHz 的采样频率采样 2s。瞬时频率在 t = 0s 时为 0，在 t = 1s 时跨越 250Hz。

```
using TyPlot
using TySignalProcessing
t = 0:0.01:2
```

```
y = chirp(collect(t),0,1,250)
figure("chirp")
plot(t,y)
xlabel("Time/s")
ylabel("Y")
grid("on")
```

运行代码,结果如图 3-35 所示。

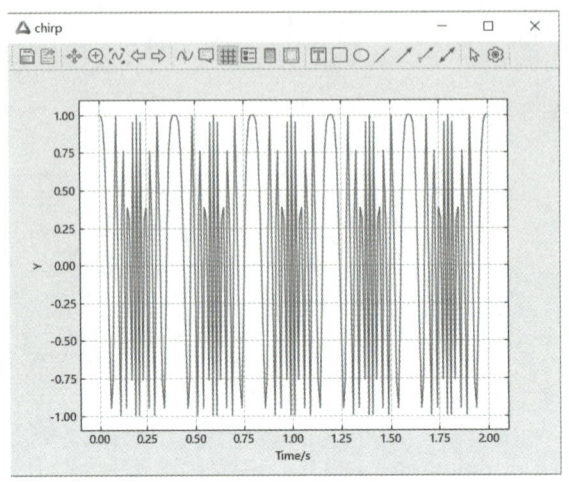

图 3-35　chirp 函数的时域图

示例:使用 gauspuls 函数绘制带宽为 60%的 50kHz 高斯射频脉冲,以 10MHz 的频率采样。截断包络低于峰值 40dB 的脉冲,并绘制正交脉冲和 RF 信号包络。

```
using TyPlot
using TySignalProcessing
tc, = gauspuls("cutoff", 50e3, 0.6, [], -40)
t = -tc:1e-7:tc
yi, yq, ye = gauspuls(t, 50e3, 0.6)
plot(t, yi, t, yq, t, ye)
legend(["Inphase", "Quadrature", "Envelope"])
```

运行代码,结果如图 3-36 所示。

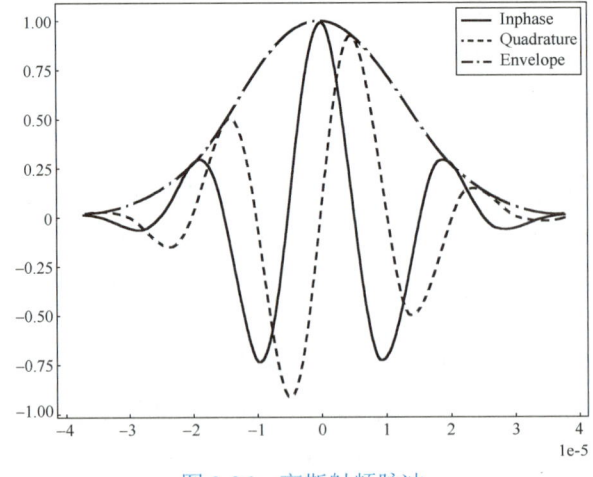

图 3-36　高斯射频脉冲

3.2.7 pulstran 函数

pulstran 函数用于生成脉冲序列（也称为脉冲列）或单位样本序列的离散版本。pulstran 函数生成一个包含脉冲序列的向量，其中脉冲的位置可以自己指定。脉冲序列通常用于生成离散时间的脉冲信号或序列，其在信号处理、控制系统等领域中有着广泛的应用。

在 Julia 中，pulstran 函数的语法如下：

```
其中，y = pulstran(t,d,func)
y = pulstran(t,d,func,fs)
y = pulstran(t,d,p)
y = pulstran(___,intfunc)
```

其中，y = pulstran(t,d,func)根据连续函数 func 的样本生成脉冲序列。

y= pulstran(t,d,func,fs)使用 fs 的采样频率。

y = pulstran(t,d,p)生成一个脉冲序列，该脉冲序列是向量 p 中原型脉冲的多次延迟插值之和。

y = pulstran(___,intfunc)指定了替代插值方法。用户可以将此参数与之前的任何输入语法一起使用。

pulstran 函数基于连续的或采样的原型脉冲生成脉冲序列。以下示例生成由高斯脉冲的多次延迟插值之和组成的脉冲序列。该脉冲序列定义为具有 50kHz 的采样频率、10ms 的脉冲序列长度和 1kHz 的脉冲重复频率。T 指定脉冲序列的采样时刻。D 在第一列中指定每个脉冲重复的延迟，在第二列中指定每个重复的可选衰减。要构造该脉冲序列，需要将 gauspuls 函数的名称及附加参数（用于指定带宽为 50%的 10kHz 高斯脉冲）传递给 pulstran 函数。

```
using DSP
T = 0:1/50e3:10e-3
D = hcat(0:1/1e3:10e-3, 0.8 .^(0:10))
Y = pulstran(T, D, gauspuls, 10e3, 0.5)
using Plots
plot(T, Y)
```

运行代码，结果如图 3-37 所示。

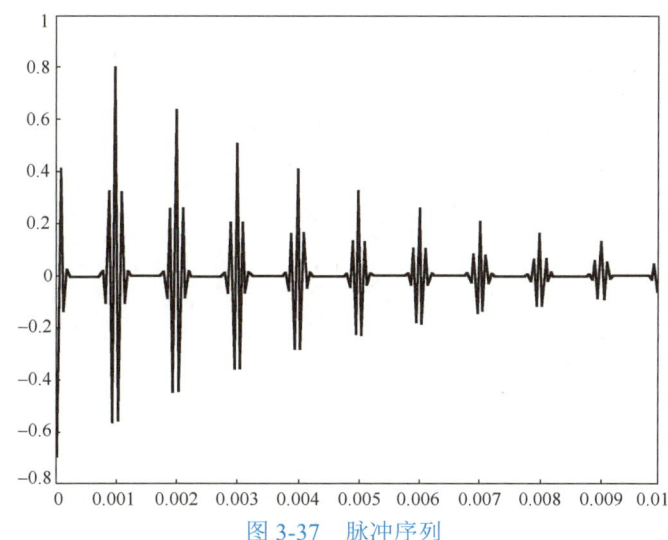

图 3-37　脉冲序列

3.2.8　sinc 函数

sinc 函数的语法如下：

```
y = sinc(x)
```

y = sinc(x) 返回一个数组 y，该数组中的元素是输入 x 的元素的 sinc 函数值。输出 y 的大小与 x 相同。

示例：对以整数间隔采样的随机信号执行理想带限插值。

假设要插值的信号 x 在给定时间间隔之外为 0，并且已在奈奎斯特频率下采样。重置随机数生成器以提高重现性。

```
using TyPlot
using TySignalProcessing
using TyMath
using TyBase
rng = MT19937ar(5489)
t = 1:10
x = randn(rng,size(t))
ts = LinRange(-5, 15, 600)
Ts, T = ndgrid(ts, t)
y = sinc(Ts - T) * x
plot(t, x, "o", ts, y)
xlabel("Time")
ylabel("Signal")
legend(["Sampled", "Interpolated"])
```

运行代码，结果如图 3-38 所示。

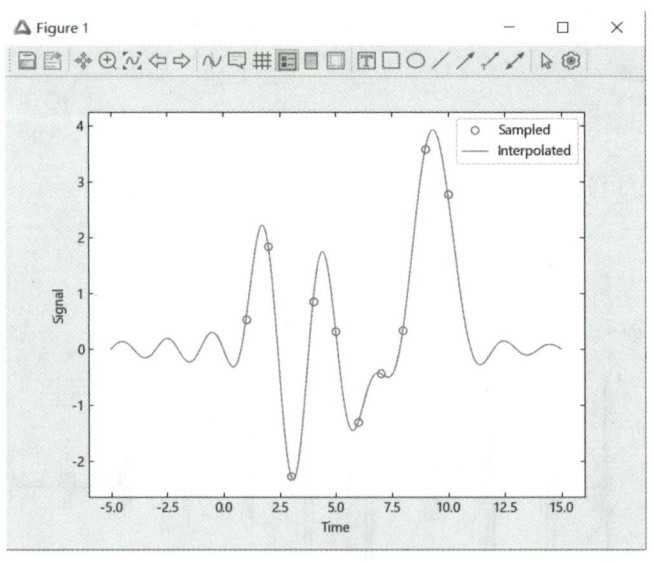

图 3-38　理想带限插值

第 4 章
测量和特征提取

　　测量信号的常见不同特征包括定位信号波峰并确定其高度、宽度及其与邻点的距离；测量时域特征，如峰间幅度和信号包络；测量脉冲指标，如过冲和占空比；在频域中测量基频、均值频率、中位数频率和谐波频率、通道带宽及频带功率。通过测量无乱真动态范围、信噪比、总谐波失真、信号与噪声失真比和三阶截断能够有效地表征系统。本章将介绍测量和特征提取的基本概念、常用方法和技术，以及其在不同领域中的应用。

通过本章学习，读者可以了解（或掌握）：
❖ 测量和特征提取环节。
❖ 描述性统计量。
❖ 脉冲和跃迁指标。

4.1 描述性统计量

4.1.1 测量信号相似性

以下示例说明如何测量信号相似性，同时可以回答以下问题：如何比较具有不同长度或不同采样频率的信号？如何测量信号之间的延迟并将它们对齐？如何比较信号的频率成分？也可以在信号的不同段中寻找相似性，以确定信号是否为周期性信号。

1. 比较具有不同采样频率的信号

假设有一个音频信号数据库和一个模式匹配应用程序，需要在歌曲播放时识别该歌曲。数据通常以低采样频率存储，以占用较少的内存。

```
using Pkg;
using TyMath
using MAT
using TyPlot
using TySignalProcessing
using TyStatistics

matfile1 = matread("T1.mat")
T1 = matfile1["T1"]
matfile2 = matread("T2.mat")
T2 = matfile2["T2"]
matfile3 = matread("Fs.mat")
Fs = matfile3["Fs"]
matfile5 = matread("S.mat")
S = matfile5["S"]
matfile6 = matread("t.mat")
t = matfile6["t"]
Fs1 = 4096
Fs2 = 4096
# Create time vectors for each signal
time_T1 = collect(0:length(T1)-1) ./ Fs1
time_T2 = collect(0:length(T2)-1) ./ Fs2
time_S = collect(0:length(S)-1) ./ Fs

subplot(3, 1, 1)
plot(time_T1', T1, color=:k)
ylabel("Template 1")
subplot(3, 1, 2)
plot(time_T2', T2, color=:r)
ylabel("Template 2")
subplot(3, 1, 3)
plot(time_S', S, color=:b)
ylabel("Signal")
xlabel("Time (secs)")
```

绘制的图像如图 4-1 所示。

第一个和第二个子图显示来自数据库的模板信号，第三个子图显示要在数据库中搜索的信号。仅通过观察时间序列发现，该信号似乎与两个模板信号都不匹配。经仔细检查发现，这些信号实际上具有不同长度和采样频率。

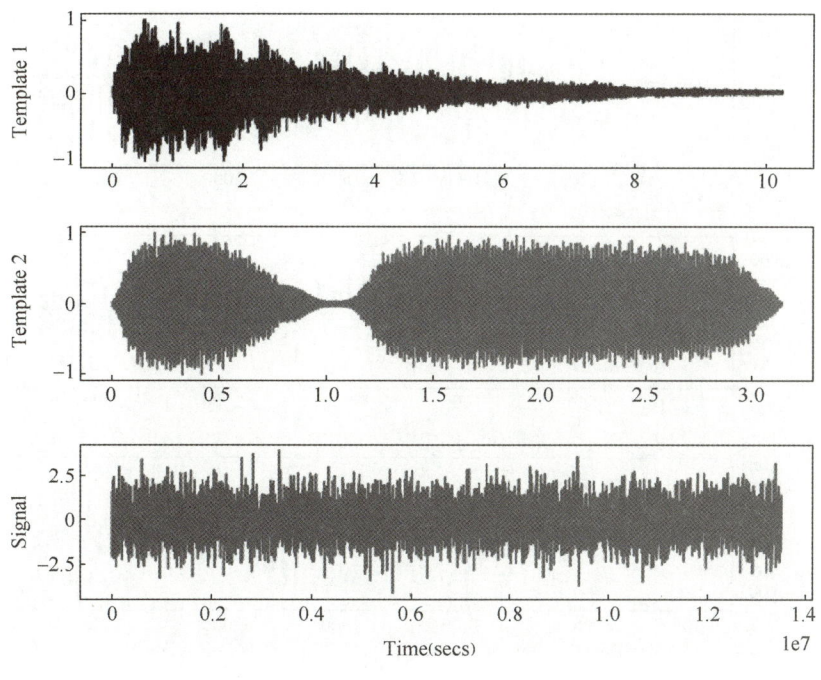

图 4-1 比较具有不同采样频率的信号

```
Fs1 = 4096
Fs2 = 4096
Fs = 8192
```

2. 测量信号之间的延迟并将它们对齐

假设要从不同的传感器采集数据,这些传感器在桥的两边记录汽车引起的振动。在分析信号时,可能需要对齐它们。假设有 3 个传感器以相同的采样频率工作并测量由同一事件引起的信号。

```
Xa1, Ya1, D1, = alignsignals(s1, s3)
Xa2, Ya2, D2, = alignsignals(s2, s3)
subplot(3, 1, 1)
plot(Xa1, color=:b)
ylabel("s1")
subplot(3, 1, 2)
plot(Xa2, color=:b)
ylabel("s2")
subplot(3, 1, 3)
plot(s3, color=:b)
ylabel("s3")
xlabel("Samples")
```

绘制的图像如图 4-2 所示。

3. 比较信号的频率成分

功率谱可显示每个频率中存在的功率,频谱相关性可确定信号之间的频域相关性。趋于 0 的相关性值表示对应的频率分量不相关,趋于 1 的相关性值表示对应的频率分量相关。假设有两个信号,它们各自的功率谱如下。

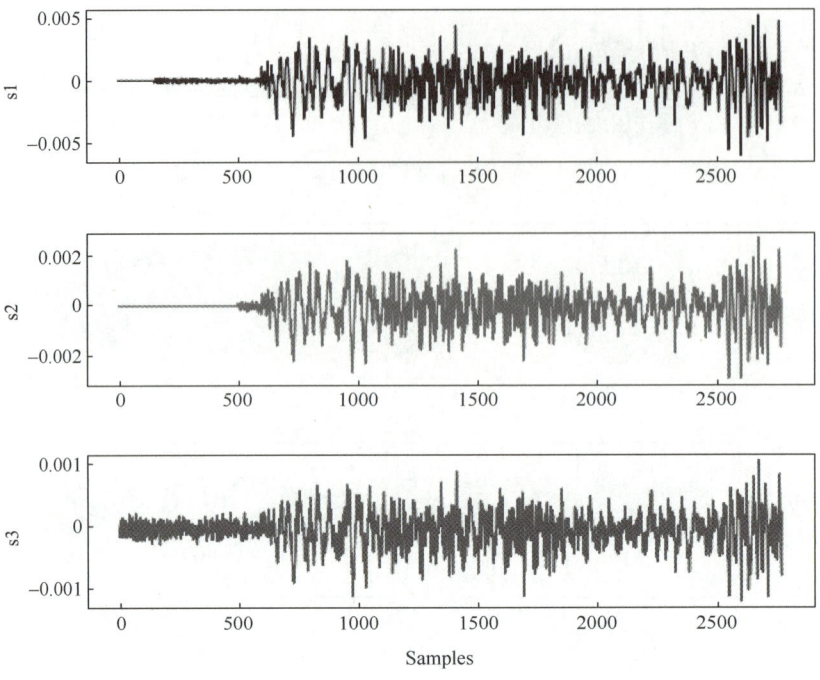

图 4-2　测量信号之间的延迟并将它们对齐

```
using Pkg;
using TyMath
using MAT
using TyPlot
using TySignalProcessing
using TyStatistics

Fs = 1000
FsSig = Fs
matfile1 = matread("sig1.mat")
sig1 = matfile1["sig1"]
matfile2 = matread("sig2.mat")
sig2 = matfile2["sig2"]

# 计算周期图
P1, f1 = periodogram(sig1, fs=FsSig, window=nothing, nfft=length(sig1))
P2, f2 = periodogram(sig2, fs=FsSig, window=nothing, nfft=length(sig2))
t = collect(0:length(sig1)-1) ./ FsSig;
figure(1)
subplot(2, 2, 1)
plot(t, sig1, color=:k)
ylabel("s1")
title("Time Series")
subplot(2, 2, 3)
plot(t, sig2)
ylabel("s2")
xlabel("Time (s)")
subplot(2, 2, 2)
plot(f1, P1, color=:k)
ylabel("P1")
title("Power Spectrum")
subplot(2, 2, 4)
plot(f2, P2)
ylabel("P2")
xlabel("Frequency (Hz)")
```

绘制的图像如图 4-3 所示。

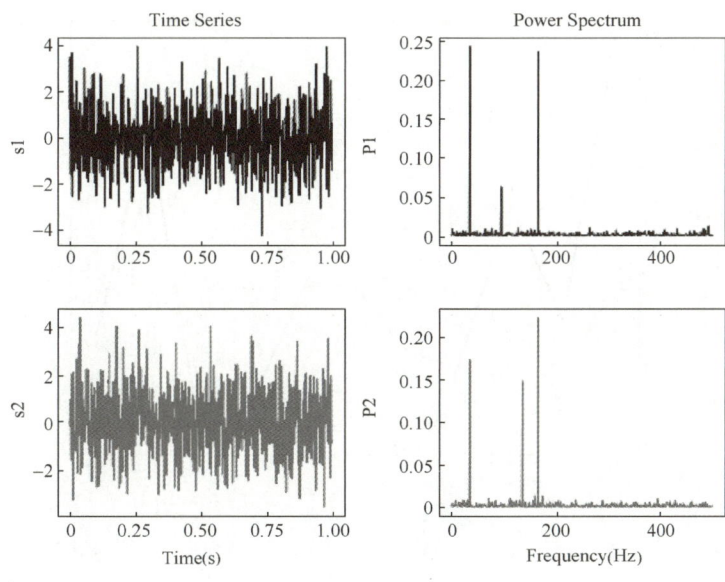

图 4-3　比较信号的频率成分

4.1.2　确定峰宽

数字信号处理技术中峰值特征的精确分析对于理解和优化信号的质量至关重要。本书提供了在 MWORKS 中通过 Julia 确定峰宽的 findpeaks 函数，这是 MATLAB 中一个非常有用的函数，用于寻找一维数据中的局部最大值（峰值）。这个函数不仅可以找到峰值，而且可以返回有关这些峰值的详细信息，如它们的宽度、高度和相对于其他特征的重要性（如突起度和阈值）。在 Syslab 函数库 TySignalProcessing 中也对应提供了 findpeaks 函数，用于返回一个包含输入信号向量 data 的局部极大值（峰值）的向量，以下是具体示例。

1. 语法：使用 findpeaks 函数查找局部极大值

```
pks, locs = findpeaks(data)
# pks, locs = findpeaks(data) 返回一个包含输入信号向量 data 的局部极大值（峰值）的向量。一个局部峰值是一个数据样本，它要么大于其相邻的两个样本，要么等于 Inf。峰值按出现的顺序输出。非 Inf 信号的端点被排除在外。如果一个峰值是平的，那么该函数只返回索引最低的点
pks, locs = findpeaks(data, x)
# pks, locs = findpeaks(data, x) 此外，还返回峰值出现的索引
pks, locs, w, p = findpeaks(data)
# pks, locs, w, p = findpeaks(data) 此外，还将峰的宽度作为向量 w，峰的突出部分作为向量 p
___ = findpeaks(data, x)
___ = findpeaks(data, Fs)
___ = findpeaks(___; Name = Value)
    findpeaks(___; plotfig = true)
```

2. 找到向量的峰值

定义一个有三个峰值的向量，并绘制峰值向量，如图 4-4 所示。

```
using TyPlot
using TySignalProcessing
```

```
data = [25 8 15 5 6 10 10 3 1 20 7]
plot(data)
```

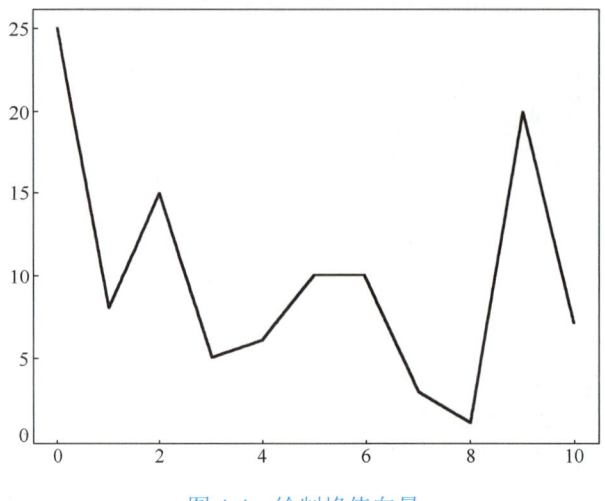

图 4-4　绘制峰值向量

找到峰值。峰值按出现的顺序输出。第一个样本不包括在内，尽管它是最大值。对于平峰，函数返回索引最低的全部点。

```
pks, = findpeaks(data)
pks = 3-element Vector{Int64}:
  15
  10
  20
```

标记峰值，如图 4-5 所示。

```
findpeaks(data; plotfig=true)
```

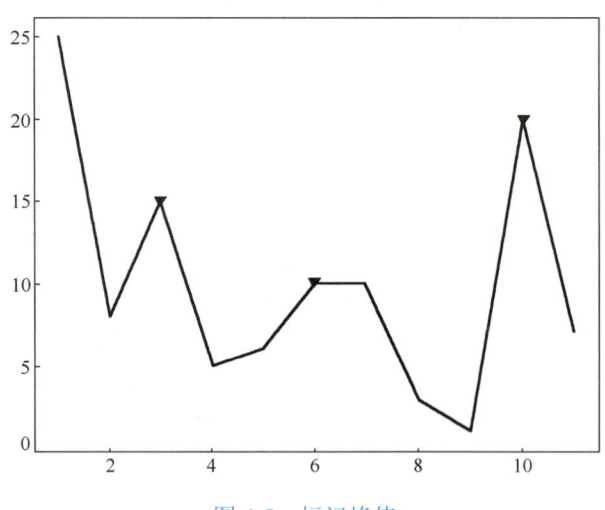

图 4-5　标记峰值

3．找到信号的峰值并输出其位置

创建一个由钟形曲线之和组成的信号，指定每条曲线的位置、高度和宽度。

```
using TyPlot
```

```
using TySignalProcessing
using TyMath
x = [range(0, 1, 1000);]'
Pos = [1, 2, 3, 5, 7, 8] / 10
Hgt = [3, 4, 4, 2, 2, 3]
Wdt = [2, 6, 3, 3, 4, 6] / 100
Gauss = zeros(length(Pos), 1000)
for n in 1:length(Pos)
    Gauss[n, :] = Hgt[n] .* exp.(-((x .- Pos[n]) / Wdt[n]) .^ 2)
end
PeakSig = sum(Gauss; dims=1)
```

绘制各条曲线及其总和,如图 4-6 所示。

```
plot(x, Gauss', "--", x, PeakSig')
```

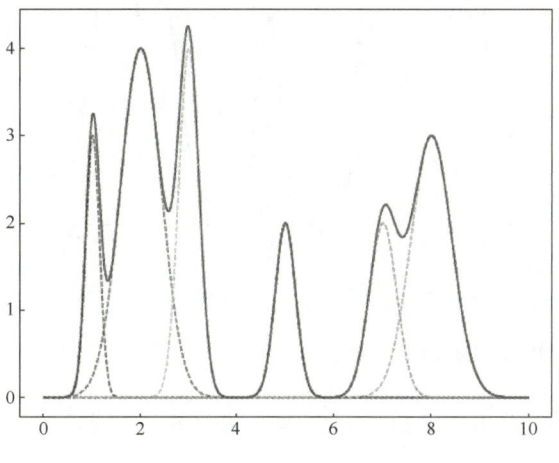

图 4-6　绘制信号

使用默认设置的 findpeaks 函数找到信号峰值及其位置。

```
pks, locs = findpeaks(vec(PeakSig), x)
```

使用 findpeaks 函数绘制信号峰值并标记它们,如图 4-7 所示。

```
findpeaks(PeakSig, x; plotfig=true)
text(locs .+ 0.02, pks, string.([1:length(pks);]))
grid("on")
```

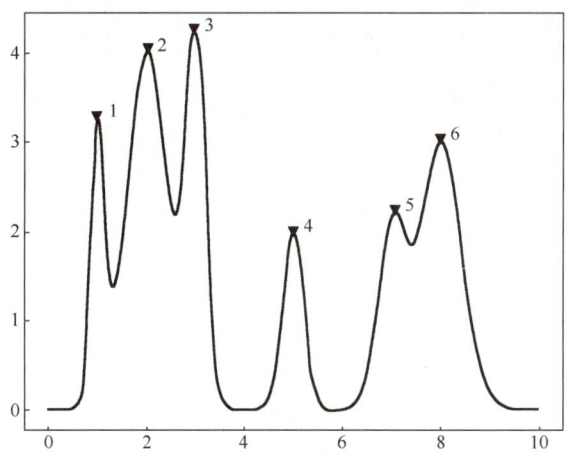

图 4-7　绘制信号峰值并标记它们

将峰值从最大到最小进行排列，如图 4-8 所示。

```
pks, locs = findpeaks(vec(PeakSig), x; SortStr="descend")
findpeaks(PeakSig, x; SortStr="descend", plotfig=true)
text(locs .+ 0.02, pks, string.([1:length(pks);]))
grid("on")
```

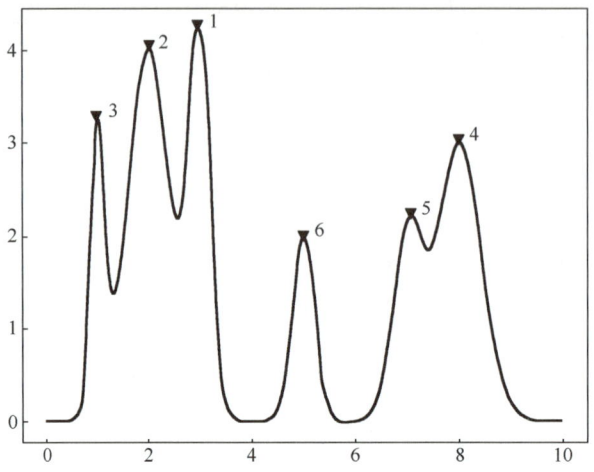

图 4-8　将峰值从最大到最小进行排列

4.1.3　周期性波形的均方根值

以下示例说明如何使用 rms 函数求正弦波、方波和矩形脉冲序列的均方根值。本示例中的波形是连续时间对应波形的离散时间版本。

创建频率为 π/4rad/sample 的信号。信号的长度为 16 个样本，等于正弦波的两个周期。

```
using TyStatistics
n = 0:15
x = cos.(π / 4 .* n)
y = rms(x)
```

运行结果为 0.7071067811865475。

创建一个周期为 0.1s 的周期性方波。方波值为 -2 和 2。

```
using TySignalProcessing
using TyPlot
t = 0:0.01:1;
x = 2*square(2*pi*10*t);

stem(t, x, filled=true)
axis([0 1 -2.5 2.5])
```

绘制的图像如图 4-9 所示。
计算均方根值。

```
y = rms(x)
```

运行结果为 2.0。

使用以下参数创建以 1kHz 采样的矩形脉冲序列：脉冲开启或等于 1，持续 0.025s，脉冲关闭或等于 0.075s，间隔 0.1s。这意味着脉冲周期为 0.1s，脉冲开启时间为该间隔的 1/4，这个时间被称为占空比。

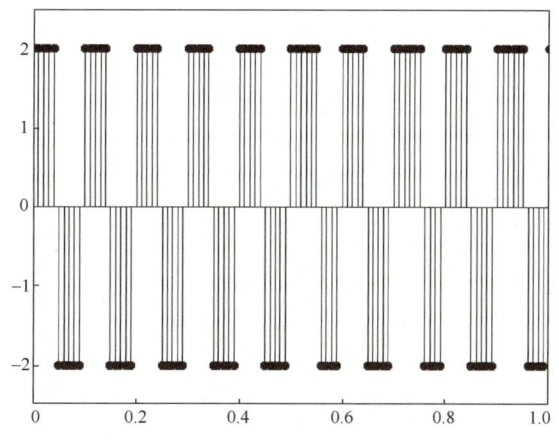

图 4-9　周期性方波

```
using TySignalProcessing
using TyPlot
t = 0:0.001:1;
pulsewidth = 0.025;
pulseperiods = 0:0.1:1
func = rectpuls;
x = pulstran(t, pulseperiods, func, pulsewidth);

plot(t, x)
axis([0 1 -0.5 1.5])
```

绘制的图像如图 4-10 所示。

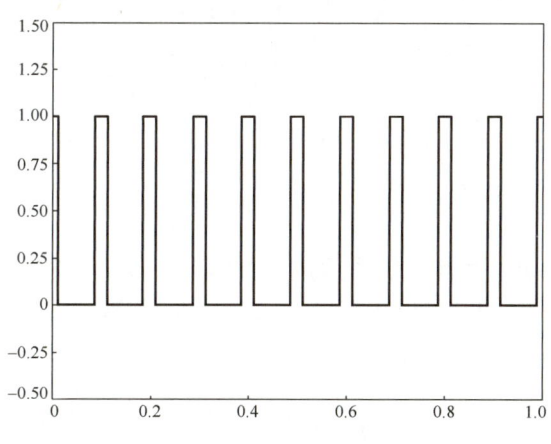

图 4-10　周期性矩形脉冲波

计算均方根值。

```
y = rms(x)
```

运行结果为 0.5007486902122169。

4.1.4　在数据中查找峰值

spots_num 文件中包含从 1749 年到 2012 年每年观测到的太阳黑子平均数量。求出最大值及其出现的年份,将它们与其他数据一起绘制出来,如图 4-11 所示。

```
using TySignalProcessing
using TyMath
using MAT
using TyPlot

mat_contents = matread("spots_num.mat")
# # data = mat_contents["openLoopVoltage"]
avSpots = mat_contents["avSpots"]
year = mat_contents["year"]
# #year = data[:, 1]
# #avSpots = data[:, 3]
pks, locs = findpeaks(avSpots)
# plot(year, avSpots)

figure()
plot(year, avSpots, year[locs], pks, "o")
xlabel("Year")
ylabel("Sunspot Number")
```

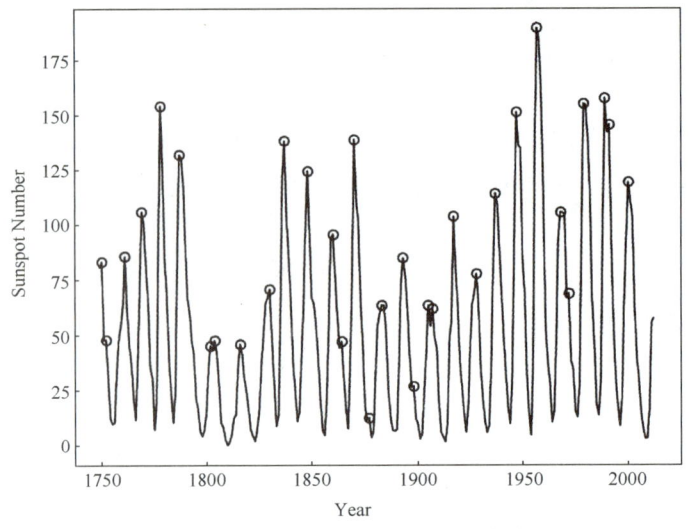

图 4-11　太阳黑子平均数量最大值

一些峰值彼此非常接近,有些峰值不会周期性重复出现,每 50 年大约有 5 个这样的峰值。为了更好地估计周期持续时间,可以再次使用 findpeaks 函数,但这次将峰值间隔限制为至少 6 年。计算最大值的间隔均值。

```
figure()
pks, locs = findpeaks(avSpots; MinPeakDistance=6)
plot(year, avSpots, year[locs], pks, "o")
xlabel("Year")
ylabel("Sunspot Number")
legend(["Data", "peaks"])
```

绘制的图像如图 4-12 所示。

```
meanCycle = mean(diff(locs))
print(meanCycle)
meanCycle = 10.869565217391305
```

众所周知,太阳活动周期大约为 11 年。我们使用傅里叶变换检验这一周期。减去信号的均值以重点关注其波动,采样频率以年为单位,使用从零到奈奎斯特频率的频率。

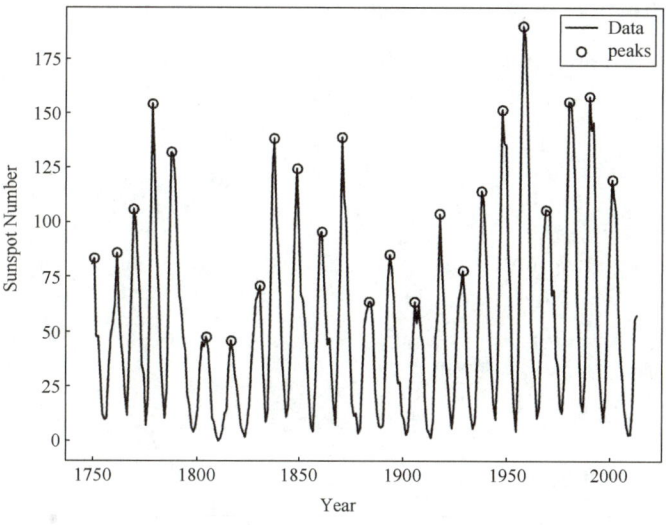

图 4-12　太阳黑子平均数量最大值的间隔均值

```
fs = 1
Nf = 264
df = fs / Nf
f = 0:df:fs/2-df
# print(fft(avSpots .- mean(avSpots)))
trSpots = fftshift(fft(avSpots .- mean(avSpots)))
dBspots = 20 * log10.(abs.(trSpots[Nf ÷ 2 + 1:Nf]))
figure()
plot(f, dBspots)
xline(1 / meanCycle, color="#77AC30")
xlabel("Frequency (year^{-1})")
ylabel("| FFT | (dB)")
ylim(20, 100)
text(1 / meanCycle + 0.02, 25, "<== 1/" * string(meanCycle))
```

绘制的图像如图 4-13 所示。

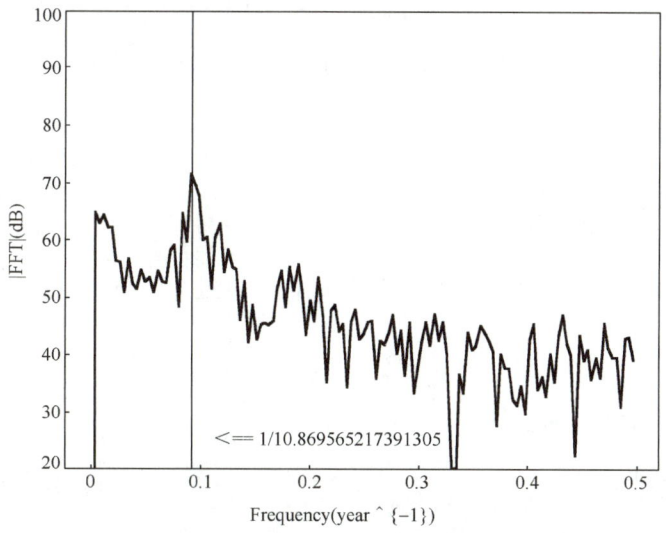

图 4-13　使用傅里叶变换检验周期

傅里叶变换确实在预期频率处出现峰值，证实了 11 年的估计值是准确的。我们还可以通过定位傅里叶变换的最大峰值求周期。这两个估计值非常吻合。

```
pk, MaxFreq = findpeaks(dBspots; NPeaks=1, SortStr="descend")
figure()
print(f[MaxFreq])

f[MaxFreq]=10.869565217391305

plot(f, dBspots,f[MaxFreq], pk, "o")
ylim(20,100)
xline(1 / meanCycle, color="#77AC30")
xlabel("Frequency (year^{-1})")
ylabel("| FFT | (dB)")
text(1 / meanCycle + 0.02, 25, "<== 1/" * string(meanCycle))
legend(["Fourier transform", "1/meanCycle", "1/Period"])

f[MaxFreq]=10.869565217391305
```

绘制的图像如图 4-14 所示。

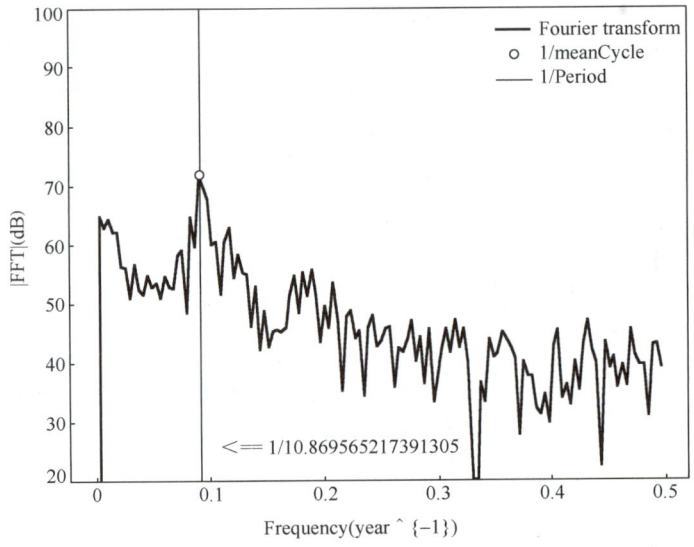

图 4-14　通过定位傅里叶变换的最大峰值求周期

4.2 脉冲和跃迁指标

4.2.1 脉冲和跃迁特征的测量

以下示例说明如何分析脉冲和跃迁，以及如何计算过冲、下冲、脉冲宽度、占空比等。

1. 含噪时钟信号

查看来自含噪时钟信号的采样。

```
using TySignalProcessing
using TyPlot
using TyBase
using TyStatistics
# 绘制含噪时钟信号
```

```
plot(time1, clock1)
xlabel("Time (seconds)")
ylabel("Voltage")
```

绘制的图像如图 4-15 所示。

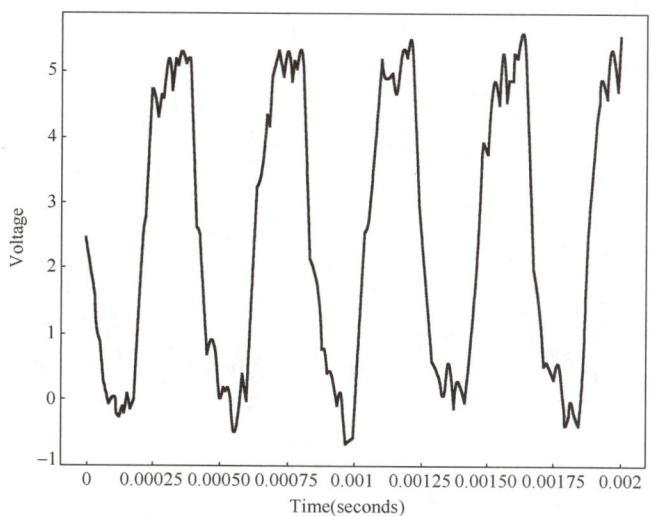

图 4-15　含噪时钟信号

2．估计状态电平

不带输出参数调用 statelevels 函数，以可视化状态电平。直方图方法用于通过以下步骤估计状态电平。

（1）确定数据的最小和最大振幅。

（2）对于指定数量的直方图 bin，确定 bin 宽度，即振幅范围与 bin 数量之比。使用可选输入参数指定直方图 bin 数量和直方图边界。

（3）将数据值划分到直方图 bin 中。

（4）标识具有非零计数的最低和最高索引直方图 bin。

（5）将直方图分成两个子直方图。

（6）通过确定上直方图和下直方图的众数或均值计算状态电平。

```
figure()
levelsdata, =statelevels(clock1;plotfig=true)
tightlayout()
```

绘制的图像如图 4-16 所示。

3．分析过冲和下冲

查看来自时钟信号的具有明显过冲和下冲的数据。

```
figure()
# 绘制另一个时钟信号
plot(time2, clock2)
xlabel("Time (seconds)")
ylabel("Voltage")
```

绘制的图像如图 4-17 所示。

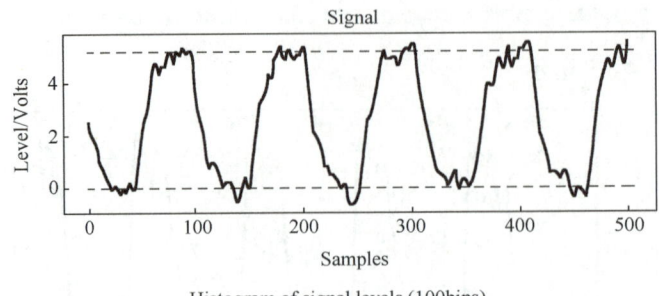

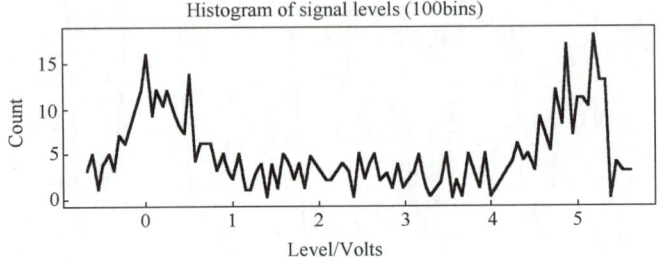

图 4-16　估计状态电平

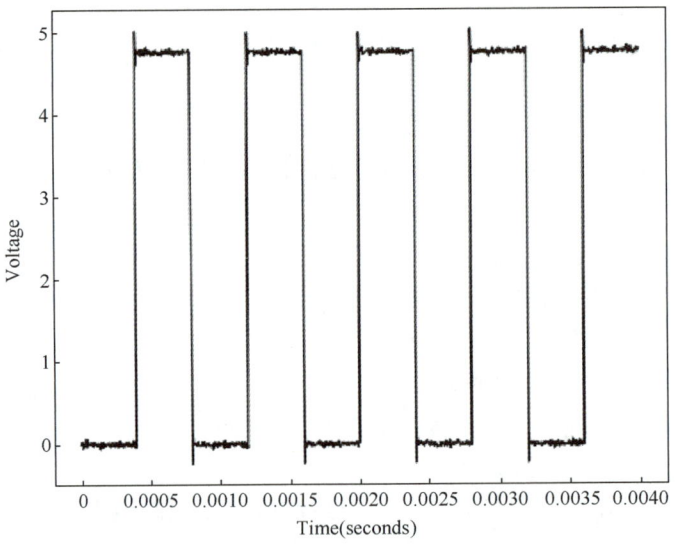

图 4-17　时钟信号

欠阻尼时钟信号有过冲。过冲表示为状态电平之差的百分比。过冲可能发生在紧跟某个边沿后、跃迁后畸变区域的开始处。这些过冲被称为后冲过冲。使用 overshoot 函数测量这些后冲过冲。

```
figure()
overshoot(clock2[95:270], Fs; plotfig=true)
legend("Location", "NorthEast")
```

绘制的图像如图 4-18 所示。
过冲也可能发生在紧挨某个边沿前、跃迁前畸变区域的结束处。这些过冲被称为前冲过冲。

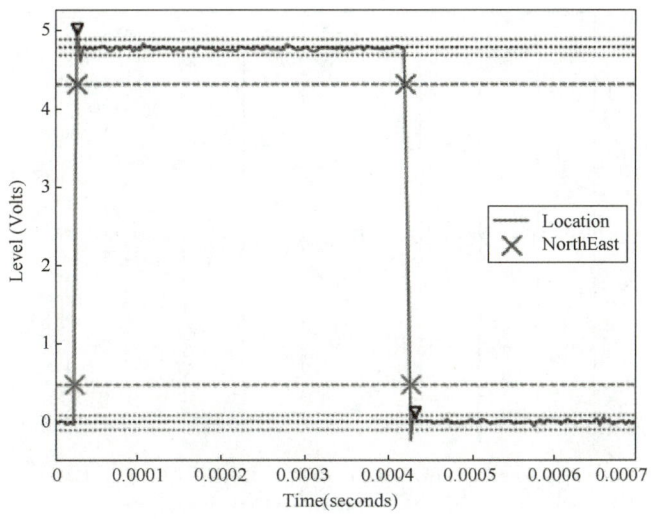

图 4-18 测量后冲过冲

同样也可以测量像差前和像差后区域的下冲。下冲也表示为状态电平之差的百分比。使用可选输入参数指定测量像差的区域。

```
figure()
undershoot(clock2[95:270], Fs; plotfig=true )
legend("Location", "NorthEast")
```

绘制的图像如图 4-19 所示。

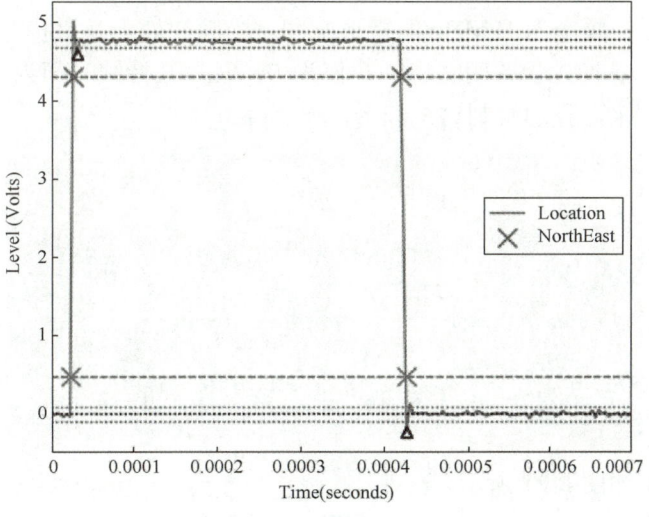

图 4-19 测量下冲

4．测量脉冲宽度和占空比

脉冲宽度是每个脉冲的第一个过渡和第二个过渡穿过中参考电平之间的持续时间。不带输出参数调用 pulsewidth 函数绘制突出显示的脉冲宽度，并指定正极性。

```
figure()
pulsewidth(clock2, time2; plotfig=true)
```

绘制的图像如图 4-20 所示。

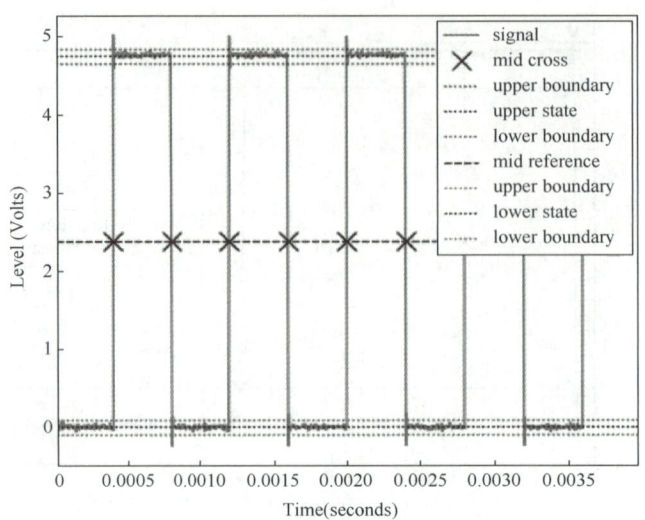

图 4-20 测量脉冲宽度和占空比

4.2.2 矩形脉冲波形的占空比

生成矩形脉冲波形并计算其占空比。可以将矩形脉冲波形视为一连串的开启和关闭状态。一个脉冲周期涵盖开启和关闭状态的总时长。脉冲宽度是指开启状态的持续时间。占空比是指脉冲宽度与脉冲周期的比例。矩形脉冲的占空比量化了一个脉冲周期内脉冲处于开启状态的时间比例。

下面创建一个采样频率为 1kMHz 的矩形脉冲。当脉冲处于开启状态（数值为 1）时，其持续时间为 1μm；当脉冲处于关闭状态（数值为 0）时，其持续时间为 3μm。因此，整个脉冲周期为 4μm。接下来，我们绘制这个波形。

```
using TySignalProcessing
using TyPlot
using TyMath
fs = 1e9
t = 0:1/1e9:4e-5
d = 0:4e-6:4e-5
x = rectpuls(t, 2e-6)
y = pulstran(t, d, x, fs)
figure(1)
plot(t, y)
axis([0 4e-5 -0.5 1.5])
```

运行代码，结果如图 4-21 所示。

使用相同的采样频率和脉冲周期，以循环方式将脉冲开启时间（脉冲宽度）从 1μm 更改为 3μm，并计算其占空比。绘制循环中每步的脉冲波形，并在绘图标题中显示占空比值。占空比值随着脉冲宽度的增加从 0.25（1/4）增大到 0.75（3/4）。

```
nwid = 3;

for nn = 1:nwid
    local x = rectpuls(t, nn * 2e-6)
    local y = pulstran(t, d, x, fs)

    figure(2)
```

```
    subplot(nwid, 1, nn)
    plot(t, y)
    axis([0 4e-5 -0.5 1.5])

    D, = dutycycle(y, fs)
    duty_cycle = mean(D)
    title("Duty cycle is $(round(mean(D),digits=2))")
end
```

运行代码，结果如图 4-22 所示。

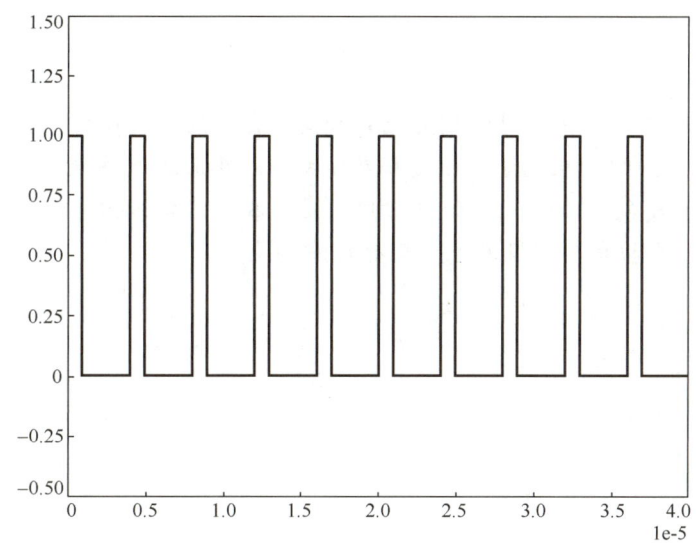

图 4-21　创建矩形脉冲波形

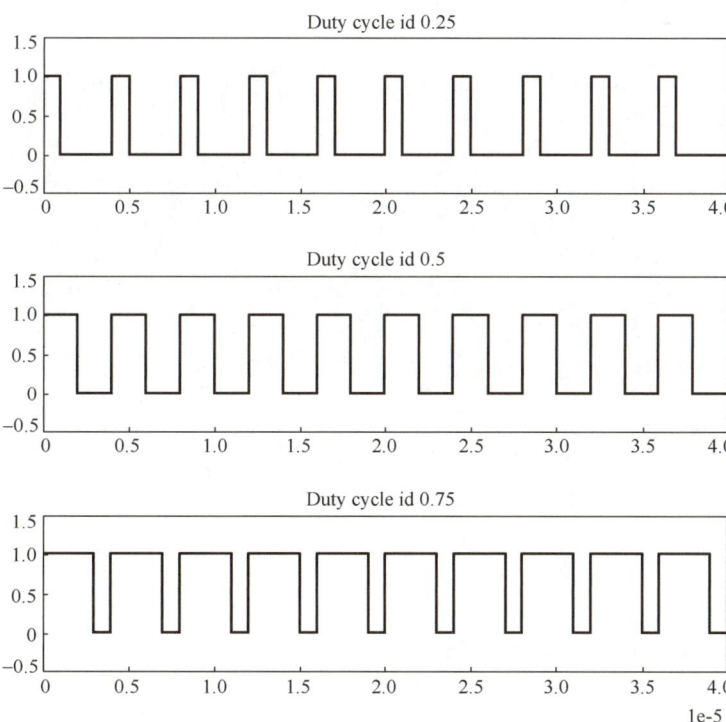

图 4-22　绘制矩形脉冲波形并计算其占空比

第 5 章
变换、相关性和建模

在信号的分析处理过程中,变换、相关性和建模是常见的三种操作。信号的变换包括 FFT、DCT、Hilbert 变换等;相关性包括自相关和互相关,以及通过相关性研究信号的周期性、相似性等方法;建模主要包括线性预测和自回归建模。本章将介绍信号变换、相关性和建模的基本概念、常用方法和技术,以及其在不同领域中的应用。

通过本章学习,读者可以了解(或掌握):
- ❖ 变换。
- ❖ 相关性和卷积。
- ❖ 信号建模。

5.1 变换

5.1.1 函数

变换使用到的 MWORKS 函数如表 5-1 所示。

表 5-1 变换使用到的 MWORKS 函数

函数名	简介
czt	CZT
dftmtx	DFT 矩阵
dct	DCT
idct	逆 DCT
goertzel	DFT 的二阶 Goertzel 算法
envelope	信号包络
fwht	快速 Walsh-Hadamard 变换
hilbert	Hilbert 变换的离散时间分析信号
ifwht	快速 Walsh-Hadamard 逆变换

以 envelope 函数为例，说明如何提取信号包络。

方法一：创建双边带振幅调制信号。载波频率为 1kHz，调制频率为 50Hz，调制深度为 100%，采样频率为 10kHz。

```
# 提取信号包络
using Pkg
using DSP
using Statistics
using TyMath
using MAT
using TyPlot
using TySignalProcessing

# 定义时间向量
t = 0:1e-4:0.1;

# 定义信号
x = (1 .+ cos.(2 * π * 50 * t)) .* cos.(2 * π * 1000 * t);

# 绘制图像
figure(1)
TyPlot.plot(t, x)
```

绘制的图像如图 5-1 所示。

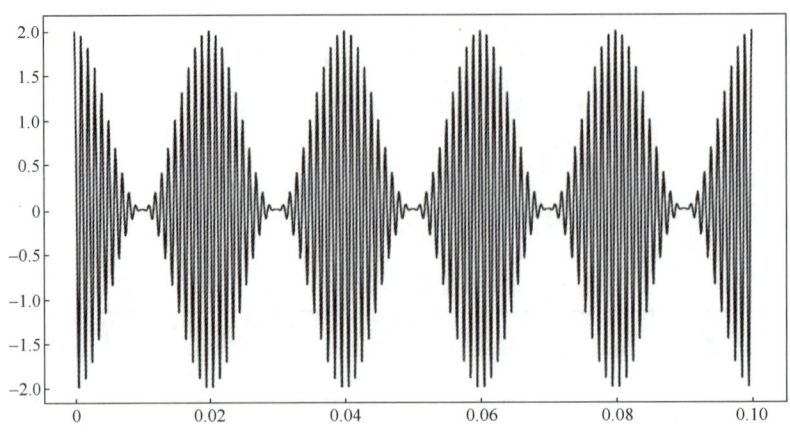

图 5-1　双边带振幅调制信号

方法二：使用 hilbert 函数提取信号包络。包络是由 hilbert 函数计算的解析信号的幅度。绘制信号包络。将函数的名称-值对组参数存储在元胞数组中，供以后使用。分析信号的幅度，捕获信号的缓慢变化特性。相位包含高频信息。

```
# 计算 Hilbert 变换
figure(2)
y = hilbert(x);

## 计算包络
env = abs.(y);

# 绘制信号包络
TyPlot.plot(t, x)
hold("on")
TyPlot.plot(t, -env)
hold("on")
TyPlot.plot(t, env)
title("Hilbert Envelope")
legend(["original function", "Negative Envelope", "Positive Envelope"])
```

绘制的图像如图 5-2 所示。

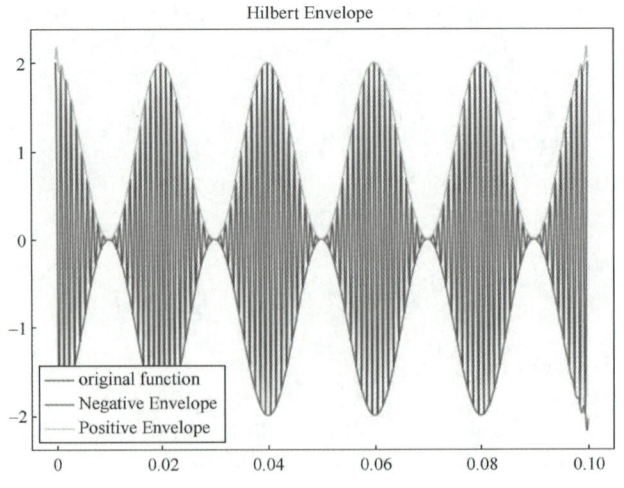

图 5-2　使用 hilbert 函数提取信号包络

方法三：使用 envelope 函数直接生成信号包络并修改其计算方式。例如，可以调整用于计算解析包络的 Hilbert 滤波器长度。使用太小的 Hilbert 滤波器长度会导致包络失真。

```
# 使用 envelope 函数直接生成信号包络并修改其计算方式
# 计算解析包络
function analytic_envelope(signal, cutoff_frequency)
    # 设计巴特沃斯低通滤波器
    b, a = butter(4, cutoff_frequency / (fs / 2))
    # 应用巴特沃斯低通滤波器
    analytic_signal = TySignalProcessing.filtfilt(b, a, signal)
    # 计算包络
    envelope = abs.(analytic_signal)
    return envelope
end

# 设置采样频率
fs = 1 / (t[2] - t[1]);

## 计算不同截止频率下的包络
fl1 = 12;
env_up1, env_lo1 = analytic_envelope(x, fl1), -analytic_envelope(x, fl1)
fl2 = 30;
env_up2, env_lo2 = analytic_envelope(x, fl2), -analytic_envelope(x, fl2)

# 绘制信号包络
figure(3)
TyPlot.plot(t, x)
hold("on")
TyPlot.plot(t, env_up1, label="fl a= 12 (upper)")
hold("on")
TyPlot.plot(t, env_lo1, label="fl = 12 (lower)")
hold("on")
TyPlot.plot(t, env_up2, label="fl = 30 (upper)")
hold("on")
TyPlot.plot(t, env_lo2, label="fl = 30 (lower)")
title("Analytic Envelope")
legend(["original signal", "fl = 12 (lower)", "fl = 30 (upper)","fl = 30 (lower)"])
```

绘制的图像如图 5-3 所示。

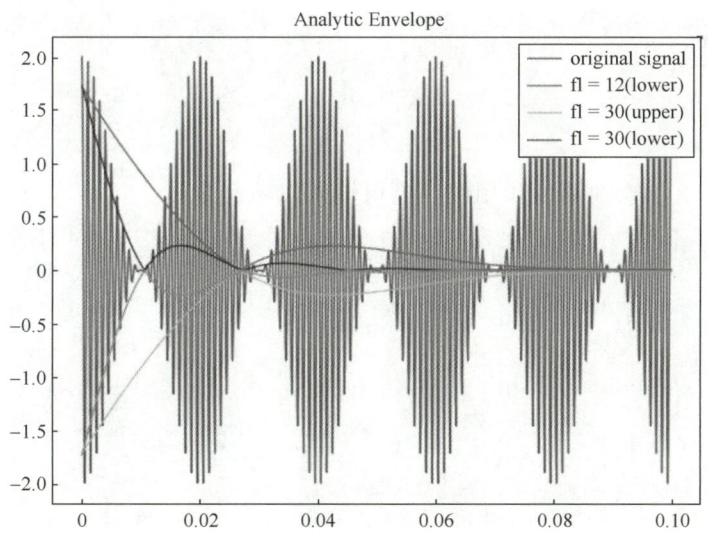

图 5-3　使用 envelope 函数直接生成信号包络

5.1.2 离散傅里叶变换

离散傅里叶变换（Discrete Fourier Transform，DFT）是数字信号处理的首要工具。DFT 的基础是快速傅里叶变换（Fast Fourier Transform，FFT），FFT 是一种可减少执行时间的 DFT 计算方法。许多工具箱函数（包括 Z 域频率响应、频谱和倒频谱分析，以及一些滤波器设计和实现函数）都支持 FFT。

MWORKS 提供了 fft 函数和 ifft 函数，分别用于计算 DFT 及其逆变换。对于输入序列 x 及其变换版本 X（围绕单位圆的等间距频率的离散时间傅里叶变换），这两个函数可实现以下关系：

$$X(k+1) = \sum_{n=0}^{N-1} x(n+1) W_K^{kn}$$

$$x(n+1) = \frac{1}{N} \sum_{k=0}^{N-1} X(k+1) W_N^{-kn}$$

式中，

$$W_N = e^{-j2\pi/N}$$

使用单个输入参数 x 的 fft 函数计算输入向量或矩阵的 DFT。如果 x 是向量，则 fft 函数计算向量的 DFT；如果 x 是矩形数组，则 fft 函数计算每个数组列的 DFT。

例如，创建时间向量和信号。

```
# Time vector
t = 0:0.01:10-0.01
# Signal
x = sin.(2π*15*t) + sin.(2π*40*t)
```

计算信号的 DFT 及变换后序列的幅度和相位。通过将小幅度变换值设置为零，以减小计算相位时的舍入误差。

```
# Compute DFT of x
y = fft(x)
tol = 1e-6
y[abs.(y) .< tol] .= 0
# Magnitude
m = abs.(y)
# Phase
theta = angle.(y)
```

如果要以度为单位绘制幅度和相位，则可输入以下命令：

```
# Frequency vector
f = (0:length(y)-1) * 100 / length(y)
# Plot Magnitude
figure()
subplot(2,1,1)
plot(f, m)
xlabel("Frequency")
ylabel("Magnitude")
title("Magnitude")
xticks([15, 40, 60, 85])
# Plot Phase
subplot(2,1,2)
plot(f, theta .* 180 / π)
xlabel("Frequency")
```

```
ylabel("Phase (degrees)")
title("Phase")
xticks([15, 40, 60, 85])
```

绘制的图像如图 5-4 所示。

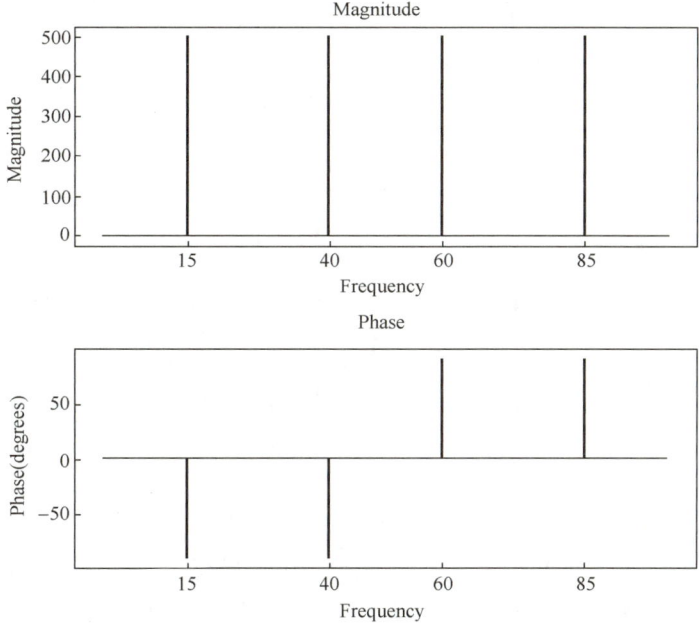

图 5-4　绘制幅度和相位（1）

fft 函数的第二个参数指定变换的点数 n，表示 DFT 的长度。

```
# Perform FFT with increased length (n=512)
n = 512
t1 = 0:0.01:5.12-0.01
x1 = sin.(2π*15*t1) + sin.(2π*40*t1)
y1 = fft(x1)
tol = 1e-6
y1[abs.(y1) .< tol] .= 0
m1 = abs.(y1)
theta1 = angle.(y1)
f1 = (0:length(y1)-1) * 100 / length(y1)
# Plot Magnitude
figure()
subplot(2, 1, 1)
plot(f1, m1)
xlabel("Frequency")
ylabel("Magnitude")
title("Magnitude")
xticks([15, 40, 60, 85])
# Plot Phase
subplot(2, 1, 2)
plot(f1, theta1 .* 180 / π)
xlabel("Frequency")
ylabel("Phase (degrees)")
title("Phase")
xticks([15, 40, 60, 85])
```

绘制的图像如图 5-5 所示。

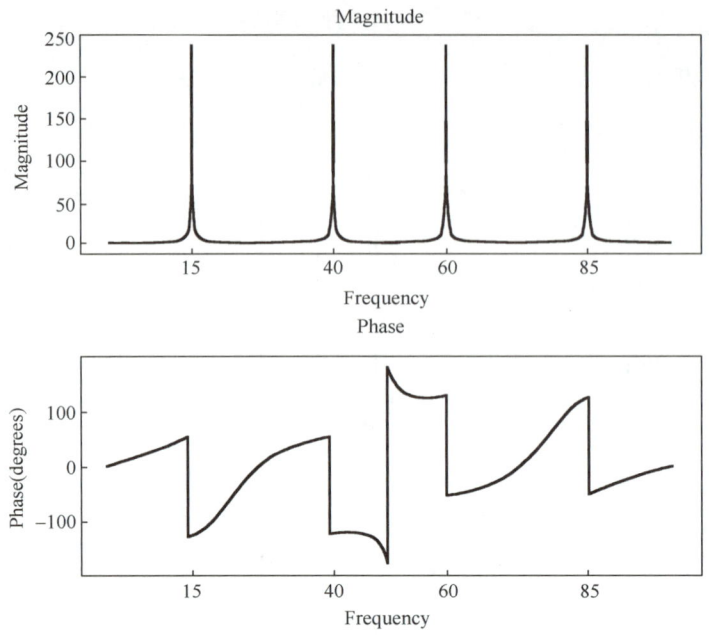

图 5-5　绘制幅度和相位（2）

在本例中，如果输入序列比 n 短，则 fft 函数会用零填充输入序列；如果输入序列比 n 长，则 fft 函数会截断输入序列。如果未指定 n，则将输入序列的长度作为输入，不进行调整。fft 函数的执行时间取决于其执行的 DFT 的长度 n。有关该算法的详细信息，请参阅 fft 函数参考页。

得到的 FFT 振幅是 A*n/2，其中 A 是原始振幅，n 是 FFT 点数。仅当 FFT 点数大于或等于数据样本数时，上述情形才成立。如果 FFT 点数小于数据样本数，则 FFT 振幅比原始振幅低上述量。离散傅里叶逆变换函数 ifft 也接收输入序列及可选的变换所需点数。例如，原始序列 x 和重新构造的序列是相同的（在舍入误差内）。

```
# Generate signal x
t = 0:1/255:1
x = sin.(2π*120*t)
# Compute y as the real part of the inverse FFT of FFT of x
y = real(FFTW.ifft(fft(x)))
# Plot the difference between x and y
figure()
plot(t, x .- y)
xlabel("Time")
ylabel("Difference")
title("Difference between x and y")
```

绘制的图像如图 5-6 所示。

DFT 工具箱中还包括二维 FFT 及其逆变换的函数，即 fft2 和 ifft2。这些函数对于二维信号或图像处理非常有用。goertzel 函数是计算 DFT 的另一种算法，它也在工具箱中。此函数可高效计算长信号中一部分的 DFT。

有时可以方便地重新排列 fft 函数或 fft2 函数的输出，使零频率分量位于序列的中心。fftshift 函数可将零频率分量移至向量或矩阵的中心。

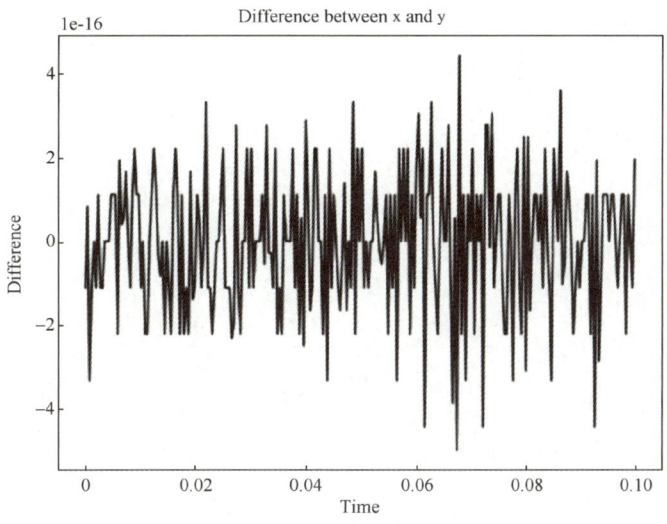

图 5-6　序列 x 和序列 y 的区别

5.1.3　Chirp Z 变换

以下示例说明使用 y = czt(x,m,w,a) 返回 x 沿由 w 定义的 z 平面上的螺旋轮廓的长度 m，该等值线由 z = a*w.^-(0:m-1) 组成。

使用默认值 m、w 和 a，czt 函数返回 x 在单位圆周围 m 个等距点处的 Chirp Z 变换（Chirp Z Transform，CZT），结果等效于 ty_fft(x) 给出的 x 的 DFT。

随机向量的 CZT：创建一个长度为 1013 的随机向量 x，使用 czt 函数计算其 DFT。

```
using TySignalProcessing
using TyMath
rng = MT19937ar(5489)
x = randn(rng,1013, 1)
y = czt(x)
```

频率响应的窄带部分：使用 czt 函数放大滤波器频率响应的窄带部分。

使用窗口法设计一个 30 阶 FIR 低通滤波器。指定 1kHz 的采样频率和 125Hz 的截止频率。使用矩形窗口，求滤波器的传递函数。

```
using TyPlot
using TySignalProcessing
using TyMath
fs = 1000
h = [
    -0.015752,
    -0.023868,
    -0.018175,
    1.02306e-17,
    0.021480,
    0.033415,
    0.026254,
    -1.0230678e-17,
    -0.033755,
    -0.055693,
    -0.047257,
    1.023067e-17,
    0.078762,
    0.167079,
```

```
    0.236286,
    0.262448,
    0.236286,
    0.167079,
    0.078762,
    1.023067e-17,
    -0.047257,
    -0.055693,
    -0.033755,
    -1.023067e-17,
    0.026254,
    0.033415,
    0.021480,
    1.0230678e-17,
    -0.018175,
    -0.023868,
    -0.015752,
]
```

计算滤波器的 DFT 和 CZT，将 CZT 的频率范围限制在 75Hz 到 175Hz 的频段。在每种情况下生成 1024 个样本。

```
m = 1024
data = postpad(h, m)
y = ty_fft(data)
f1 = 75
f2 = 175
w = exp(-1im * 2 * pi * (f2 - f1) / (m * fs))
a = exp(1im * 2 * pi * f1 / fs)
z = czt(h, m, w, a)
```

绘制变换，放大感兴趣的区域。

```
fn = (0:(m - 1)) / m
fy = fs * fn
fz = (f2 - f1) * fn .+ f1
plot(fy, abs.(y), fz, abs.(z))
xlim([50 200])
legend(["FFT", "CZT"])
xlabel("Frequency (Hz)")
```

绘制的图像如图 5-7 所示。

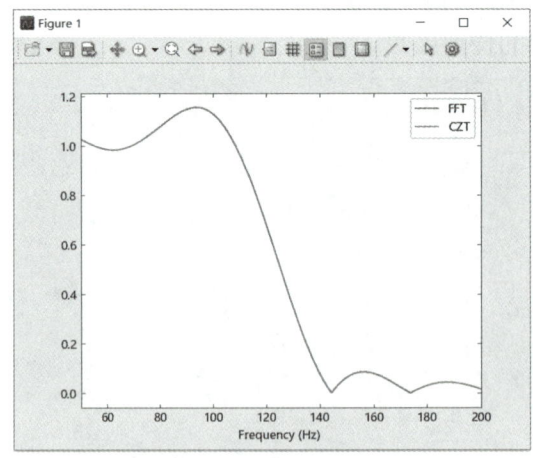

图 5-7　CZT

5.1.4 离散余弦变换

离散余弦变换（Discrete Cosine Transform，DCT）与 DFT 密切相关。DFT 实际上是计算序列的 DCT 的一步。然而，DCT 具有比 DFT 更好的能量压缩特性，只需少量的变换系数就可以代表序列中的大部分能量。DCT 的这一特性使其在数据通信和信号编码等领域中非常有用。

idct 函数计算输入序列的逆 DCT，由完整或部分 DCT 系数重建信号。

由于 DCT 的能量压缩特性，用户可以仅由 DCT 系数的一部分重建信号。例如，生成一个以 1000Hz 采样的 25Hz 正弦序列。

```
using TySignalProcessing
using TyPlot
using TyMath
t = 0:0.001:1;
x = sin.(2 * pi * 25 * t)
```

计算该序列的 DCT，并仅使用数值大于 0.1 的组件重建信号。确定原始的 1000 个系数中有多少满足此要求。

```
y = dct(x)
sigcoeff = abs.(y).>=0.1
howmany = sum(sigcoeff)
```

运行结果为 64。

绘制原始信号和重建信号。

```
z = idct(y)
subplot(2, 1, 1)
plot(t, x)
title("Original")
grid()
subplot(2, 1, 2)
plot(t, z)
title("Resconstructed")
grid()
```

绘制的图像如图 5-8 所示

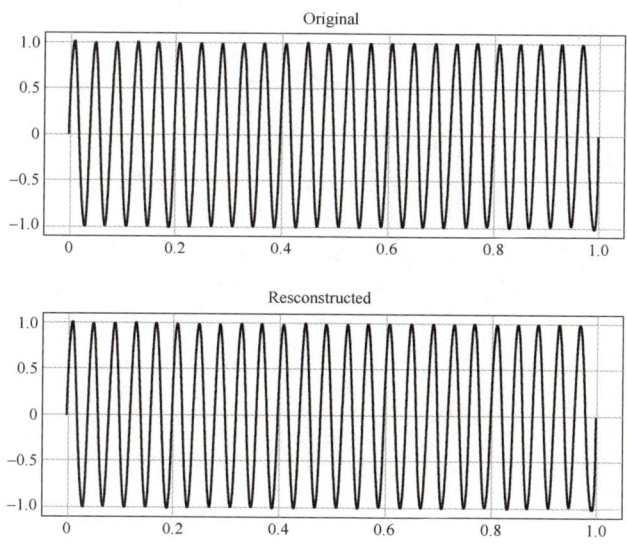

图 5-8　原始信号和重建信号

一种衡量重建准确性的方法是用原始信号与重建信号之差的范数除以原始信号的范数。计算这个估计值,并将其表示为百分比。

```
norm(x - z) / norm(x) * 100
```

运行结果为 3.600276851598893e-14。

5.1.5　用于语音信号压缩的 DCT

加载一个包含单词 strong 的文件,由一个女人和一个男人说出。信号以 8kHz 采样。首先载入库函数和依赖包。

```
using MAT
using TyPlot
using TySignalProcessing
using TyMath
using TyBase
using Printf
matfile = matread("strong.mat")
```

利用 DCT 对女声信号进行压缩。将信号分解为 DCT 基向量。分解出来的项与信号中的样本一样多。矢量 X 中的展开系数用于测量在每个分量中存储了多少能量。将系数从大到小排序。

```
# 女声信号分析
her = matfile["her"]
x = her;
X = dct(x);
XX = sort(abs.(X), lt=!isless, dims=1)
X = vec(X)
indx = sortperm(abs.(vec(X)), lt=!isless)
```

找出多少 DCT 系数代表信号中 99.9%的能量,并将该数字表示为总数的百分比。将包含剩余 0.1%能量的系数设置为 0,并从压缩表示中重建信号。绘制原始信号、重建信号及两者之间的差异。

```
needx = 1;
while norm(X[indx[1:needx]]) / norm(X) < 0.999
    global needx = needx + 1
end

xpc = needx / length(X) * 100;

X[indx[needx+1:end]] .= 0;
xx = idct(X);

figure(1)
TyPlot.plot(x)
hold("on")
TyPlot.plot(xx)
hold("on")
TyPlot.plot(x - xx)
coeffs_percentage = @sprintf("%d %s", xpc, "% of coeffs.")
legend(["Original", coeffs_percentage, "Difference"])
```

绘制的图像如图 5-9 所示。

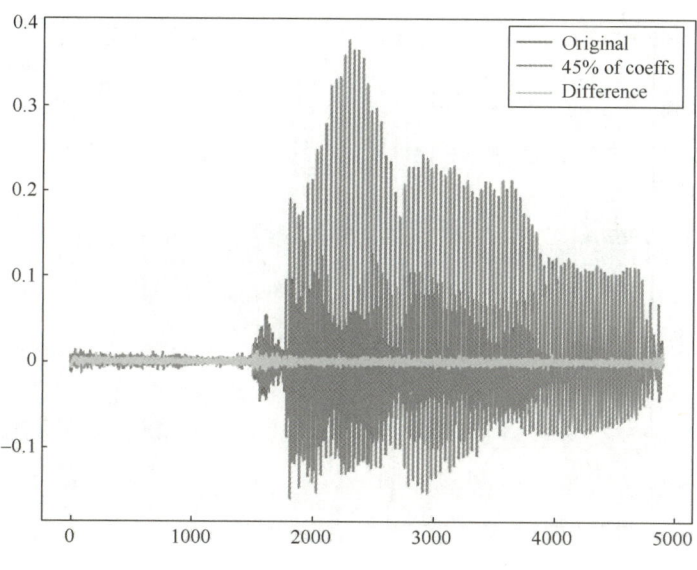

图 5-9 利用 DCT 压缩女声信号

对男声信号进行重复分析。找出有多少 DCT 系数代表 99.9%的能量,并将该数字表示为总数的百分比。

```
# 男声信号分析
him = matfile["him"]
y = him;
Y = dct(y);
YY = sort(abs.(Y), lt=!isless, dims=1)
Y = vec(Y)
indy = sortperm(abs.(vec(Y)), lt=!isless)

needy = 1;
while norm(Y[indy[1:needy]]) / norm(Y) < 0.999
      global needy = needy + 1
end

ypc = needy / length(Y) * 100;
```

将其余系数设置为 0,并从压缩表示中重建信号。绘制原始信号、重建信号及两者之间的差异。

```
Y[indy[needy+1:end]] .= 0;
yy = idct(Y);

figure(2)
TyPlot.plot(y)
hold("on")
TyPlot.plot(yy)
hold("on")
TyPlot.plot(y - yy)
coeffs_percentage = @sprintf("%d %s", ypc, "% of coeffs.")
legend(["Original", coeffs_percentage, "Difference"])
```

绘制的图像如图 5-10 所示。

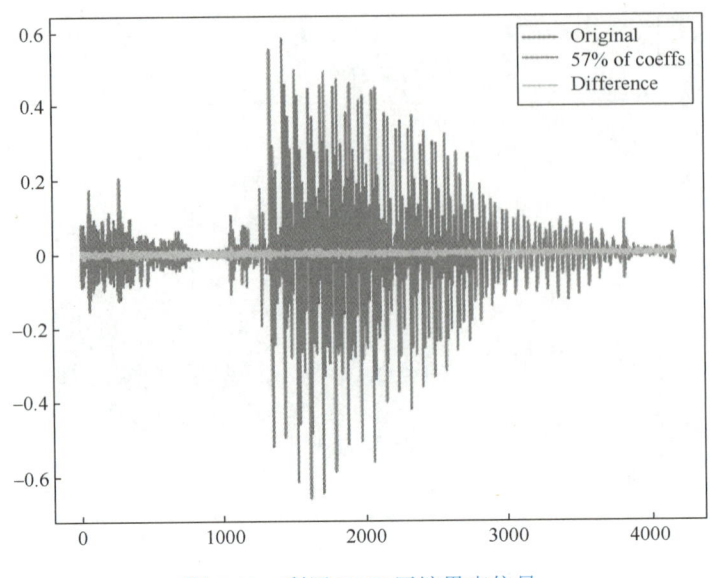

图 5-10 利用 DCT 压缩男声信号

在这两种情况下，通过大约一半的 DCT 系数足以合理地重建语音信号。如果所需的能量分数为 99%，则所需系数的数量减少到总数的约 20%。由此产生的重建信号是低劣的，但仍然可以理解。对这些样本和其他样本的分析表明，需要更多的系数来表征男声，而非女声。

5.1.6 Hilbert 变换

Hilbert 变换可用于形成解析信号。解析信号在通信领域中很有用，尤其是在带通信号处理中。工具箱函数 hilbert 计算实数输入序列 x 的 Hilbert 变换，并返回相同长度的复数结果，即 y = hilbert(x)，其中 y 的实部是原始实数数据，虚部是实际 Hilbert 变换。在涉及连续时间解析信号时，y 有时被称为解析信号。离散时间解析信号的关键属性是它的 CZT 在单位圆的下半部分为 0。解析信号的许多应用都与此属性相关，如用解析信号避免带通采样操作的混叠效应。解析信号的幅度是原始信号的复包络。

Hilbert 变换对实际数据进行 90°相移，正弦变为余弦，反之亦然。绘制一部分数据及其 Hilbert 变换。

```
# Hilbert 变换
t = 0:1/1024:1;

x = sin.(2 * π * 60 * t);

y = hilbert(x);


figure(3)
plot(t[1:50],real(y[1:50]))
hold("on")
plot(t[1:50], imag(y[1:50]))
hold("on")
axis([0 0.05 -1.1 2])
legend(["Real Part", "Imaginary Part"])
```

绘制的图像如图 5-11 所示。

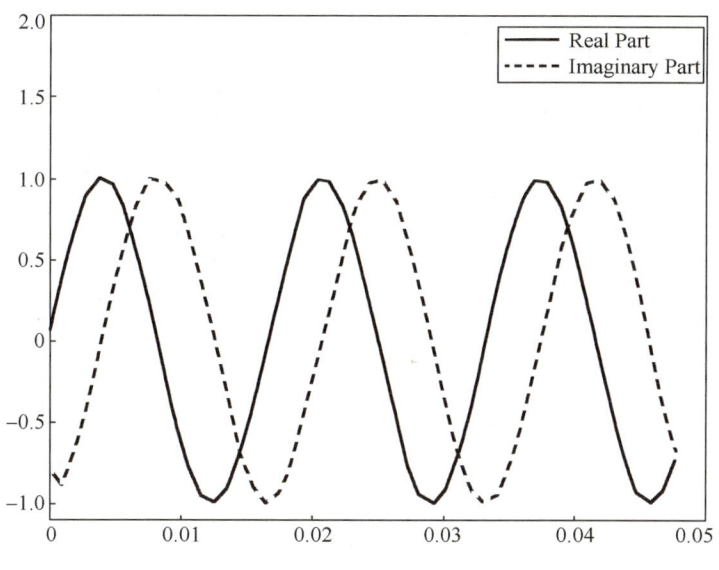

图 5-11　Hilbert 变换

5.1.7 余弦解析信号

以下示例说明如何确定分析信号。该示例表明，对应于余弦波的解析信号的虚部是具有相同频率的正弦波。如果余弦波具有非零均值（直流位移），则解析信号的实部是具有相同均值的原始余弦波，但虚部的均值为零。

创建频率为 100Hz 的余弦波，采样频率为 10kHz，将 2.5 的直流偏移量添加到余弦波中。

```
using TySignalProcessing
using TyPlot
using TySymbolicMath
t = 0:1e-4:1
x = 2.5 .+ cos.(2 * π * 100 * t)
```

使用该函数获取分析信号。余弦解析信号的实部等于原始信号，虚部是原始信号的 Hilbert 变换。绘制余弦解析信号的实部和虚部并进行比较。

```
y = hilbert(x)
figure()
plot(t, real.(y))
xlim([0, 0.1])
hold("on")
plot(t, imag.(y))
grid(true)
legend("Real Part","Imaginary Part")
```

绘制的图像如图 5-12 所示。

从图 5-12 中可以看出，余弦解析信号的虚部是正弦波，其频率与实部相同。但是，其虚部的均值为零，而实部的均值为 2.5。

绘制复值解析信号的 10 个周期，如图 5-13 所示。

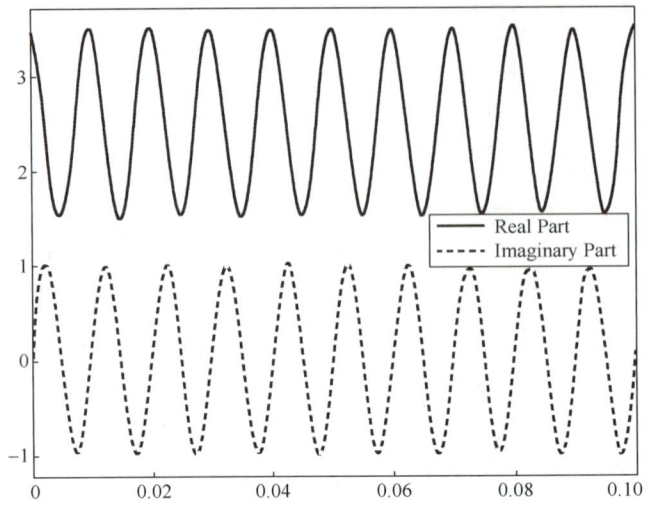

图 5-12　余弦解析信号的实部和虚部

```
prds = 1:1000
figure()
plot3(t[prds], real.(y[prds]), imag.(y[prds]))
```

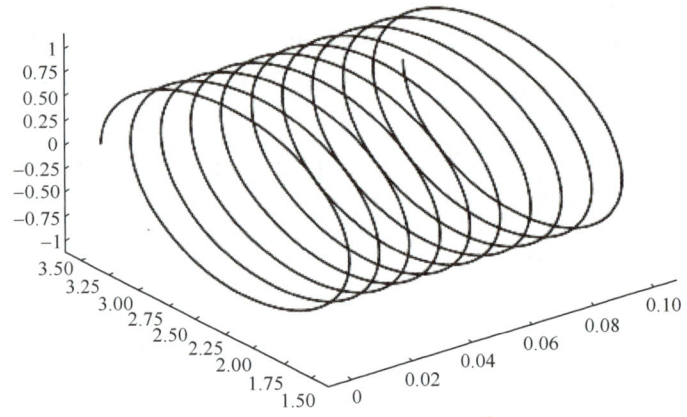

图 5-13　复值解析信号的 10 个周期

5.1.8　Hilbert 变换与瞬时频率

Hilbert 变换是一种数学运算，用于分析信号的相位和幅度特性。它是由德国数学家 David Hilbert 在 20 世纪初提出的。Hilbert 变换可将一个实数函数转换为另一个实数函数，其具有与原始函数相同的幅度谱，也具有原始函数相位谱的 90°相位偏移。这使得它有用于分析信号的相位信息。

Hilbert 变换的一个重要应用是计算信号的瞬时频率。瞬时频率描述了信号在时间上如何变化。对于一个信号，其瞬时频率可以通过其解析信号的相位推导得到，解析信号通过将原始信号与其 Hilbert 变换相加得到。解析信号用于描述原始信号的振荡特性，并且其相位给出了信号瞬时频率的信息。

在 Julia 中，Hilbert 变换的语法如下：

```
x = hilbert(xr)
```

```
x = hilbert(xr,n)
```

其中，x = hilbert(xr)从实数数据序列 xr 返回解析信号 x。如果 xr 是矩阵，则 hilbert 函数会找到与每一列对应的解析信号。

x = hilbert(xr,n)使用 n 点 FFT（ty_fft(x)）计算 Hilbert 变换。输入数据被零填充或被截断为长度 n，视情况而定。

定义一个序列并使用 hilbert 函数计算其解析信号。

```
using TySignalProcessing
using TyMath

xr = [1,2,3,4]
x = (hilbert(xr))'
```

结果如下：

```
x = 1×4 adjoint(::Vector{ComplexF64}) with eltype ComplexF64:
 1.0-1.0im  2.0+1.0im  3.0+1.0im  4.0-1.0im
```

x 的虚部是 xr 的 Hilbert 变换，实部是 xr 本身。

```
imx = imag(x)
```

结果如下：

```
imx = 1×4 adjoint(::Vector{Float64}) with eltype Float64:
 -1.0  1.0  1.0  -1.0
```

```
rex = real(x)
```

结果如下：

```
rex = 1×4 adjoint(::Vector{Float64}) with eltype Float64:
 1.0  2.0  3.0  4.0
```

x 的 DFT 的后半部分为零（在这个示例中，DFT 的后半部分就是最后一个元素）。ty_fft(x) 的 DC 和 Nyquist 元素是纯实数。

```
dft = ty_fft(x')
```

结果如下：

```
dft = 4-element Vector{ComplexF64}:
 10.0 + 0.0im
 -4.0 + 4.0im
 -2.0 + 0.0im
  0.0 + 0.0im
```

hilbert 函数可为有限的数据块找到准确的分析信号。可以通过使用 FIR Hilbert 变换滤波器计算虚部的近似值，以生成解析信号。例如，生成由三个频率分别为 203Hz、721Hz 和 1001Hz 的正弦波组成的序列，该序列以 10kHz 采样约 1s。使用 hilbert 函数计算解析信号，并在 0.01s 和 0.03s 之间绘制它。

```
using TySignalProcessing
using TyPlot

fs = 1e4
t = (0:1/fs:1)
x = 2.5 .+ cos.(2 * pi * 203 * t) .+ sin.(2 * pi * 721 * t) .+ cos.(2 * pi * 1001 * t)
y = hilbert(x)
plot(t, real(y), t, imag(y))
xlim([0.01 0.03])
```

```
legend(["real", "imaginary"])
title("hilbert Function")
xlabel("Time (s)")
```

绘制的图像如图 5-14 所示。

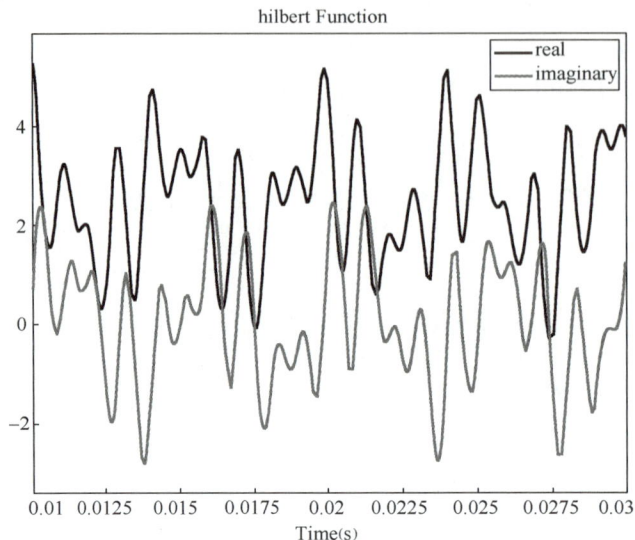

图 5-14　使用 hilbert 函数计算解析信号

5.1.9　倒频谱分析

倒频谱分析是一种非线性信号处理方法，在语音和图像处理等领域有多种应用。

序列 x 的复倒频谱是通过先求 x 的傅里叶变换的复自然对数，然后对得到的序列进行傅里叶逆变换来计算的：

$$\hat{x} = \frac{1}{2\pi}\int_{-\pi}^{\pi} \ln[X(e^{j\omega})] e^{j\omega n} d\omega$$

工具箱函数 cceps 执行此运算，估计输入序列的复倒频谱，并返回与输入序列大小相同的实数序列。

尝试在回声检测应用中使用 cceps 函数。首先，创建以 100Hz 采样的 45Hz 正弦波。在信号开始 0.2s 后，添加一个振幅减半的回声。计算并绘制新信号的复倒频谱，如图 5-15 所示。

```
using TyPlot
using TySignalProcessing
using Interpolations
using TyBase
# 生成时间序列
t = collect(0:0.01:1.27)

# 生成信号序列
s1 = sin.(2π*45*t)
s2 = s1 .+ 0.5 .* [zeros(20); s1[1:108]]

# 计算复倒频谱
c = cceps(s2)

# 对 c[1] 进行线性插值，将其扩展为长度为 128 的向量
c_resampled = interpolate(c[1], BSpline(Linear()), OnGrid())
```

```
# 获取新的时间序列
t_new = range(0, stop=1.27, length=128)

# 绘制复倒频谱
plot(t_new, c_resampled)
```

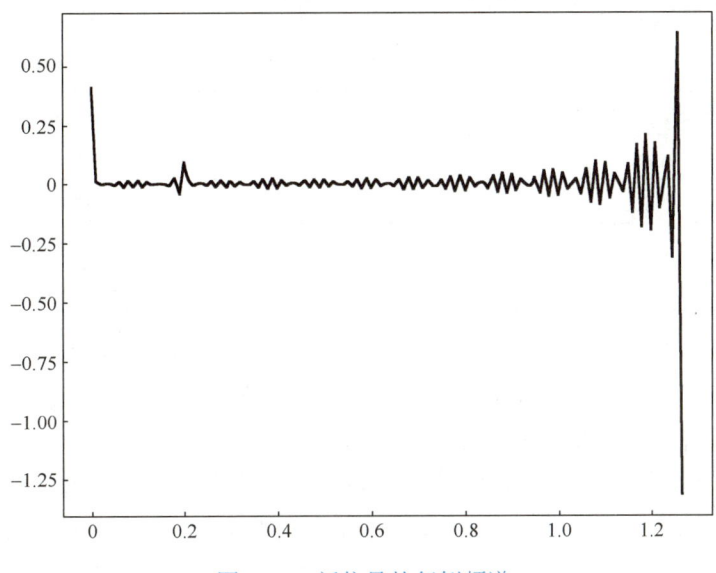

图 5-15　新信号的复倒频谱

复倒频谱显示在 0.2s 处出现一个峰值，指示该回声。

信号 x 的实倒频谱有时直接被称为倒频谱，它是通过先求 x 的傅里叶变换幅度的自然对数，然后对得到的序列进行傅里叶逆变换来计算的：

$$c_x = \frac{1}{2\pi} \int_{-\pi}^{\pi} \ln |X(e^{j\omega})| e^{j\omega n} d\omega$$

工具箱函数 rceps 执行此运算，并返回序列的实倒频谱。返回的序列是与输入向量大小相同的实数值向量。

rceps 函数还返回唯一的最小相位序列，该序列具有与输入相同的实倒频谱。要同时求得一个序列的实倒频谱和最小相位重构，可使用[y,ym] = rceps(x)，其中 y 是实倒频谱，ym 是 x 的最小相位重构。以下示例显示 rceps 函数的输出之一是唯一的最小相位序列，其实倒频谱与 x 相同。

```
# 使用 rceps 函数
y = [4, 1, 5]
xhat, yhat = rceps(vec(y))     # 将矩阵转换为向量
xhat2 = rceps(vec(yhat))       # 将矩阵转换为向量
```

要对复倒频谱求逆，可使用 icceps 函数。求逆过程相当复杂，因为 cceps 函数执行数据相关相位修正，使其输入的展开相位在零频率处是连续的。相位修正等效于整数延迟。如果增加第二个输出，那么 cceps 函数将返回此延迟项。

```
x = collect(1:10)
xhat, delay = cceps(x)
icc = icceps(xhat, 2)
```

5.2 相关性和卷积

5.2.1 函数

相关性和卷积使用到的 MWORKS 函数如表 5-2 所示。

表 5-2 相关性和卷积使用到的 MWORKS 函数

函数名	简介
corrmtx	自相关矩阵估计的数据矩阵
xcorr2	二维互相关
cconv	模 n 循环卷积
convmtx	卷积矩阵
alignsignals	通过延迟最早到达的信号来对齐两个信号

以下示例说明如何使用 w = conv(u, v) 返回向量 u 和 v 的卷积。如果 u 和 v 是多项式系数的向量，则对其进行卷积与将这两个多项式相乘等效。

使用 w = conv(u,v,shape) 返回 shape 指定的卷积的分段。例如，conv(u, v,"same")仅返回与 u 大小相同的卷积的中心部分，conv(u,v,"valid")仅返回计算的没有补零边缘的卷积部分。

通过卷积计算多项式乘法。创建包含多项式 x^2+1、2x+7 的系数的向量 u 和 v。

```
using TyMath
u = [1,0,1]
v = [2,7]
```

结果如下：

```
2-element Vector{Int64}:
 2
 7
```

使用卷积将多个多项式相乘。

```
w = conv(u,v)
```

结果如下：

```
4-element Vector{Int64}:
 2
 7
 2
 7
```

向量卷积。创建两个向量并求其卷积。

```
using TyMath
u = [1,1,1]
v = [1,1,0,0,0,1,1]
w = conv(u,v)
```

结果如下：

```
9-element Vector{Int64}:
 1
 2
 2
 1
```

```
 0
 1
 2
 2
 1
```

卷积的中心部分。创建两个向量，计算与 u 大小相同的 u 和 v 的卷积的中心部分。

```
using TyMath
u = [-1,2,3,-2,0,1,2]
v = [2,4,-1,1]
w = conv(u,v,"same")
```

结果如下：

```
7-element Vector{Int64}:
 15
  5
 -9
  7
  6
  7
 -1
```

二维卷积。

C = conv2(A,B)：返回矩阵 A 和 B 的二维卷积。

C = conv2(u,v,A)：首先求 A 的各列与向量 u 的卷积，然后求卷积结果的各行与向量 v 的卷积。

C = conv2(___,shape)：根据 shape 返回卷积的子区。例如，C = conv2(A,B,"same") 返回卷积中大小与 A 相同的中心部分。

示例：在图像处理等应用程序中，conv2 函数可用于将卷积的输入直接与输出进行比较。conv2 函数允许用户控制输出的大小。

创建一个 3×3 随机矩阵 A 和一个 4×4 随机矩阵 B。计算 A 和 B 的完整卷积，结果是一个 6×6 矩阵。

```
using TyMath
A = rand(3,3)
B = rand(4,4)
Cfull = conv2(A,B)
```

结果如下：

6×6 Matrix{Float64}: 0.0462204 0.666478 0.815172 0.68267 0.225046 0.00320177 0.331561 0.358427 0.885391 0.594694 0.581877 0.0630982 0.422862 1.00703 1.51233 1.79657 1.52382 0.450856 0.107388 0.532647 1.17044 1.46782 1.34967 0.74498 0.237531 0.357642 1.35161 1.7094 1.7485 0.518864 0.220673 0.54517 0.88444 0.796857 0.4341 0.0456478

计算卷积 Csame 的中心部分，它是 Cfull 的子矩阵，大小与 A 相同。Csame 等于 Cfull[3:5,3:5]。

```
Csame = conv2(A,B,"same")
```

结果如下：

3×3 Matrix{Float64}: 1.51233 1.79657 1.52382 1.17044 1.46782 1.34967 1.35161 1.7094 1.7485

提取二维台座边。Sobel 求边运算利用二维卷积来检测图像的边和其他二维数据。

创建并绘制一个内部高度等于 1 的二维台座。

```
using TyMath
using TyPlot
```

```
A = zeros(10,10)
A[3:7,3:7] .= ones(5,5)
mesh(A)
```

绘制的图像如图 5-16 所示。

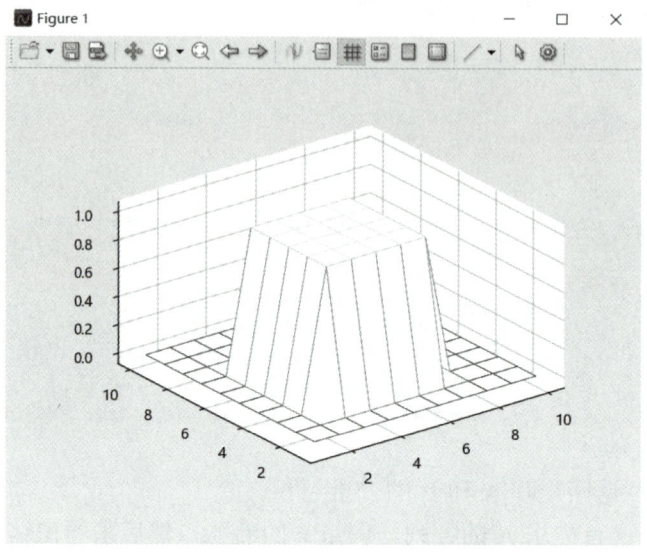

图 5-16　内部高度等于 1 的二维台座

首先求 A 的各行与向量 u 的卷积，然后求卷积结果的各行与向量 v 的卷积。卷积提取台座的水平边。

```
u = [1,0,-1]
v = [1,2,1]
Ch = conv2(u,v,A)
mesh(Ch)
```

绘制的图像如图 5-17 所示。

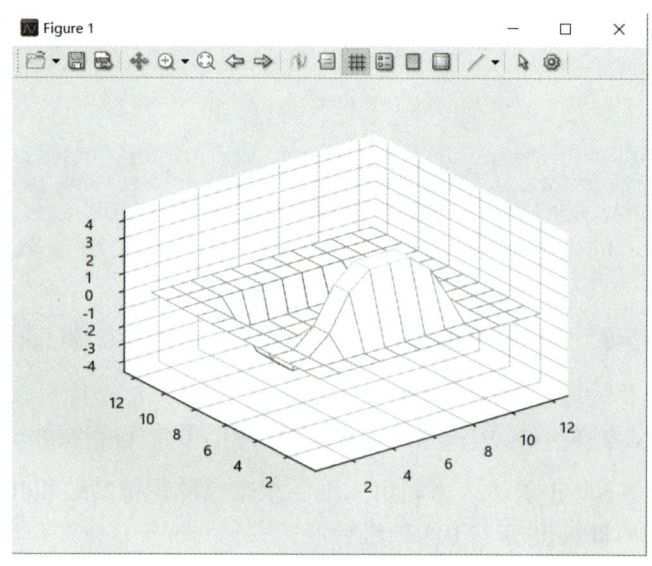

图 5-17　卷积提取台座的水平边

要想提取台座的垂直边,需要反转与 u 和 v 的卷积顺序。

```
Cv    = conv2(v,u,A)
mesh(Cv)
```

绘制的图像如图 5-18 所示。

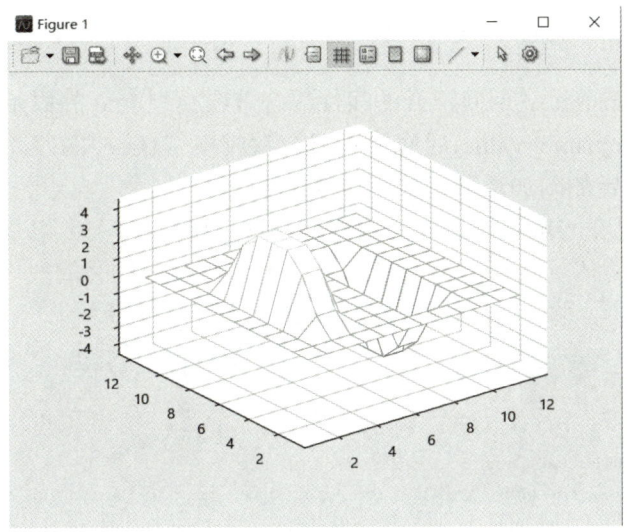

图 5-18　卷积提取台座的垂直边

计算并绘制台座的组合边。

```
figure()
mesh(sqrt.(Ch.^2 + Cv.^2))
```

绘制的图像如图 5-19 所示。

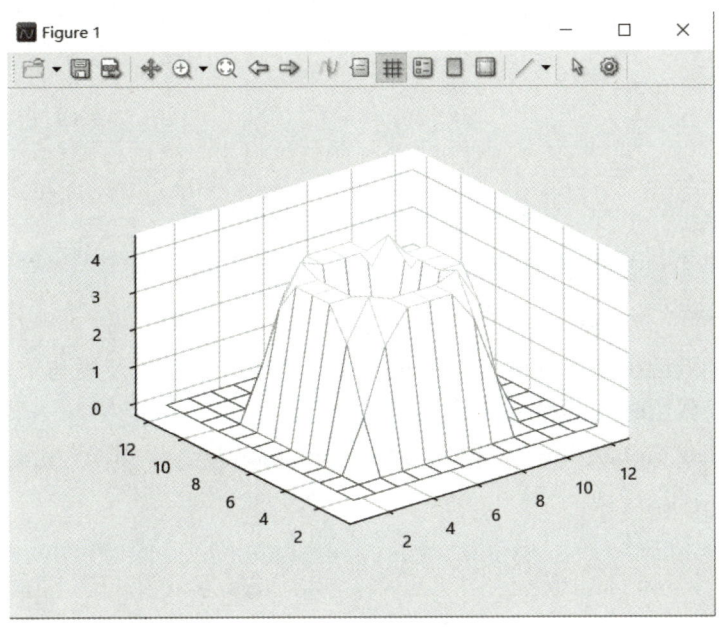

图 5-19　台座的组合边

5.2.2　具有自相关的残差分析

残差是指观测值与模型预测值之间的差异。具体来说,残差是实际观测到的数据点与通过模型(如线性回归模型、时间序列模型等)预测的数据点之差。在 Julia 函数库 TySignalProcessing 中,residuals 函数可以用于拟合线性混合效应模型残差,其语法如下:

```
R = residuals(lme)
R = residuals(lme;name=value)
```

其中,R = residuals(lme) 返回拟合的线性混合效应模型 lme 的原始条件残差。

R = residuals(lme;name=value)返回线性混合效应模型 lme 的残差,带有由一个或多个 Name-Value 参数对指定的附加选项,如指定 Raw 残差。

《体重》表格中包含一项纵向研究的数据,在这项研究中,20 名受试者被随机分配到 4 个锻炼项目中,他们的体重减轻情况被记录在 6 个为期 2 周的时间段内。这些数据是模拟数据。将数据存储在表中,将 Subject 和 Program 定义为分类变量。

```
using CSV
using TyMachineLearning
using DataFrames
using TyPlot
file2 = joinpath(pkgdir(TyMachineLearning), "data/Regression/residuals.csv")
lasdata_x2 = CSV.read(file2, DataFrame; header=1)
```

打印 lasdata_x2 的前 5 行数据进行观测。

```
lasdata_x2[1:5,:]
```

结果如图 5-20 所示。

```
5×5 DataFrame
 Row │ InitialWeight  Program  Subject  Week   y
     │ Int64          String1  Int64    Int64  Float64
─────┼─────────────────────────────────────────────────
   1 │           218  A              1      2     1.71
   2 │           218  A              1      4     2.1
   3 │           218  A              1      6     2.77
   4 │           218  A              1      8     3.05
   5 │           218  A              1     10     3.28
```

图 5-20　lasdata_x2 的前 5 行数据

```
formula2 = "y ~ InitialWeight + Program + Week + Program:Week"
group2 = "Subject"
random_formula = "Week"
```

拟合线性混合效应模型,其中初始权重、节目类型、周,以及周与节目类型之间的相互作用为固定效应,截留时间因科目而异。

```
lme = fitlme(lasdata_x2, formula2, group2; random_formula=random_formula)
```

计算拟合值和原始残差。

```
F = fitted(lme)
R = residuals(lme)
```

绘制残差与拟合值的关系图,如图 5-21 所示。

```
plot(F, R, "bx")
```

```
xlabel("Fitted Values")
ylabel("Residuals")
```

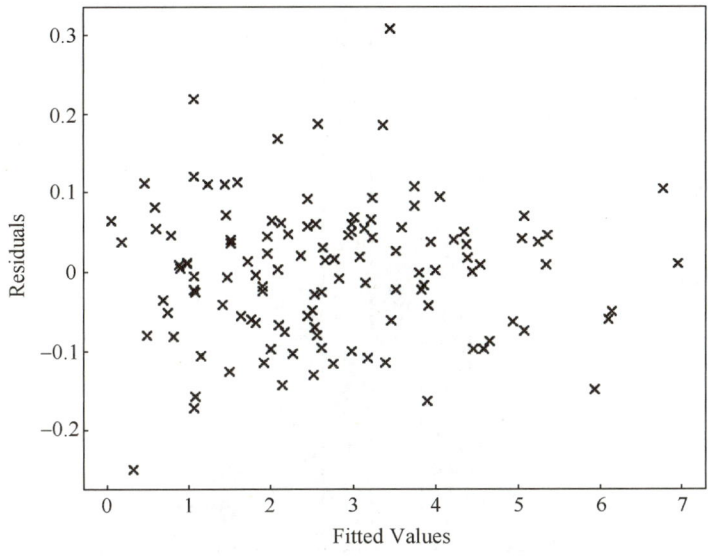

图 5-21　残差与拟合值的关系图

将残差与拟合值按程序分组绘制出来，如图 5-22 所示。

```
lax, Program, convs = convent_columns(lasdata_x2, "Program")
X = Matrix(lax.values)
group = X[:, 3]
figure()
scatter(F, R; c=group, filled="true")
```

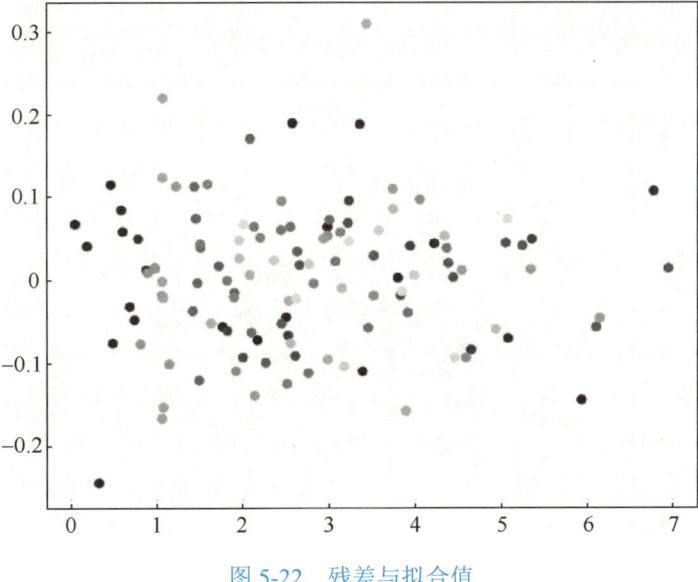

图 5-22　残差与拟合值

正如预期的那样，残差在程序各个级别上的表现相似。
拟合线性混合效应模型 2。

```
lme2 = fitlme(lasdata_x2, formula2, group2; random_formula="Week")
```

绘制主效应图，如图 5-23 所示。

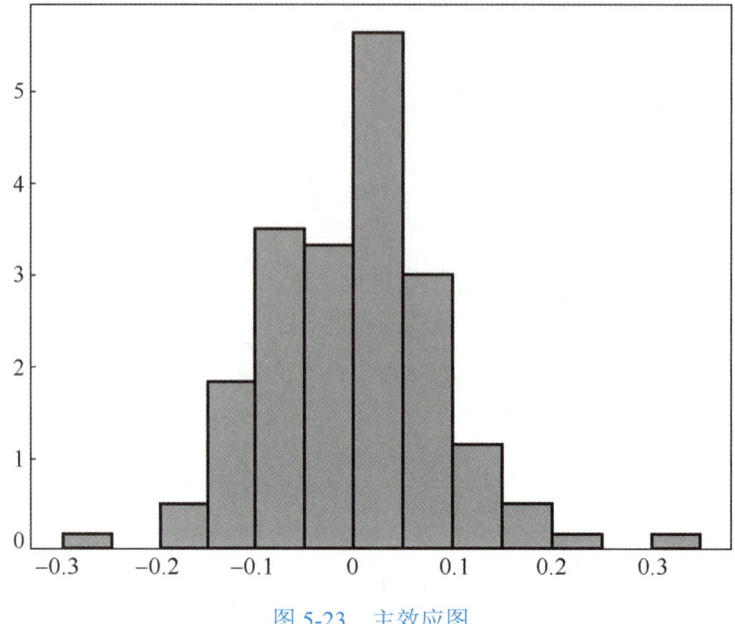

图 5-23　主效应图

绘制残差与拟合值的关系图，如图 5-24 所示。

```
plotResiduals(lme2,"fitted")
```

由于没有明显的模式，因此没有异方差的直接迹象。绘制残差的中位数对称图，如图 5-25 所示。

```
plotResiduals(lme2,"symmetry")
```

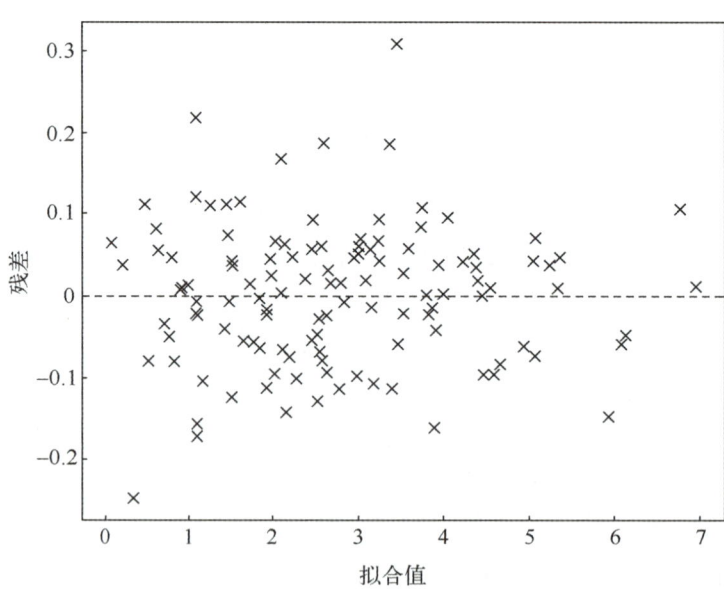

图 5-24　残差与拟合值的关系图

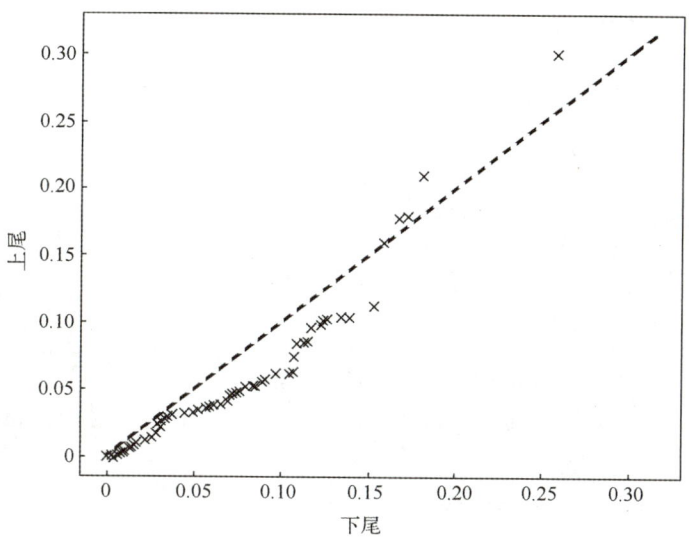

图 5-25 残差的中位数对称图

残差数据看起来很正常。找出图 5-25 右边看起来是离群值的数据的观测值。

```
using TyBaseCore
find(residuals(lme2).>0.25)
```

绘制原始残差与滞后残差图,如图 5-26 所示。

```
plotResiduals(lme2,"lagged")
```

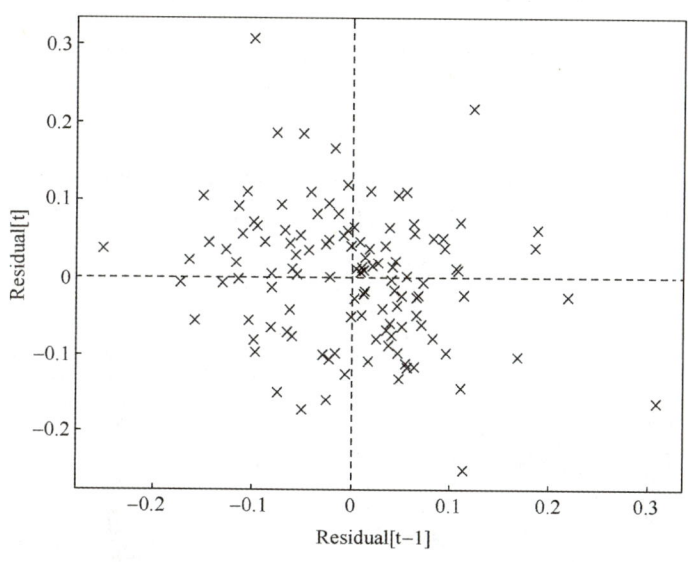

图 5-26 原始残差与滞后残差图

5.2.3 对齐两个简单信号

以下示例说明如何使用互相关对齐信号。在最一般的情况下,信号具有不同的长度,要正确同步它们。在将参数输入到 xcorr 函数中之前,必须考虑长度和输入参数的顺序。

考虑两个信号，除周围的零点数量及其中一个信号滞后于另一个信号之外，它们完全相同。

```
using Random
using TyPlot
using TyStatistics
using TySignalProcessing
sz = 30
sg = randn(rand(1:8) + 3)
s1 = [zeros(rand(0:sz-1)); sg; zeros(rand(0:sz-1))]'
s2 = [zeros(rand(0:sz-1)); sg; zeros(rand(0:sz-1))]'
mx = max(length(s1), length(s2))
figure()
subplot(2,1,1)
stem(s1)
xlim([0,mx])
subplot(2,1,2)
stem(s2)
xlim([0,mx])
```

绘制的图像如图 5-27 所示。

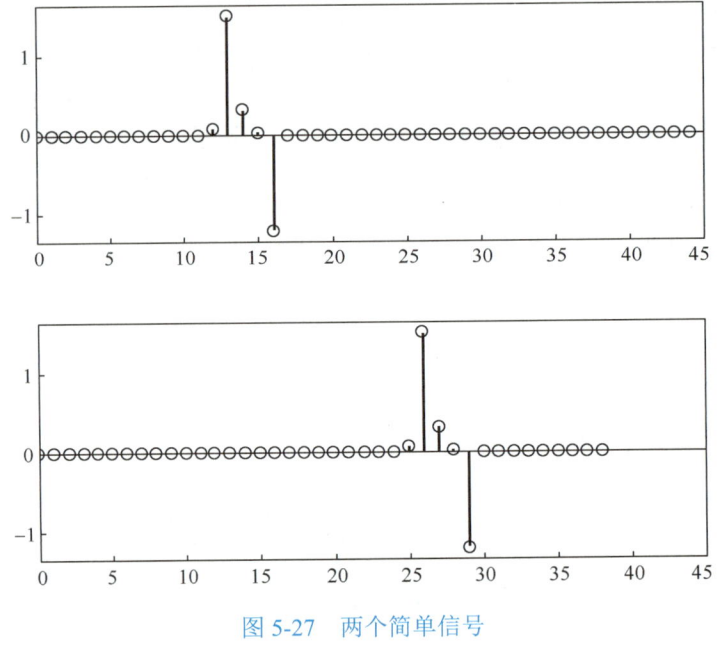

图 5-27　两个简单信号

确定两个信号中哪个信号比另一个信号长。在有更多元素的意义上，确定这两个信号中哪一个更长，不考虑它们是否为零。

```
if length(s1) > length(s2)
    slong = s1
    sshort = s2
else
    slong = s2
    sshort = s1
end
```

计算两个信号的互相关。将较长的信号作为第一个参数，将较短的信号作为第二个参数运行。绘制 xcorr 函数的结果图，如图 5-28 所示。

```
acor,lag = xcorr(slong', sshort')
acormax, I = findmax(abs.(acor))
lagDiff = lag[I]
figure()
stem(lag,acor)
hold("on")
plot(lagDiff, acormax, "*")
hold("off")
```

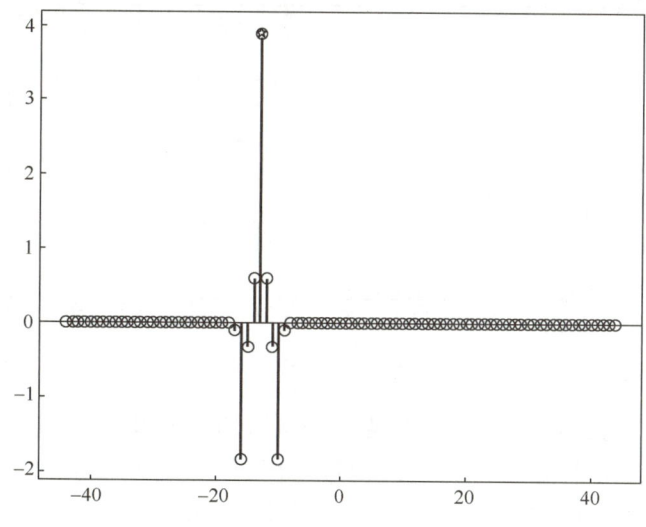

图 5-28　计算两个信号的互相关

对齐信号。将滞后信号视为比另一个信号"更长",从某种意义上说,用户必须"等待更长的时间"才能检测到它。

如果结果为正数,则考虑删除其从 lagDiff+1 到结束的元素来"缩短"长信号。

如果结果为负数,则考虑补齐其从 -lagDiff+1 到结束的元素来"延长"短信号。

用户必须在滞后差值上加 1,因为 MATLAB 使用基于 1 的索引。

```
if lagDiff > 0
    sorig = sshort
    salign = slong[lagDiff+1:end]
else
    sorig = slong
    # 这里假设 sshort 是一个数组,使用 length 函数获取其长度
    start_index = length(sshort) + lagDiff + 1
    salign = sshort[start_index:end]
end
```

绘制对齐的信号,如图 5-29 所示。

```
figure()
subplot(2,1,1)
stem(sorig)
xlim([0,mx])
subplot(2,1,2)
stem(salign;markerfmt="*")
xlim([0,mx])
```

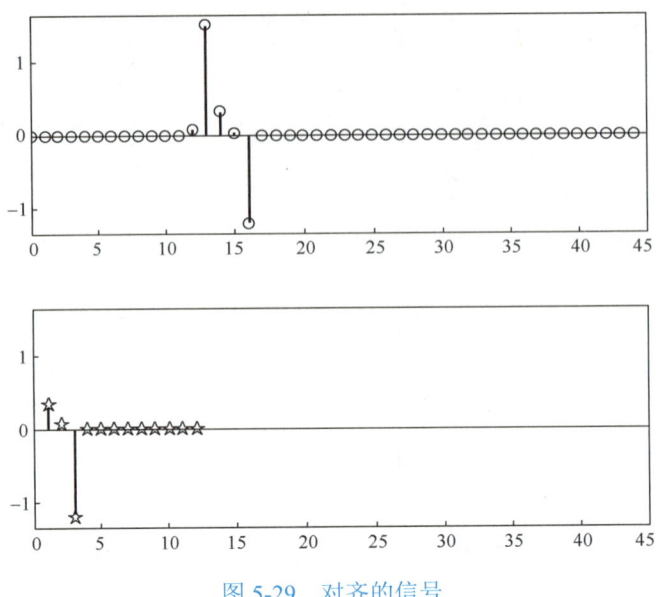

图 5-29 对齐的信号

该方法之所以有效，是因为互相关运算是反对称的，并且通过在较短信号的末尾添加零可以处理不同长度的信号。这种解释允许用户使用 MATLAB 运算符轻松对齐信号，而无须手动填充信号。

此外，还可以通过调用 alignsignals 函数一次对齐信号。

```
x1,x2 = alignsignals(s1',s2')
figure()
subplot(2,1,1)
stem(x1)
xlim([0,mx+1])
subplot(2,1,2)
stem(x2;markerfmt="*")
xlim([0,mx+1])
```

绘制的图像如图 5-30 所示。

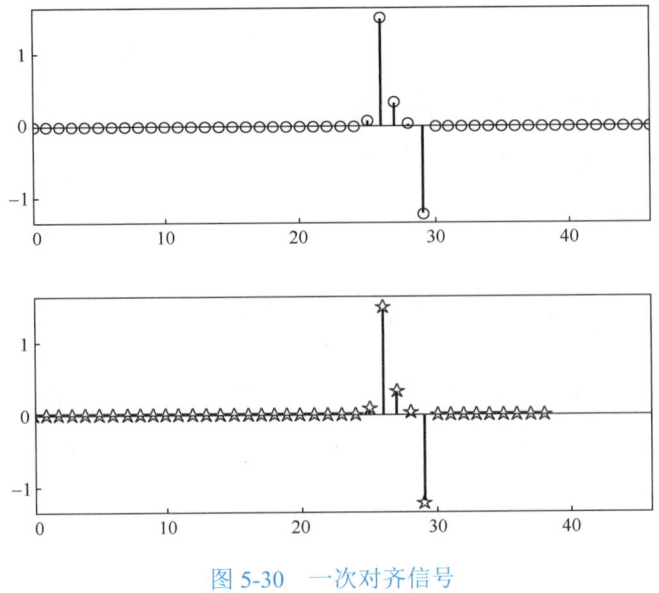

图 5-30 一次对齐信号

5.2.4 将信号与不同开始时间对齐

在进行信号集成时,确保数据的同步是至关重要的,尤其是在涉及多个传感器异步采集数据的情况下。这是因为,如果数据没有正确同步,则可能会导致产生混淆和错误的结果。Signal Processing Toolbox 提供了一系列功能强大的函数,可以帮助用户实现数据的同步。

以一辆汽车通过一座桥为例,汽车通过桥时产生的振动信号会被安装在桥上不同位置的三个传感器捕获。由于这些传感器在不同的位置,因此它们接收到振动信号的时间会有所不同。如果不进行同步处理,那么这些信号的集成将无法准确反映汽车通过桥时的真实振动情况。

使用 Signal Processing Toolbox 中的函数,可以轻松实现这些传感器数据的同步。通过这种同步,可以确保每个传感器捕获的信号在时间上是同步的,从而能够准确地集成这些数据,得到更可靠的分析结果。

```
using MAT
# using Plots
using TyPlot
using TySignalProcessing
using TyMath
using TyBase

matfile = matread("relatedsig.mat")
s1 = matfile["s1"]
s2 = matfile["s2"]
s3 = matfile["s3"]

figure(1)
subplot(3, 1, 1);
plot(s1)
xlim([0 3000]);
ylabel("s1")
subplot(3, 1, 2);
plot(s2)
xlim([0 3000]);
ylabel("s2")
subplot(3, 1, 3);
plot(s3)
ylabel("s3")
xlim([0 3000]);
xlabel("Samples")
```

绘制的图像如图 5-31 所示。

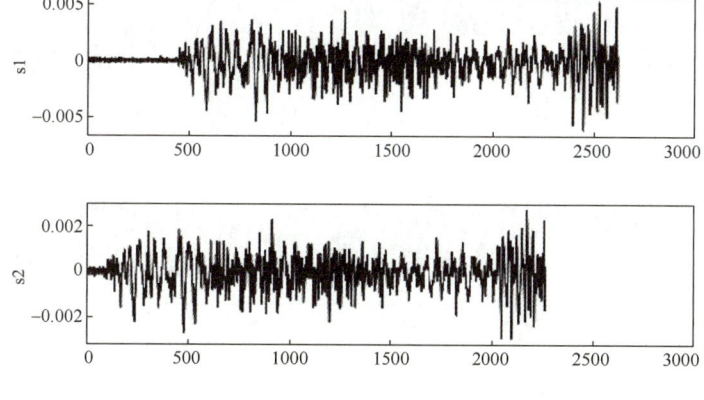

图 5-31 信号 s1、s2、s3

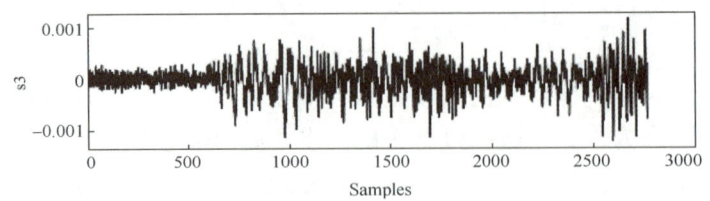

图 5-31　信号 s1、s2、s3（续）

从图 5-31 中可以看出，信号 s1 滞后于 s2，但领先于 s3。可以使用 finddelay 函数精确计算延迟。可以看到，s2 领先于 s1 350 个样本，s3 滞后于 s1 150 个样本，s2 领先于 s3 500 个样本。

通过保持最早到达的信号不动并截除其他向量中的延迟对齐信号。滞后值需要加 1，使用从 1 开始的索引。此方法使用最早到达的信号（s2）的到达时间作为基准来对齐信号。

```
t21 = finddelay(s2, s1)
t31 = finddelay(s3, s1)
t32 = finddelay(s2, s3)

figure(2)
subplot(3, 1, 1);
plot(s1[t21+1:end])
xlim([0 2500]);
subplot(3, 1, 2);
plot(s2)
xlim([0 2500]);
subplot(3, 1, 3);
plot(s3[t32+1:end])
xlim([0 2500]);
xlabel("Samples")
```

绘制的图像如图 5-32 所示。

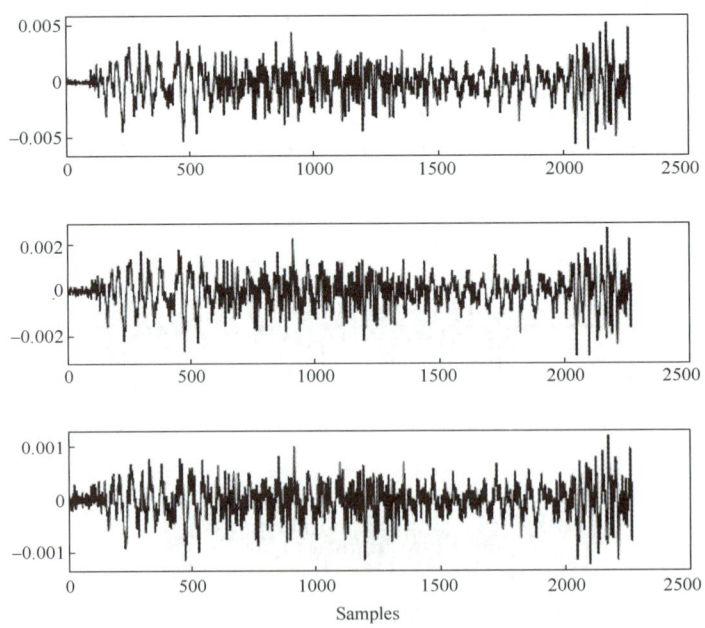

图 5-32　对齐信号（1）

通过调用 alignsignals 函数，可以将信号对齐，并确保它们的时间轴一致。该函数会调整较早到达的信号，使其与最晚到达的信号（s3）的时间相匹配，以此作为对齐的基准。

```
x1, x3 = alignsignals(s1, s3);
x2, = alignsignals(s2, s3);

figure(3)
subplot(3, 1, 1);
plot(x1)
xlim([0 3000]);
subplot(3, 1, 2);
plot(x2)
xlim([0 3000]);
subplot(3, 1, 3);
plot(x3)
xlim([0 3000]);
xlabel("Samples")
```

绘制的图像如图 5-33 所示。

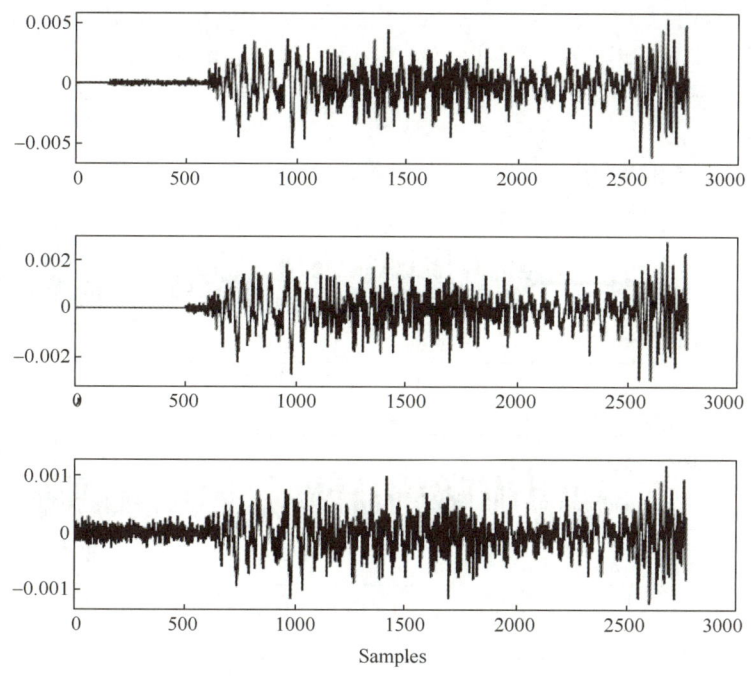

图 5-33　对齐信号（2）

这些信号已经成功同步，可以用于进一步的信号处理和分析。

5.2.5　使用互相关对齐信号

许多测量涉及多个传感器异步采集的数据。如果要集成信号并以关联式研究它们，则必须同步它们。对此，可使用 xcorr 函数。

以一辆汽车通过一座桥为例，汽车通过桥时产生的振动信号由安装在桥上不同位置的三个相同传感器进行测量。信号有不同的到达时间。

```
using MAT
using TyPlot
```

```
using TyStatistics
# 加载 mat 文件
data = matread("relatedsig.mat")
s1 = data["s1"]
s2 = data["s2"]
s3 = data["s3"]

# 创建第一个子图，绘制信号 s1
subplot(3, 1, 1)
plot(s1)
ylabel("s_1")

# 创建第二个子图，绘制信号 s2
subplot(3, 1, 2)
plot(s2)
ylabel("s_2")

# 创建第三个子图，绘制信号 s3
subplot(3, 1, 3)
plot(s3)
ylabel("s_3")
xlabel("Samples")

# 创建新的图形，绘制互相关图
figure()
```

绘制的图像如图 5-34 所示。

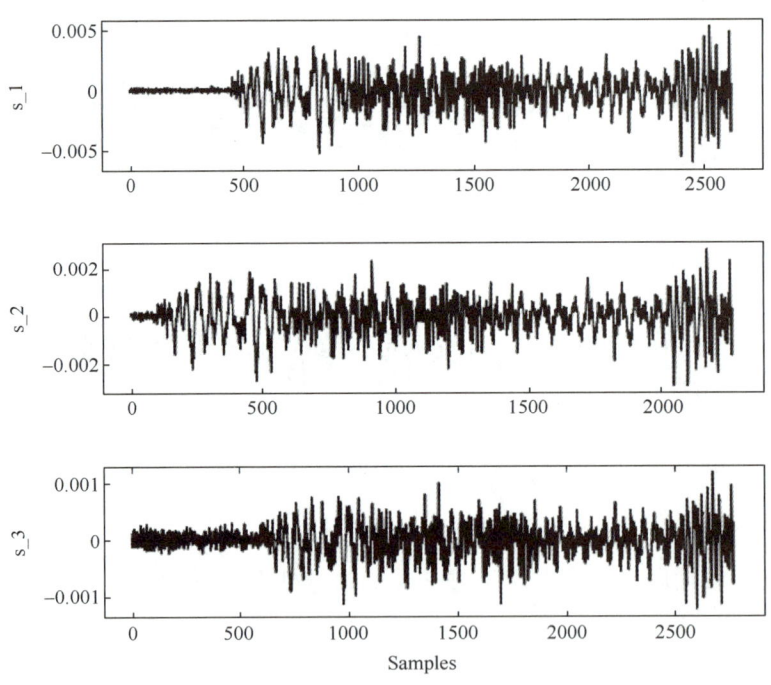

图 5-34　信号 s1、s2、s3

计算三个信号之间的互相关。将它们归一化，使其最大值为 1。互相关最大值的位置指示领先或滞后时间。绘制互相关图，在每个图中显示最大值的位置。

```
# 计算三个信号之间的互相关
C21, lag21 = xcorr(s2, s1)
C21 = C21 ./ maximum(C21)
```

```
C31, lag31 = xcorr(s3, s1)
C31 = C31 ./ maximum(C31)

C32, lag32 = xcorr(s3, s2)
C32 = C32 ./ maximum(C32)

# 创建第一个子图，绘制互相关图 C21
subplot(3, 1, 1)
plot(lag21, C21)
ylabel("C_{21}")
title("Cross-Correlations")

# 创建第二个子图，绘制互相关图 C31
subplot(3, 1, 2)
plot(lag31, C31)
ylabel("C_{31}")

# 创建第三个子图，绘制互相关图 C32
subplot(3, 1, 3)
plot(lag32, C32)
ylabel("C_{32}")
xlabel("Samples")

# 创建新的图形，绘制修剪后的信号
figure()
```

绘制的图像如图 5-35 所示。

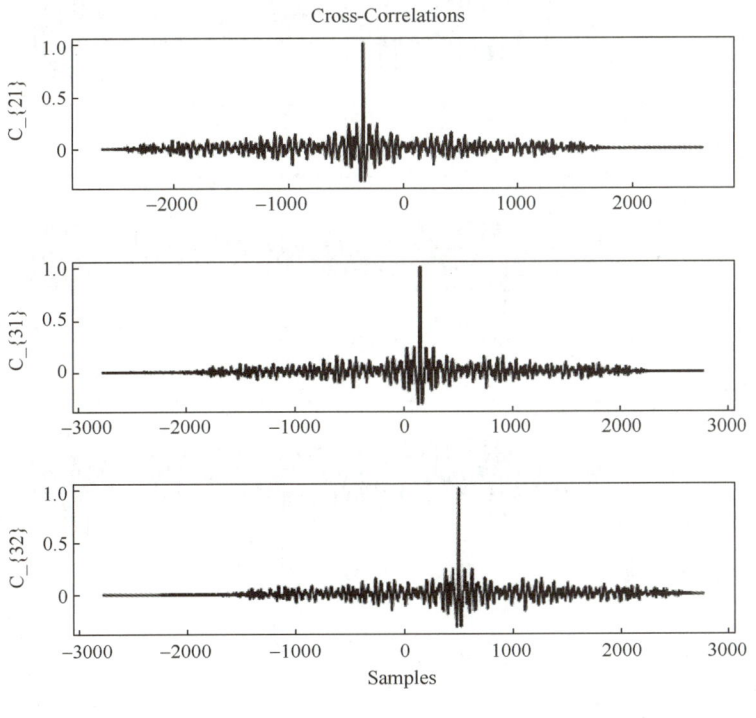

图 5-35　互相关图

s2 领先于 s1 350 个样本，s3 滞后于 s1 150 个样本，s2 领先于 s3 500 个样本。通过截断具有较长延迟的向量对齐信号。这些信号已成功同步，可以用于进一步的信号处理和分析。

```
# 修剪信号
s1 = s1[Int(-lag21[argmax(C21)]):end]
s3 = s3[Int(lag32[argmax(C32)]):end]

# 创建第一个子图，绘制修剪后的信号 s1
subplot(3, 1, 1)
plot(s1)
ylabel("s_1")

# 创建第二个子图，绘制修剪后的信号 s2
subplot(3, 1, 2)
plot(s2)
ylabel("s_2")

# 创建第三个子图，绘制修剪后的信号 s3
subplot(3, 1, 3)
plot(s3)
ylabel("s_3")
xlabel("Samples")
```

绘制的图像如图 5-36 所示。

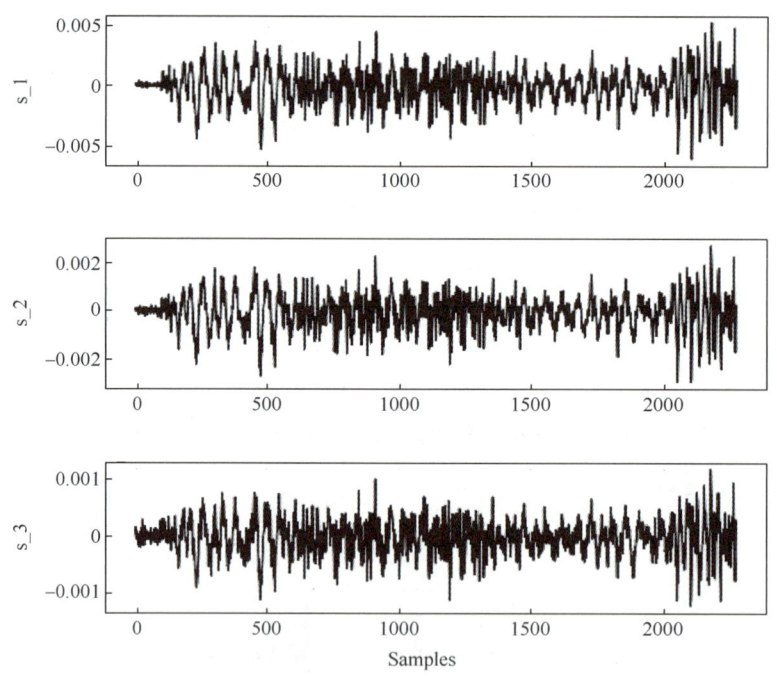

图 5-36　修剪后的信号

5.2.6　使用自相关求周期性

自相关是一种用于分析时间序列数据中周期性的常见方法。通过计算时间序列数据与其自身在不同时间点的相关性，可以揭示出数据中的周期性模式。自相关函数（Autocorrelation Function，ACF）通常用于评估数据之间的相关性，其中自相关函数的峰值位置和周期性有关。

在 Julia 函数库 TySignalProcessing 中，corrmtx 函数可用于求解自相关矩阵估计的数据矩阵，其语法如下：

```
H = corrmtx(x,m)
H = corrmtx(x,m,method)
```

其中，H = corrmtx(x,m) 返回一个(n+m)×(m+1) 矩形 Toeplitz 矩阵 H = H，使得 H†H 是输入向量 x 的自相关矩阵的有偏估计。n 是 x 的长度，m 是预测模型阶数，H† 是 H 的共轭转置。

H = corrmtx(x,m,method)根据 method 指定的方法计算矩阵 H。

使用 corrmtx 函数可以修正数据和自相关矩阵。生成由嵌入高斯白噪声的三个复指数组成的信号。使用 modified 方法计算数据和自相关矩阵。

```
using TyPlot
using TyBase
using TySignalProcessing
using TyMath
rng = MT19937ar(1234)
n = 0:99
s = exp.(im * pi / 2 * n) + 2 * exp.(im * pi / 4 * n) + exp.(im * pi / 3 * n) + randn(rng, 100)
m = 12
X, R = corrmtx(s, m, "modified")
```

绘制自相关矩阵的实部和虚部。

```
A, B = ndgrid(1:m+1, dims = 2)
subplot(2, 1, 1)
plot3(A, B, real(R))
title("Re(R)")
subplot(2, 1, 2)
plot3(A, B, imag(R))
title("Im(R)")
```

运行代码，结果如图 5-37 所示。

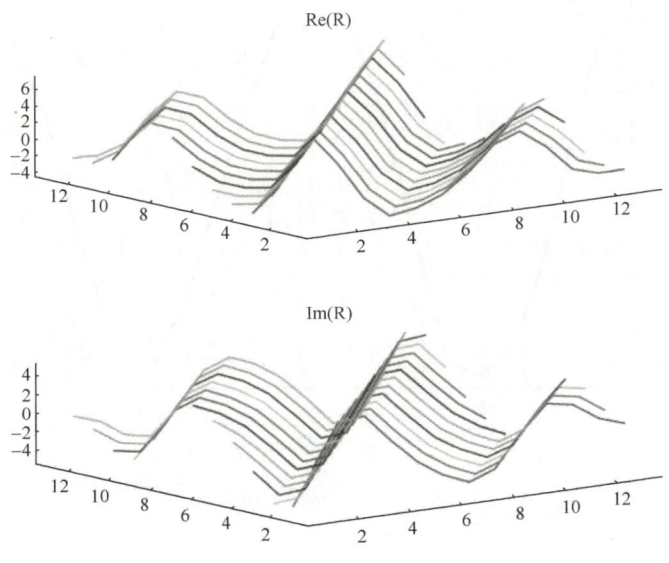

图 5-37 自相关矩阵的实部和虚部

使用自相关函数可以求周期性，以下是使用 Julia 计算时间序列数据的自相关函数并确定其周期性的简单示例。

```julia
using Statistics
using Plots

# 定义自相关函数
function autocorrelation(data, lag)
    n = length(data)
    mean_data = mean(data)
    autocorr = 0.0

    for i in 1:(n - lag)
        autocorr += (data[i] - mean_data) * (data[i + lag] - mean_data)
    end

    autocorr /= n

    return autocorr
end

# 生成时间序列数据
data = [sin(2 * pi * t / 10) + 0.5 * randn() for t in 1:100]

# 计算自相关函数
lags = 1:20  # 滞后值范围
autocorr_values = [autocorrelation(data, lag) for lag in lags]

# 绘制自相关函数图像
plt = plot(lags, autocorr_values, xlabel="Lag", ylabel="Autocorrelation", label="Autocorrelation Function",
    title="Autocorrelation Function Plot")

# 显示图像
display(plt)
```

运行代码，结果如图 5-38 所示。

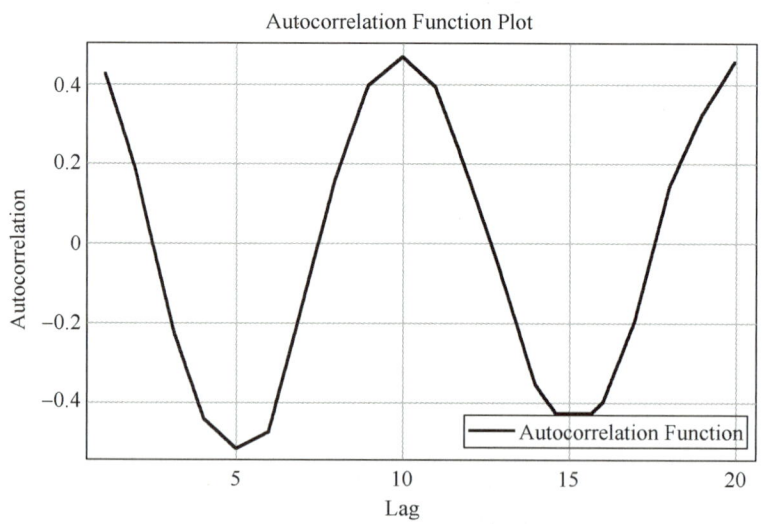

图 5-38　计算时间序列数据的自相关函数图像

5.2.7　回声抵消

语音记录中包含由墙壁反射造成的回声，采用自相关技术可将其滤除。在录音文件中，可以听到一个人清晰地说出了"MATLAB"这个单词。相应的音频数据已按照 7418Hz 的采样频率加载。为了模拟录音中的回声效果,我们采用了以下模型:将原始信号 $x(n)$ 与其经过时延 Δ 和衰减系数 α 的副本相加,得到处理后的信号 $y(n)$。具体地,我们设定了 0.23s 的时延和 0.5 的衰减系数,因此模型可以表示为 $y(n) = x(n) + 0.5 \times x(n - \Delta)$。其中,$\Delta$ 对应于 0.23s 的时延在采样频率下的样本数。

```
using MAT
using TyPlot
using TySignalProcessing
using TyMath
using TyBase

matfile = matread("mtlb.mat")
mtlb = matfile["mtlb"]

Fs = 7418
timelag = 0.23;
delta = round(Int, Fs * timelag);
alpha = 0.5;

orig = [mtlb; zeros(delta, 1)];
echo = [zeros(delta, 1); mtlb] * alpha;

mtEcho = orig + echo;
t = (0:length(mtEcho)-1) / Fs;

figure(1)
subplot(2, 1, 1);
plot(t, [orig echo])
legend("Original", "Echo")

subplot(2, 1, 2)
plot(t, mtEcho)
legend("Total")
xlabel("Time (s)")
```

运行代码,结果如图 5-39 所示。

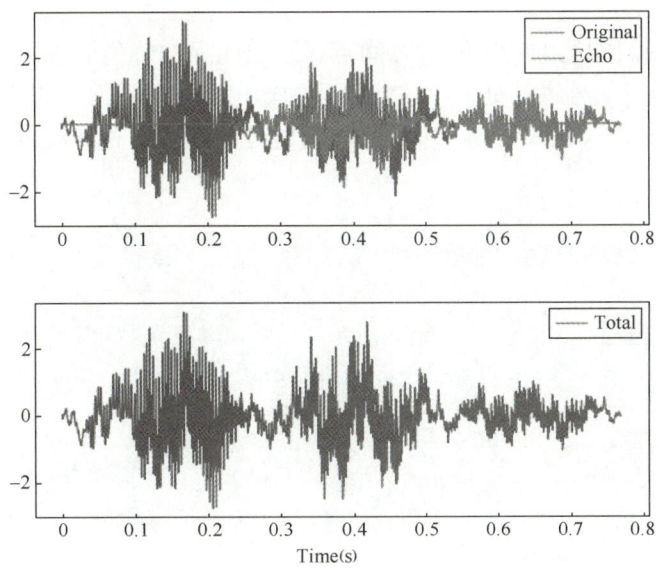

图 5-39 原始信号、回波信号和结果信号

为了获得信号自相关的无偏估计，首先执行相应的计算，然后选取并展示自相关函数中滞后值大于零的部分，以便进一步分析和理解信号的时序特性。

```
Rmm, lags = xcorr(mtEcho; scale="unbiased")

Rmm = Rmm[lags.>0];
lags = lags[lags.>0];

figure(2)
plot(lags / Fs, Rmm)
xlabel("Lag (s)")
```

绘制的图像如图 5-40 所示。

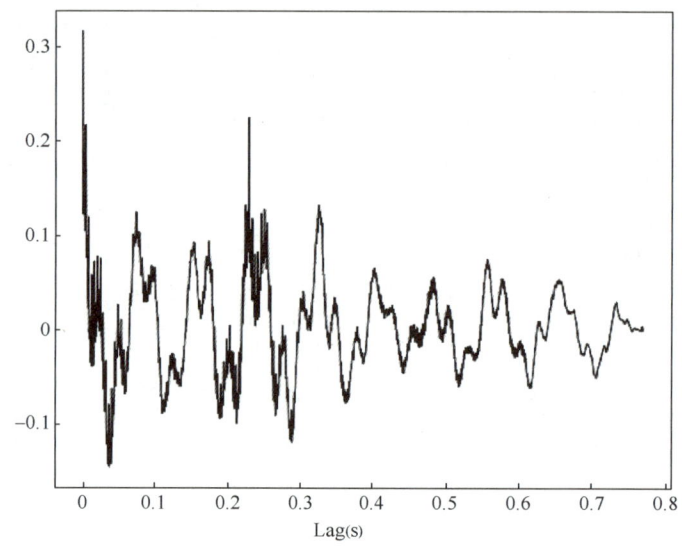

图 5-40　展示自相关函数中滞后值大于零的部分

自相关函数在回波到达的特定滞后时间点显示出明显的峰值。为了滤除这一回声干扰，可以采用 IIR 滤波器对信号进行处理。该滤波器的输出 $w(n)$ 遵循如下差分方程：$w(n) + αw(n-Δ) = y(n)$。其中，$α$ 表示衰减系数；$Δ$ 是回波的时延。通过这种滤波方式，能够有效地滤除录音中的回声干扰。

```
~, dl = findpeaks(Rmm, lags; min_height=0.22);
mtNew, = filter1(1, [1;zeros(dl[1] - 1, 1); alpha], mtEcho);

figure(3)
subplot(2, 1, 1)
plot(t, orig)
legend("Original")

subplot(2, 1, 2)
plot(t, mtNew)
legend("Filtered")
xlabel("Time (s)")
```

绘制的图像如图 5-41 所示。

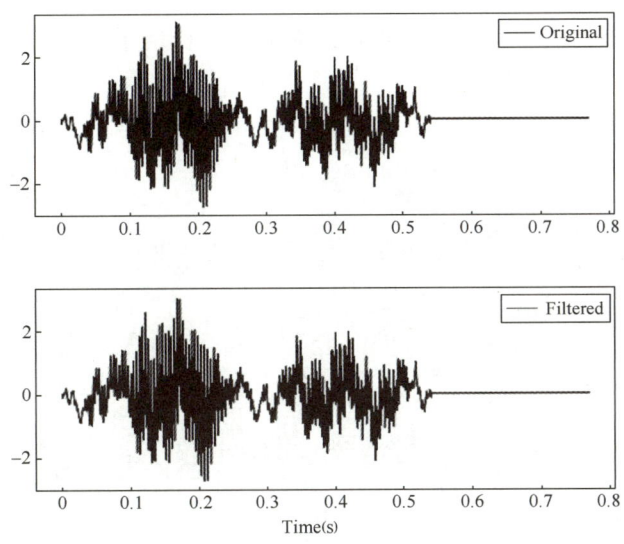

图 5-41　滤除回声干扰

5.2.8　多通道输入的互相关

生成 3 个包含 11 个样本的指数序列，这些样本由 $0.4n$、$0.7n$ 和 $0.999n$（$n \geqslant 0$）给出。使用 bar3h 函数并排绘制这些序列。

```
using TyPlot
using TyStatistics
using Printf
N = 11
n = 0:N-1
a = 0.4
b = 0.7
c = 0.999
xabc = [a.^n b.^n c.^n]
figure()
bar3h(xabc,width = 0.1)
```

绘制的图像如图 5-42 所示。

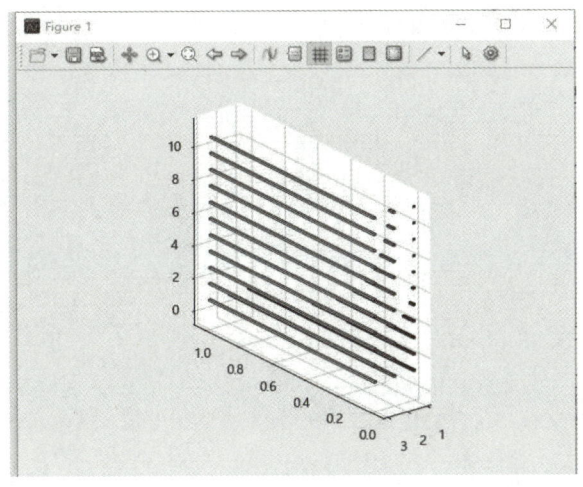

图 5-42　生成 3 个包含 11 个样本的指数序列

计算这些序列的自相关和互相关。将输出滞后，这样就不必跟踪它们。将结果归一化，使自相关在滞后 0 处具有单位值。

```
cr,lgs = xcorr(xabc, "coeff")
figure()
for row = 1:3
    for col = 1:3
        # 创建子图
        nm = 3*(row-1)+col
        subplot(3, 3, nm)
        nn = row*10+col
        nc=@sprintf("%d", nn)
        # 绘制相关图
        stem(lgs, cr[:, nm],".")
        title("C"*nc*"")
    end
end
```

绘制的图像如图 5-43 所示。

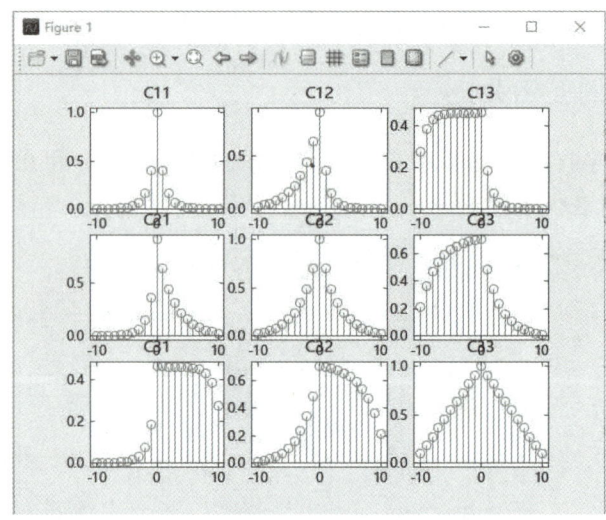

图 5-43　计算这些序列的自相关和互相关

仅计算滞后值在 −5 和 5 之间时的相关性。

```
cr,lgs = xcorr(xabc,5,"coeff")
figure()
for row = 1:3
    for col = 1:3
        # 创建子图
        nm = 3*(row-1)+col
        subplot(3, 3, nm)
        nn = row*10+col
        nc=@sprintf("%d", nn)
        # 绘制相关图
        stem(lgs, cr[:, nm],".")
        title("C"*nc*"")
    end
end
```

绘制的图像如图 5-44 所示。

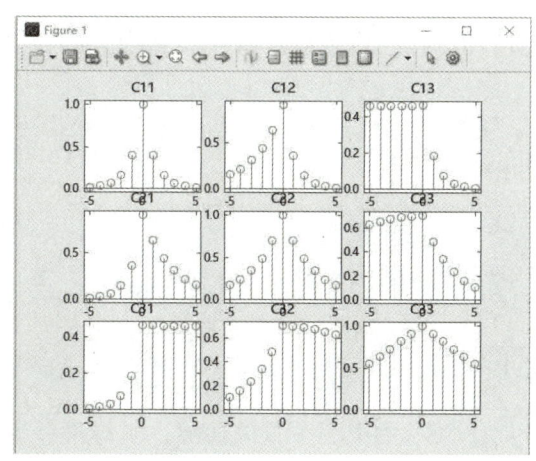

图 5-44　仅计算滞后值在–5 和 5 之间时的相关性

计算自相关和互相关的无偏估计。在默认情况下，滞后值在-(N–1)和 N–1 之间。

```
cu, = xcorr(xabc,"unbiased")
figure()
for row = 1:3
    for col = 1:3
        # 创建子图
        nm = 3*(row-1)+col
        subplot(3, 3, nm)
        nn = row*10+col
        nc=@sprintf("%d", nn)
        # 绘制相关图
        stem(-(N-1):(N-1),cu[:, nm],".")
        title("C"*nc*"")
    end
end
```

绘制的图像如图 5-45 所示。

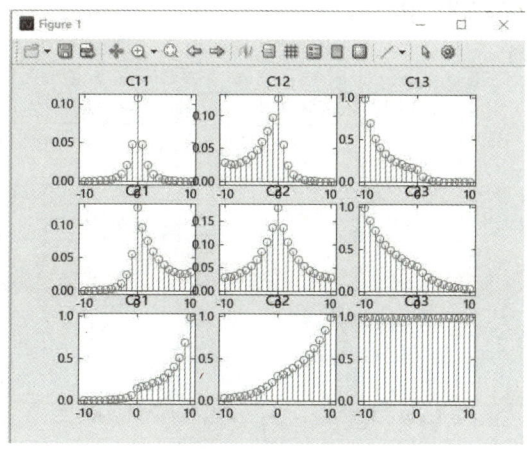

图 5-45　计算自相关和互相关的无偏估计

5.2.9　样本自相关的置信区间

以下示例说明如何为白噪声过程的自相关序列创建置信区间。创建长度为 1000 个采样点的白噪声过程。计算最大滞后值为 20 的样本自相关。绘制白噪声过程的样本自相关图和 95% 置信区间。

创建白噪声随机向量。随机数生成器采用默认设置，以获得可重现的结果。计算最大滞后值为 20 的归一化样本自相关。

```
using TyPlot
using TyStatistics
using SpecialFunctions # 用于 erfinv 函数
L = 1000
x = randn(L) # Julia 中默认生成列向量，故此处不需要指明维度
# 计算自相关并使用给定的滞后值
xc, lags = xcorr(x, x, 20, "coeff")
```

为正态分布 $N(0,1/L)$ 创建 95% 的上、下置信边界，其标准差为 $1/\sqrt{L}$。对于 95% 置信区间，临界值是 $\sqrt{2}\text{erf}^{-1}(0.95)\approx 1.96$，置信区间是 $\Delta = 0 \pm 1.96/\sqrt{L}$。

```
vcrit = sqrt(2) * erfinv(0.95)
lconf = -vcrit / sqrt(L)
uconf = vcrit / sqrt(L)
```

绘制样本自相关图和 95% 置信区间。

```
# 绘制自相关图和置信区间
stem(lags, xc, filled=true)
hold(true) # 在 TyPlot 中保持当前图形，以便添加更多图层
plot(lags, fill(lconf, length(lags)), color="red")
plot(lags, fill(uconf, length(lags)), color="red")
hold(false) # 完成图层添加

# 设置 y 轴的限制
ylim(lconf-0.03, 1.05)

# 添加标题
title("Sample Autocorrelation with 95% Confidence Intervals")
```

运行代码，结果如图 5-46 所示。

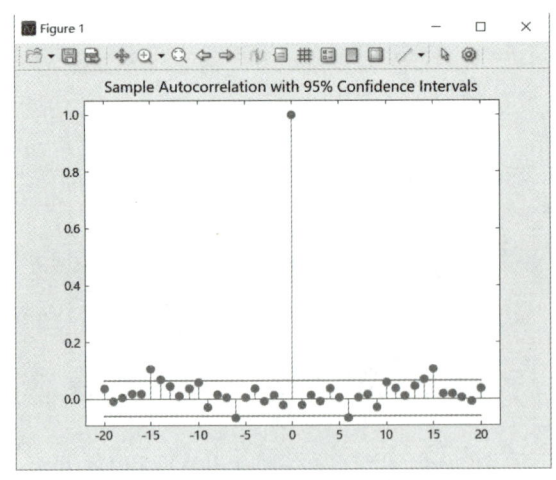

图 5-46　白噪声自相关序列的 95% 置信区间

从图 5-46 中可以看出，唯一位于 95% 置信区间之外的自相关值出现在滞后 0 处，正如白

噪声过程所预期的那样。基于此结果可以得出以下结论：该数据组成的序列就是一个白噪声过程。

5.2.10 指数序列的自相关函数

计算 28 个样本指数序列的自相关函数，$x = 0.95^n (n \geq 0)$。

```
using TyPlot
using TyStatistics
a = 0.95
N = 28
n = 0:N-1
lags = -(N-1):(N-1)
x = a .^ n
c,lags = xcorr(x)
```

确定 c 分析以检查结果的正确性。使用较大的采样频率模拟连续情况。指数序列的自相关函数 $x(n) = a^n (n \geq 0, |a| < 1)$，且 $c(n) = \dfrac{1 - a^{2(N-|n|)}}{1 - a^2} \times a^{|n|}$。

```
fs = 10
nn = -(N-1):1/fs:(N-1)
dd = (1 .- a .^(2 .* (N .- abs.(nn)))) ./ (1 .- a^2) .* a .^ abs.(nn)
```

在同一图上绘制指数序列。

```
figure()
stem(lags,c)
hold("on")
plot(nn, dd)
legend(["xcorr", "Analytic"])
xlabel("Lag")
ylabel("Autocorrelation")
```

绘制的图像如图 5-47 所示。

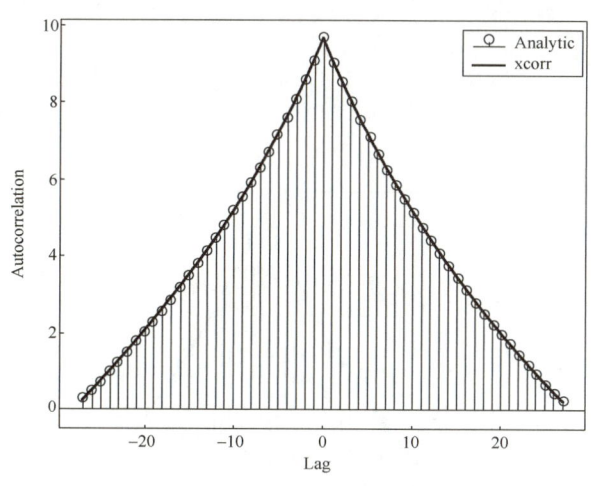

图 5-47 计算自相关函数

重复计算，找到自相关的无偏估计。检验计算无偏估计的函数是否为 $c_u(n) = c(n) / (N - |n|)$。

```
cu, = xcorr(x,"unbiased")
du = dd ./(N.-abs.(nn))
figure()
stem(lags,cu)
hold("on")
plot(nn, du)
legend(["xcorr", "Analytic"])
xlabel("Lag")
ylabel("Autocorrelation")
```

绘制的图像如图 5-48 所示。

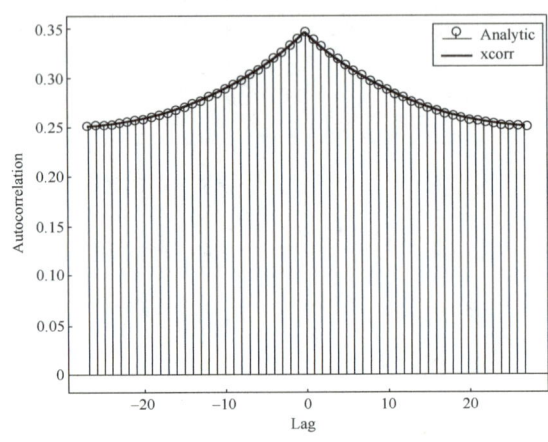

图 5-48　计算自相关的无偏估计

重复计算，找到自相关的有偏估计。检验计算有偏估计的函数是否为 $c_b(n) = c(n)/N$。

```
cb, = xcorr(x,"biased")
db = dd ./N
figure()
stem(lags,cb)
hold("on")
plot(nn, db)
legend(["xcorr", "Analytic"])
xlabel("Lag")
ylabel("Autocorrelation")
```

绘制的图像如图 5-49 所示。

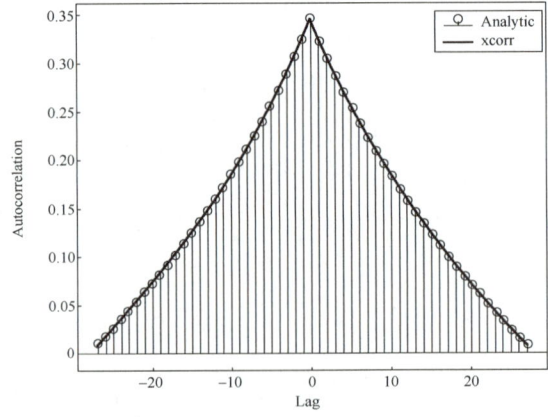

图 5-49　计算自相关的有偏估计

找到一个自相关的估计，它在滞后 0 处的值是统一的。

```
cz = xcorr(x,"coeff")
dz = dd ./maximum(dd)
figure()
stem(lags,cz[1])
hold("on")
plot(nn, dz)
legend(["xcorr", "Analytic"])
xlabel("Lag")
ylabel("Autocorrelation")
```

绘制的图像如图 5-50 所示。

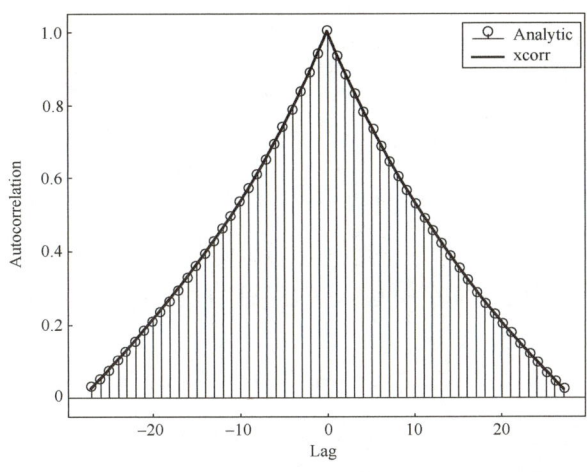

图 5-50　自相关的估计

5.2.11　移动平均过程的自相关

以下示例说明如何通过滤波将自相关引入白噪声过程。当在随机信号中引入自相关时，可以操纵其频率成分。移动平均滤波器可以衰减信号的高频分量，有效地平滑信号。

为 3 点移动平均滤波器创建脉冲响应，用该滤波器滤除 $N(0,1)$ 白噪声序列。随机数生成器采用默认设置，以获得可重现的结果。

```
using TyCommunication
using TyMath
using TyStatistics
using TySignalProcessing
using TyPlot

h = 1/3*ones(3,1);
x = randn(1000,1);
y, = filter1(h,1,x);
```

获得滞后 20 的偏差样本自相关。绘制样本自相关与理论自相关图。

```
xc,lags = xcorr(y;maxlag=20,scale="biased")
Xc = zeros(size(xc));
Xc[19:23] = [1 2 3 2 1]/9*var(x);

stem(lags,xc, filled=true)
hold("on")
stem(lags,Xc,linefmt=":",linewidth=2)
legend(["Sample autocorrelation", "Theoretical autocorrelation"]; loc="northeast")
```

绘制的图像如图 5-51 所示。

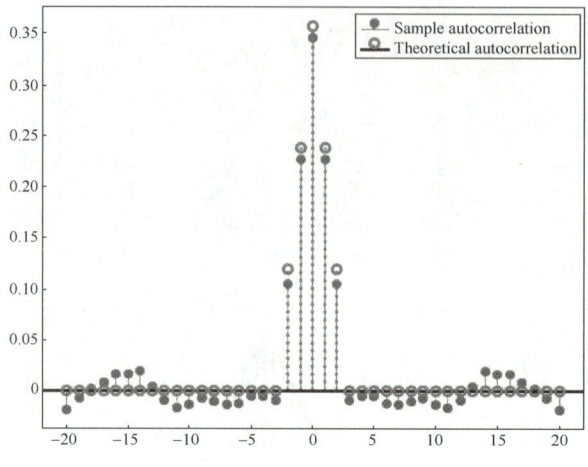

图 5-51　样本自相关与理论自相关图

样本自相关捕获了理论自相关的一般形式，即使两个序列在细节上不一致。在这种情况下，很明显移动平均滤波器仅在滞后时引入了显著的自相关[−2,2]，序列的绝对值在该范围之外迅速衰减为零。

要查看频率含量是否受到影响，可以绘制原始信号和滤波信号的 Welch 功率谱密度估计。

```
pxx,wx = pwelch(x ; nargout = 2);
pyy,wy = pwelch(y ; nargout = 2);
figure();
plot(wx/pi,20*log10.(pxx),wy/pi,20*log10.(pyy))
legend(["Original sequence", "Filtered sequence"]; loc="southwest");
xlabel("Normalized Frequency * pi rad/sample");
ylabel("Power/frequency (dB/rad/sample)");
title("Welch Power Spectral Density Estimate");
grid("on")
```

绘制的图像如图 5-52 所示。

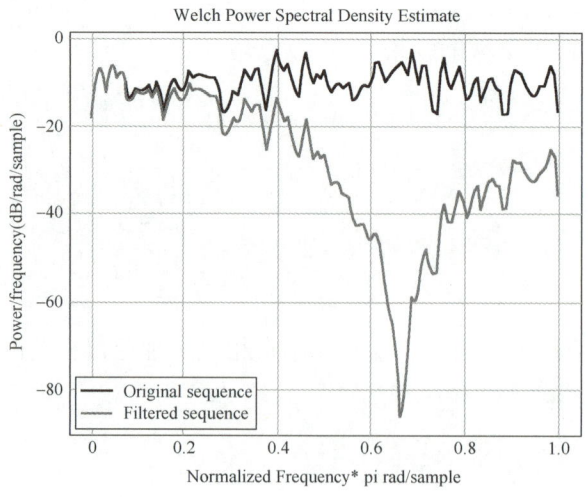

图 5-52　原始信号和滤波信号的 Welch 功率谱密度估计

5.2.12 两个移动平均过程的互相关

以下示例说明如何查找和绘制两个移动平均过程之间的互相关序列，并将样本互相关与理论互相关进行比较。筛选 $N(0,1)$ 白噪声输入，创建两个不同的移动平均滤波器，绘制样本互相关和理论互相关序列。

创建一个 $N(0,1)$ 白噪声序列。随机数生成器采用默认设置，以获得可重现的结果。创建两个移动平均滤波器，其中一个滤波器具有脉冲响应 $\delta(n)+\delta(n-1)$，另一个滤波器具有脉冲响应 $\delta(n)-\delta(n-1)$。

```
using TyCommunication
using TyMath
using TyStatistics
using TySignalProcessing
using TyPlot
w = randn(100,1);
x, = filter1([1 1],1,w);
y, = filter1([1 -1],1,w);
```

获得滞后 20 的样本互相关序列。绘制样本互相关与理论互相关图。

```
xc,lags = xcorr(x,y;maxlag=20,scale="biased");

Xc = zeros(size(xc));
Xc[20] = -1;
Xc[22] = 1;

stem(lags,xc,filled=true)
hold("on")
stem(lags,Xc,linefmt=":",linewidth=2)

legend(["Sample cross-correlation", "Theoretical cross-correlation"]; loc="northwest",fontsize=9)
```

绘制的图像如图 5-53 所示。

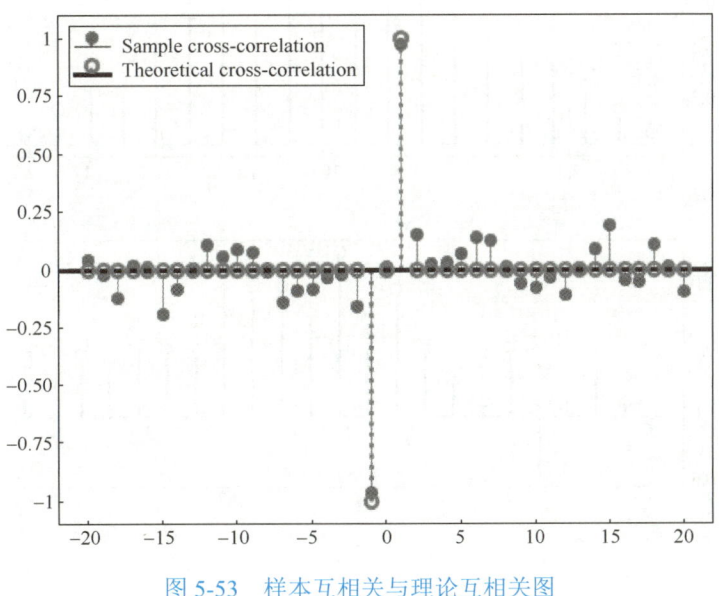

图 5-53　样本互相关与理论互相关图

理论互相关在滞后-1 时为-1，在滞后 1 时为 1，在其他所有滞后时为 0。样本互相关近似为理论互相关。

正如预期的那样，理论互相关和样本互相关并不完全一致。在滞后-1 和滞后 1 时，样本互相关确实准确地表示了理论互相关序列值的符号和大小。

5.2.13 噪声中延迟信号的互相关

以下示例说明如何使用互相关序列来检测被噪声破坏的序列中的时间延迟。输出序列是加性高斯白噪声的输入序列的延迟版本。创建两个序列，其中一个序列是另一个序列的延迟版本。延迟为 3 个样本。对延迟信号加 $N(0,0.3^2)$ 的白噪声。使用样本互相关序列检测滞后。

创建并绘制信号。随机数生成器采用默认设置，以获得可重现的结果。

```
using TyPlot
using Random
using TyStatistics
using TySignalProcessing
x = triang(20)
y = vcat(zeros(3), x) + 0.3 * randn(length(x) + 3)

# 创建子图
subplot(2,1,1)
plot1 = stem(x)
ylims=(-1, 2)

subplot(2,1,2)
plot2 = stem(y)
ylims=(-1, 2)
```

绘制的图像如图 5-54 所示。

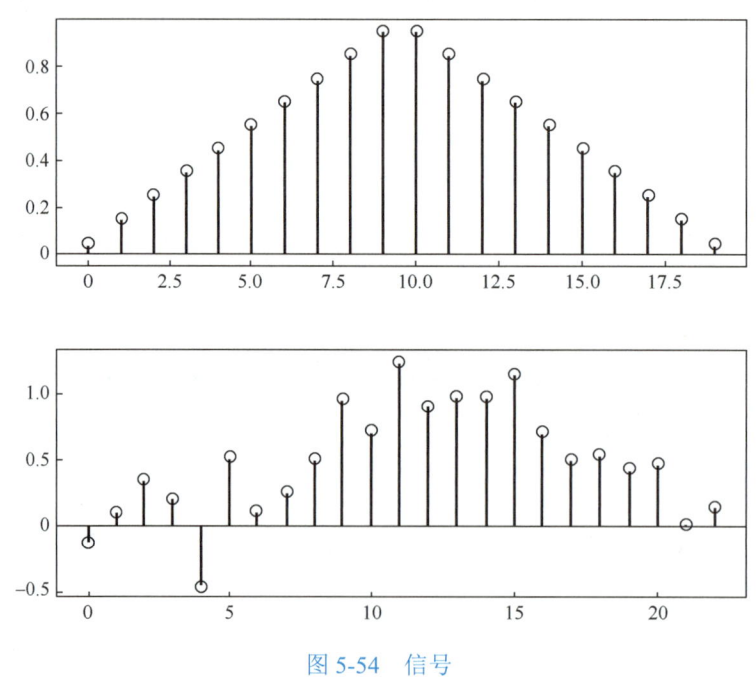

图 5-54　信号

获得样本互相关序列，用最大绝对值估计滞后时间。绘制样本互相关序列。正如预期的那样，最大互相关序列值出现在滞后 3 处。

```
# 计算样本互相关序列
xc, lags = xcorr(y, x)
I = argmax(abs.(xc))

# 绘制样本互相关序列
figure()
stem(lags, xc;markerfmt="o", markerfacecolor="blue", markeredgecolor="black")
title("Cross-correlation")
hold("on")
stem([lags[I]], [xc[I]])
```

绘制的图像如图 5-55 所示。

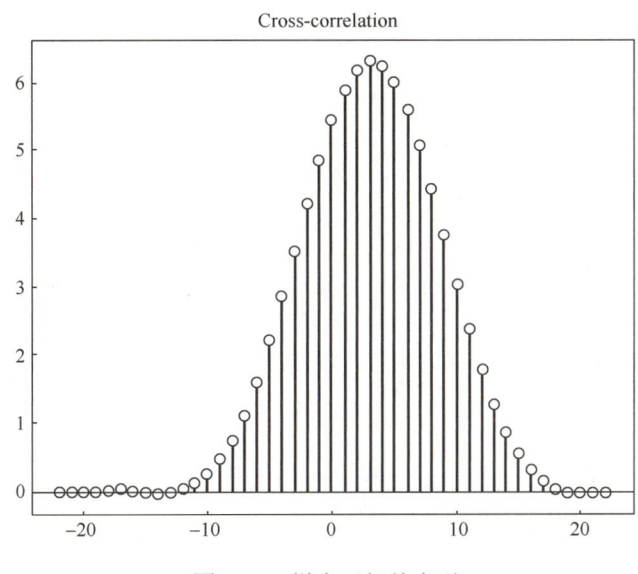

图 5-55　样本互相关序列

5.2.14　相位滞后正弦波的互相关

以下示例说明如何使用互相关序列估计两个正弦波之间的相位滞后。相同频率的两个正弦波的理论互相关序列也在该频率下振荡。由于样本互相关序列在滞后较大时使用的样本越来越少，因此样本互相关序列也以相同的频率振荡，但幅度随着滞后的增大而衰减。

产生两个频率为 $2\pi/10\mathrm{rad/sample}$ 的正弦波。一个正弦波的起始相位为 0，另一个正弦波的起始相位为 $-\pi$ rad。加 $N(0,0.25^2)$ 正弦波的白噪声，相位滞后 π rad。随机数生成器采用默认设置，以获得可重现的结果。

```
using Random
using TyPlot
using TyStatistics

# 设定随机数种子
Random.seed!(1234) # 这个种子是任意选择的，可能与 MATLAB 的默认设置不同

# 生成时间向量和两个正弦波
t = 0:99
x = cos.(2 * π * 1/10 * t)
y = cos.(2 * π * 1/10 * t .- π) + 0.25 * randn(length(t))

# 计算两个信号的互相关序列
```

```
c, lags = xcorr(y, x, maxlag=20, scale="normalized")

# 使用 TyPlot 的 stem 函数绘制互相关序列
TyPlot.stem(lags, c)
vcrit = sqrt(2) * erfinv(0.95)
lconf = -vcrit / sqrt(L)
uconf = vcrit / sqrt(L)
```

绘制的图像如图 5-56 所示。

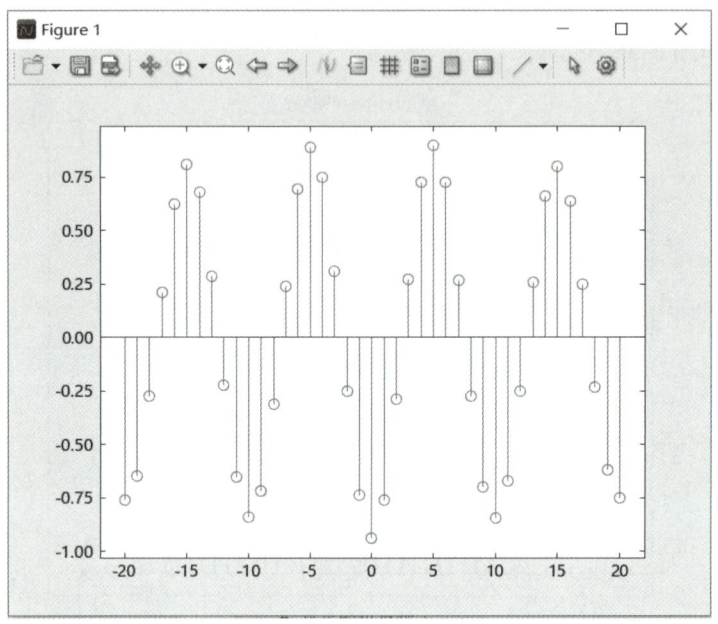

图 5-56　互相关序列

从图 5-56 中可以看出，正如预期的那样，互相关序列在滞后 5 处达到峰值，并在 10 个样本的周期内振荡。

5.2.15　线性卷积和循环卷积

以下示例说明如何建立线性卷积与循环卷积之间的等效性。尽管线性卷积和循环卷积在本质上有所区别，但在特定条件下，它们可以被视为等效。这种等效性的建立对于信号处理领域具有重要的意义。具体来说，对于两个序列 x 和 y，它们的循环卷积可以通过对它们的 DFT 的乘积进行逆 DFT 来得到。掌握线性卷积与循环卷积等效的条件，可以让我们利用 DFT 高效地计算线性卷积。

设有两个序列，序列 x 包含 N 个点，序列 y 包含 L 个点，它们的线性卷积长度为 $N+L-1$。

为了使循环卷积与线性卷积等效，需要在执行 DFT 之前对序列进行零填充，使得序列长度至少为 $N+L-1$。在计算完 DFT 乘积的逆 DFT 后，只需保留前 $N+L-1$ 个结果，即可得到等效的线性卷积。

下面创建两个序列 x 和 y，并计算它们的线性卷积。用 0 填充两个序列，使序列长度为 4+3-1。求出两个向量的 DFT，将其相乘，并求其乘积的逆 DFT。

```
using MAT
using TyPlot
```

```
using TySignalProcessing
using TyMath

x = [2, 1, 2, 1];
y = [1, 2, 3];
clin = conv(x,y);

xpad = [x; zeros(6 - length(x), 1)]
ypad = [y; zeros(6 - length(y), 1)]
ccirc = ifft(fft(xpad).*fft(ypad));
```

在进行了零填充处理后，向量 xpad 与 ypad 的循环卷积和向量 x 与 y 的线性卷积等效。由于输出长度为 4+3-1，因此我们保留 ccirc 的所有元素。

接下来，绘制线性卷积的输出和 DFT 乘积的逆 DFT，以直观展示二者的等效性。

```
subplot(2,1,1)
stem(clin; filled=true)
ylim([0 11])
title("Linear Convolution of x and y")

subplot(2,1,2)
stem(ccirc; filled=true)
ylim([0 11])
title("Circular Convolution of xpad and ypad")
```

绘制的图像如图 5-57 所示。

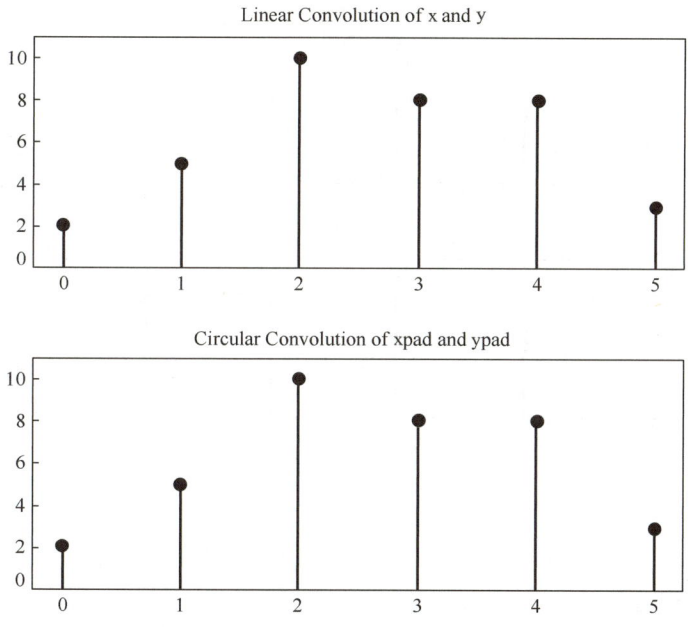

图 5-57 线性卷积的输出和 DFT 乘积的逆 DFT

为了确保循环卷积与线性卷积等效，我们将向量 x 和 y 填充至长度为 12。通过计算这两个填充向量的 DFT 的乘积，并对其执行逆 DFT，可以得到循环卷积的结果。在这个过程中，仅保留前 4+3-1 个元素，以生成与线性卷积相同长度的结果。可以使用 cconv 函数来计算两个向量的循环卷积。以下示例演示如何使用循环卷积来求 x 和 y 的线性卷积。

```
N = length(x) + length(y) - 1;
xpad = [x; zeros(12 - length(x), 1)];
```

```
ypad = [y; zeros(12 - length(y), 1)];
ccirc = ifft(fft(xpad).*fft(ypad));
ccirc1 = ccirc[1:N];
ccirc2 = cconv(x,y,6);

figure(2)
subplot(3,1,1)
stem(ccirc; filled=true)
ylim([0 11])

subplot(3,1,2)
stem(ccirc1; filled=true)
ylim([0 11])

subplot(3,1,3)
stem(ccirc2; filled=true)
ylim([0 11])
```

绘制的图像如图 5-58 所示。

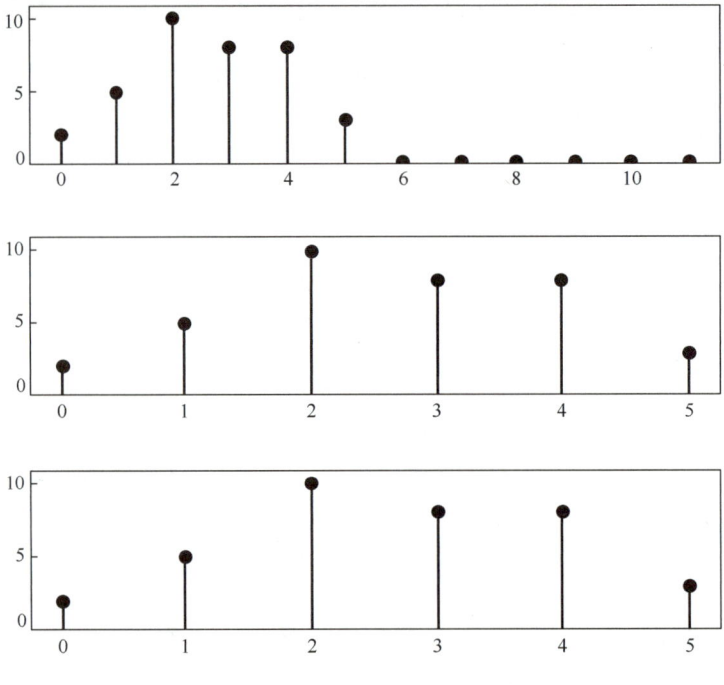

图 5-58　计算两个向量的循环卷积

第 6 章
数字和模拟滤波器

滤波器在数字信号处理中起着至关重要的作用，它们被广泛应用于信号处理、通信、音频处理及许多其他领域。本章将介绍如何设计、分析和实现 IIR 滤波器、FIR 滤波器（如低通滤波器、高通滤波器和带阻滤波器），并展示如何可视化滤波器的幅度响应、相位响应、群延迟、脉冲响应和阶跃响应等指标，以及评价滤波器的性能。另外，本章还会介绍模/数滤波器转换的常用方法。

通过本章学习，读者可以了解（或掌握）：
- ❖ 数字滤波器设计。
- ❖ 数字滤波器分析。
- ❖ 数字滤波。
- ❖ 多采样频率信号处理。
- ❖ 模拟滤波器。

6.1 数字滤波器设计

6.1.1 函数

数字滤波器包括 IIR、FIR、加窗、等波纹、最小二乘、巴特沃斯、切比雪夫、椭圆、脉冲整形等滤波器。

数字滤波器设计函数包括 IIR 滤波器设计函数、FIR 滤波器设计函数及滤波器实用工具函数。

IIR 滤波器设计函数如表 6-1 所示。

表 6-1 IIR 滤波器设计函数

函数名	简介
butter	巴特沃斯滤波器设计
buttord	巴特沃斯滤波器阶数和截止频率
cheby1	切比雪夫 I 型滤波器设计
cheb1ord	切比雪夫 I 型滤波器阶数
cheby2	切比雪夫 II 型滤波器设计
cheb2ord	切比雪夫 II 型滤波器阶数
designfilt	设计数字滤波器
ellip	椭圆滤波器设计
ellipord	椭圆滤波器最小阶数
yulewalk	递归数字滤波器设计

FIR 滤波器设计函数如表 6-2 所示。

表 6-2 FIR 滤波器设计函数

函数名	简介
cfirpm	复杂非线性相位等波纹 FIR 滤波器设计
designfilt	设计数字滤波器
fir1	基于窗函数的 FIR 滤波器设计
fir2	基于频率采样的 FIR 滤波器设计
fircls	约束最小二乘 FIR 多带滤波器设计
fircls1	约束最小二乘线性相位 FIR 低通和高通滤波器设计
firls	最小二乘线性相位 FIR 滤波器设计
firpm	Parks-McClellan 最佳 FIR 滤波器设计
firpmord	Parks-McClellan 最优 FIR 滤波器阶数估计
gaussdesign	高斯 FIR 脉冲整形滤波器设计
intfilt	插值 FIR 滤波器设计
kaiserord	Kaiser 窗 FIR 滤波器设计估计参数
maxflat	广义数字巴特沃斯滤波器设计
rcosdesign	升余弦 FIR 脉冲整形滤波器设计
sgolay	Savitzky-Golay 滤波器设计

滤波器实用工具函数如表 6-3 所示。

表 6-3　滤波器实用工具函数

函数名	简介
digitalFilter	数字滤波器
double	数字滤波器的系数可达到双精度
dspfwiz	使用实现模型创建 Simulink 滤波器块面板
filt2block	生成 Simulink 滤波器块
info	数字滤波器信息
isdouble	确定数字滤波器系数是否为双精度
issingle	确定数字滤波器系数是否为单精度
polyscale	多项式的尺度根
polystab	稳定多项式
scaleFilterSections	具有标度值的标度级联传递函数
single	将数字滤波器的系数转换为单精度

```
# 在 MWORKS 中设计 FIR 低通滤波器的示例
using Pkg
using DSP
using Statistics
using TyMath
using MAT
using TyPlot
using TySignalProcessing

# 滤波器参数
Fs = 500;
N = 500;
Fnorm = 75 / (Fs / 2);
FilterOrder = 70;

# 设计滤波器
# 假设 MWORKS 中没有 designfilt 函数，使用 Hamming 窗来设计 FIR 滤波器
function hammingWindow = createHammingWindow(M)
    hammingWindow = 0.54 - 0.46 * cos(2 * pi * range(0, M - 1) / (M - 1));
end

hammingWindow = hamming(FilterOrder + 1);
# 计算归一化截止频率对应的 DFT 点数
k = round(Fnorm * (FilterOrder + 1));
# 生成低通滤波器的系数
if k > 0

    h = [zeros(1, k), hammingWindow(1, FilterOrder + 1 - k), zeros(1, k)]
else
    h = hammingWindow
end

# 应用滤波器
x = ecg(N) + 0.25 * randn(N, 1);
y = filter(h, 1, x);
#
# 绘图比较
t = range(0, N - 1) / Fs;
subplot(2, 1, 1);
TyPlot.plot(t, x);
```

```
title(["Original Noisy Signal"]);
xlabel("Time (s)");
ylabel("Amplitude");

subplot(2, 1, 2);
TyPlot.plot(t, y);
title("Filtered Signal");
xlabel("Time (s)");
ylabel("Amplitude");
```

6.1.2 IIR 滤波器设计

IIR 滤波器设计工具箱提供的主要 IIR 滤波器设计方法是将经典低通模拟滤波器转换为等效的数字滤波器。以下各节说明如何设计滤波器，并总结了支持的滤波器类型的特征。在默认情况下，这些函数都返回低通滤波器，用户只需指定所需的截止频率 Wn，以归一化单位表示（使奈奎斯特频率为 1Hz）即可。要获得高通滤波器，需要将 high 附加到函数的参数列表中。要获得带通或带阻滤波器，需要将 Wn 指定为包含通带边缘频率的二元素向量，为带阻配置追加 stop。

TySignalProcessing 函数库中提供了一系列函数用于 MATLAB 样式的 IIR 滤波器设计。在下面的示例中，butter 函数用于巴特沃斯滤波器设计。b,a = butter(5,0.4)设计了一个 5 阶巴特沃斯滤波器，其截止频率为奈奎斯特频率的 4/10，返回巴特沃斯滤波器的分子多项式 b 和分母多项式 a。由于没有指定滤波器的类型，因此默认为低通滤波器。类似地，cheby1 函数用于切比雪夫 I 型滤波器设计，cheby2 函数用于切比雪夫 II 型滤波器设计，ellip 函数用于椭圆滤波器设计。可以通过参数指定滤波器类型，bandpass 指定滤波器为带通滤波器。

以下是数字滤波器设计示例。

```
using TyPlot
using TySignalProcessing
using TyBase
using TyMath

b,a = butter(5,0.4);
b,a = cheby1(4,1,[0.4 0.7],"bandpass");
b,a = cheby2(6,60,0.8,"highpass");
b,a = ellip(3,1,60,[0.4 0.7],"bandstop");
```

所有滤波器设计函数都会返回一个以传递函数、零极点增益或状态空间线性系统模型形式表示的滤波器，具体形式取决于存在多少输出参数。

IIR 滤波器设计工具箱还提供了阶选择函数，用于计算满足一组给定要求的最小滤波器阶数，它们在与滤波器设计函数结合使用时非常有用。假设用户需要一个具有以下设定的带通滤波器：通带为 1000Hz 至 2000Hz，阻带从通带两侧外 500Hz 处开始，采样频率为 10kHz，通带波纹至多为 1dB，阻带衰减至少为 60dB。可以使用 butter 函数来满足这些设定。

```
n,Wn = buttord([1000 2000]/5000,[500 2500]/5000,1,60)
b, a = butter(n, Wn, "bandpass")
print(n)
print(Wn)
```

结果如下：

```
12[0.1951018189233377    0.4080428674148761]
```

满足相同要求的椭圆滤波器如下：

```
n,Wn = ellipord([1000 2000]/5000,[500 2500]/5000,1,60)
b,a = ellip(n,1,60,Wn);
print(n)
print(Wn)
```

结果如下：

```
5
[0.2   0.4]
```

IIR 滤波器设计工具箱提供了 5 种不同类型的经典 IIR 滤波器，它们各有所长。本节显示了每种滤波器的基本模拟原型形式，并总结了其主要特征。

巴特沃斯滤波器提供了理想低通滤波器在模拟频率 $\Omega=0$ 和 $\Omega=\infty$ 处的响应的最佳泰勒级数逼近。实现巴特沃斯滤波器的代码如下：

```
z,p,k = buttap(5);
w = logspace(-1,1,1000);
h = freqs(k*poly(z),poly(p),w);
figure()
semilogx(w,abs.(h[1]))
grid("on")
xlabel("Frequency (rad/s)")
ylabel("Magnitude")
```

绘制的图像如图 6-1 所示。

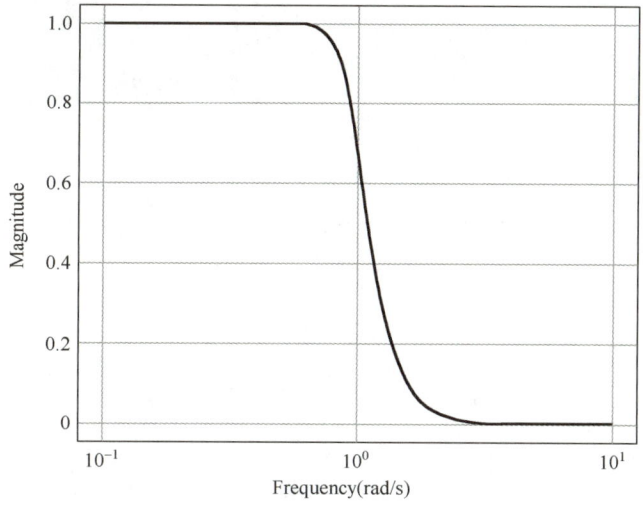

图 6-1　巴特沃斯滤波器的幅频响应

切比雪夫 I 型滤波器从通带到阻带的过渡比巴特沃斯滤波器更快。实现切比雪夫 I 型滤波器的代码如下：

```
z,p,k = cheb1ap(5,0.5);
w = logspace(-1,1,1000);
h = freqs(k*poly(z),poly(p),w);
figure()
semilogx(w,abs.(h[1]))
grid("on")
xlabel("Frequency (rad/s)")
ylabel("Magnitude")
```

绘制的图像如图 6-2 所示。

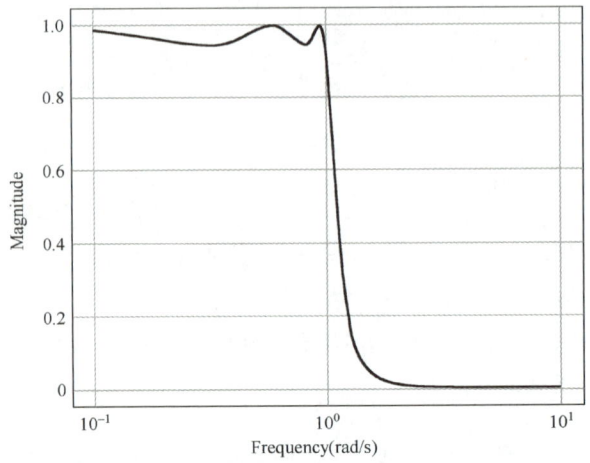

图 6-2　切比雪夫 I 型滤波器的幅频响应

切比雪夫 II 型滤波器的阻带不像切比雪夫 I 型滤波器那样快地逼近零（对于偶数滤波器阶 n，则根本不会逼近零）。它的优势在于通带中没有波纹。实现切比雪夫 II 型滤波器的代码如下：

```
z,p,k = cheb2ap(5,20);
w = logspace(-1,1,1000)
h = freqs(k*poly(z),poly(p),w);
figure()
semilogx(w,abs.(h[1]))
grid("on")
xlabel("Frequency (rad/s)")
ylabel("Magnitude")
```

绘制的图像如图 6-3 所示。

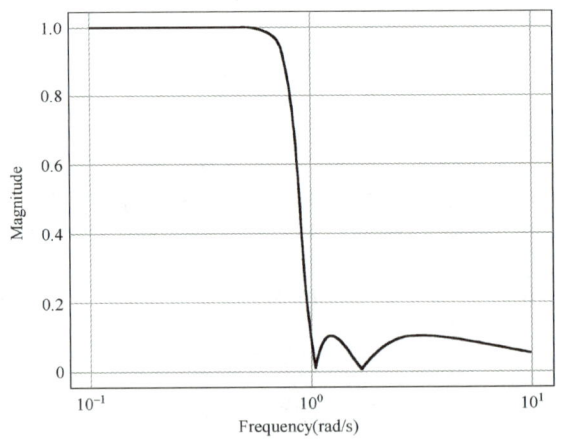

图 6-3　切比雪夫 II 型滤波器的幅频响应

椭圆滤波器在通带和阻带中均采用等波纹，与其他所有滤波器相比，它们通常能够以最低阶满足指标要求。在给定滤波器阶数 n、以分贝为单位的通带波纹 Rp 和阻带波纹 Rs 的情况下，椭圆滤波器可以使过渡宽度最小。实现椭圆滤波器的代码如下：

```
z,p,k = ellipap(5,0.5,20);
w = logspace(-1,1,1000)
```

```
h = freqs(k*poly(z),poly(p),w);
figure()
semilogx(w,abs.(h[1]))
grid("on")
xlabel("Frequency (rad/s)")
ylabel("Magnitude")
```

绘制的图像如图 6-4 所示。

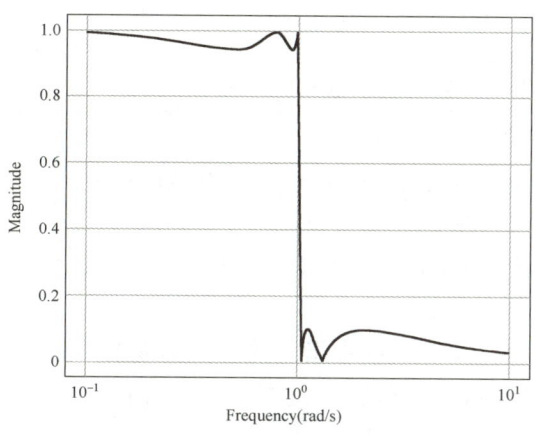

图 6-4　椭圆滤波器的幅频响应

贝塞尔模拟低通滤波器在零频率处具有最大平坦度的群延迟，并且在整个通带内保持几乎恒定的群延迟。因此，滤波后的信号在通带频率范围内保持其波形。相比其他滤波器，贝塞尔模拟低通滤波器通常需要更高的阶数才能获得理想的阻带衰减。实现贝塞尔模拟低通滤波器的代码如下：

```
z,p,k = besselap(5);
w = logspace(-1,1,1000)
h = freqs(k*poly(z),poly(p),w);
figure()
semilogx(w,abs.(h[1]))
grid("on")
xlabel("Frequency (rad/s)")
ylabel("Magnitude")
```

绘制的图像如图 6-5 所示。

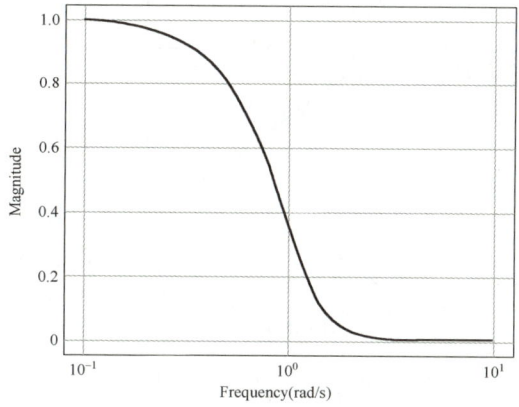

图 6-5　贝塞尔模拟低通滤波器的幅频响应

6.1.3　FIR 滤波器设计

滤波器在数字信号处理中起着至关重要的作用，它们被广泛应用于信号处理、通信、音频处理及许多其他领域。本节将介绍如何设计、分析和实现 FIR 滤波器。

在 Syslab 函数库 TySignalProcessing 中提供了 fir1 函数，用于实现基于窗函数的滤波器设计，其语法如下：

```
b = fir1(n,Wn)
b = fir1(n,Wn,ftype)
b = fir1(___,window)
b = fir1(___,scaleopt = value)
```

其中，b = fir1(n,Wn) 使用 Hamming 窗设计具有线性相位的 n 阶低通、带通或多频带 FIR 滤波器。滤波器类型取决于 Wn 的元素数量。

b = fir1(n,Wn,ftype) 根据 ftype 的值和 Wn 的元素数量设计低通、高通、带通、带阻或多带滤波器。

b = fir1(___,window) 使用 window 中指定的向量和先前语法中的任何参数设计滤波器。

b = fir1(___,scaleopt = value) 另外指定是否对滤波器的幅度响应进行归一化。

设计一个通带为 $0.35\pi \leq \omega \leq 0.65\pi$ rad/sample 的 48 阶 FIR 带通滤波器，可视化其幅度响应和相位响应。

```
using TySignalProcessing
b = fir1(48, [0.35 0.65])
freqz(b, [1],512,plotfig = true)
```

绘制的图像如图 6-6 所示。

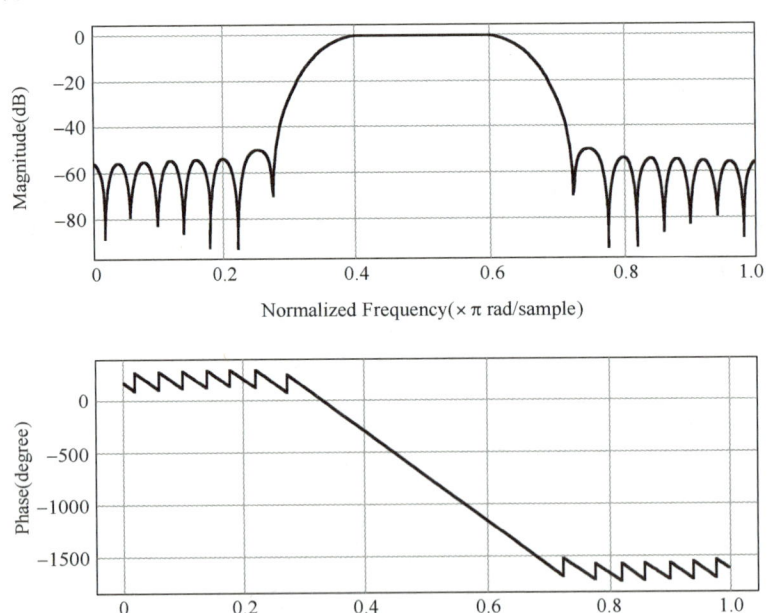

图 6-6　FIR 带通滤波器的幅度响应和相位响应

加载 chirp.mat 文件，该文件中包含一个信号 y，其大部分频率高于 Fs/4 或奈奎斯特频率的一半。采样频率为 8192Hz。设计一个 34 阶 FIR 高通滤波器，以衰减频率低于 Fs/4 的信号分量。使用 0.48Hz 的截止频率和具有 30dB 纹波的切比雪夫窗。

```
using TyPlot
using TyMath
using TySignalProcessing
using TyDSPSystem
pkg_dir = pkgdir(TySignalProcessing)
source_path = pkg_dir * "chirp.mat"
mfr = dsp_MatFileReader(Filename = source_path, VariableName = "y", SamplesPerFrame = 13129)
y = step(mfr)
mtlb = vec(y)
Fs = 8192
t = [(0:length(y)-1) / Fs...]
bhi = fir1(34, 0.48, "highpass", chebwin(35, 30))
```

绘制的图像如图 6-7 所示。

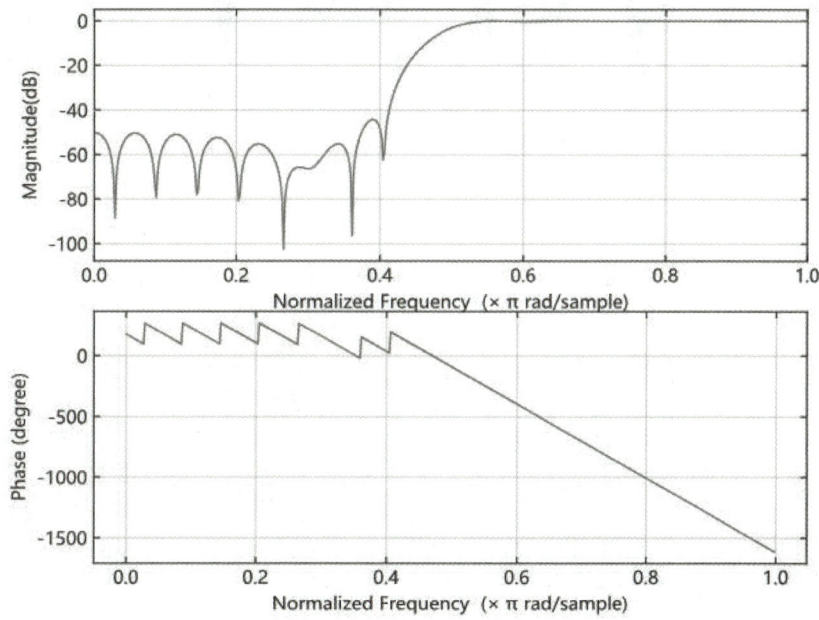

图 6-7　FIR 高通滤波器的幅度响应和相位响应

过滤信号。显示原始信号和高通滤波信号，对两个图使用相同的 y 轴比例。

```
outhi, = filter1(bhi, [1], y)
figure()
subplot(2, 1, 1)
plot(t, y)
title("Original Signal")
ys = ylim()
subplot(2, 1, 2)
plot(t, outhi)
title("Highpass Filtered Signal")
xlabel("Time (s)")
ylim(ys)
```

绘制的图像如图 6-8 所示。

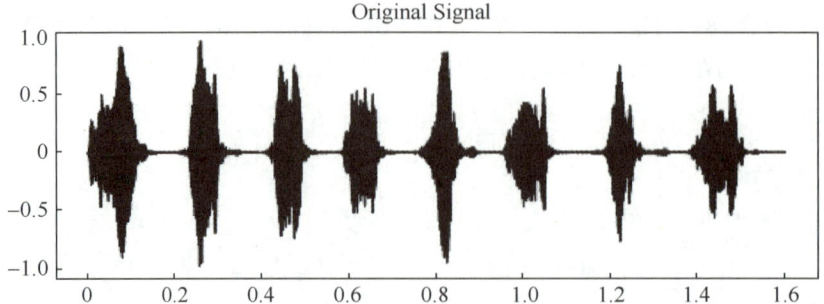
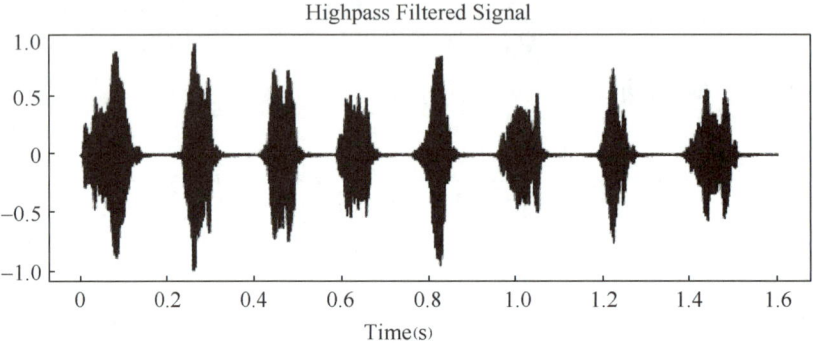

图 6-8　显示原始信号和高通滤波信号

设计一个具有相同规格的低通滤波器，过滤信号并将结果与原始信号进行比较，对两个图使用相同的 y 轴比例。

```
blo = fir1(34, 0.48, chebwin(35, 30))
outlo, = filter1(blo, [1], y)
figure()
subplot(2, 1, 1)
plot(t, y)
title("Original Signal")
ys = ylim()
subplot(2, 1, 2)
plot(t, outlo)
title("Lowpass Filtered Signal")
```

绘制的图像如图 6-9 所示。

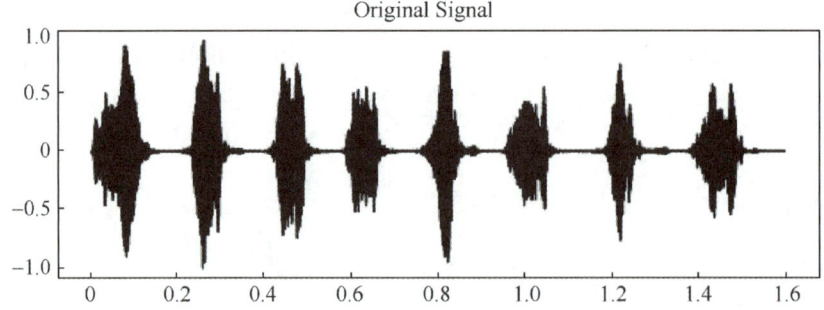

图 6-9　显示原始信号和低通滤波信号

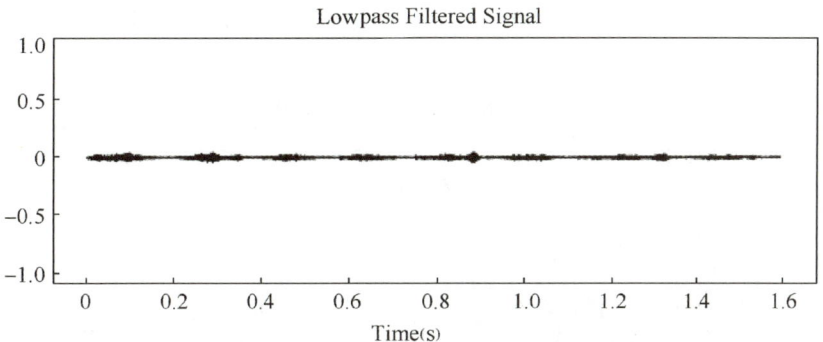

图 6-9　显示原始信号和低通滤波信号（续）

多频带 FIR 滤波器：设计一个 46 阶 FIR 滤波器，衰减低于 0.4π rad/sample 和介于 0.6π 和 0.9π rad/sample 之间的归一化频率，称该频率为 bM。

```
using TyPlot
using TySignalProcessing

ord = 46
low = 0.4
bnd = [0.6 0.9]
bM = fir1(ord,[low bnd])
```

重新设计 bM 使其通过它正在衰减的频段并停止其他频率。调用新滤波器 bW，显示滤波器的频率响应。

```
bW = fir1(ord,[low bnd],"DC-1")
fvtool(bM, 1, bW, 1, Analysis = "magnitude")
legend(["bM","bW"])
```

绘制的图像如图 6-10 所示。

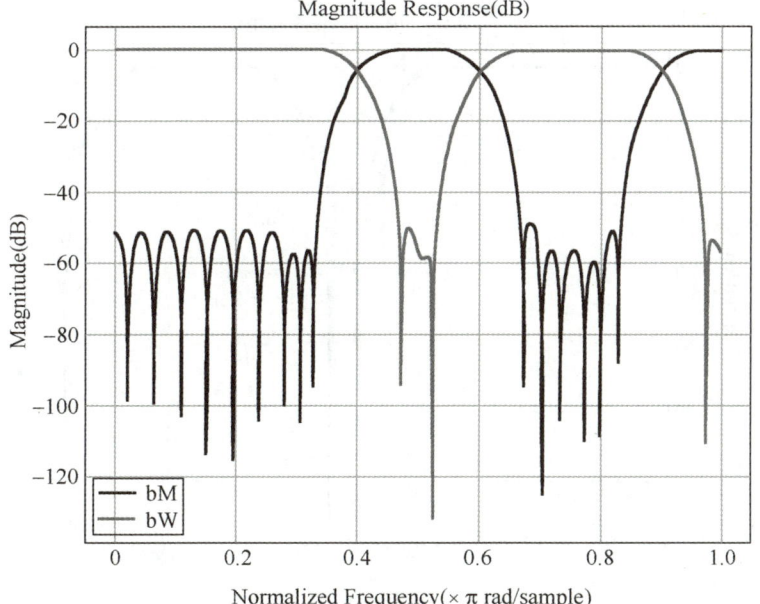

图 6-10　显示滤波器的频率响应

使用 Hann 窗重新设计 bM（"DC-0"是可选的）。比较 Hamming 和 Hann 设计的幅度响应，如图 6-11 所示。

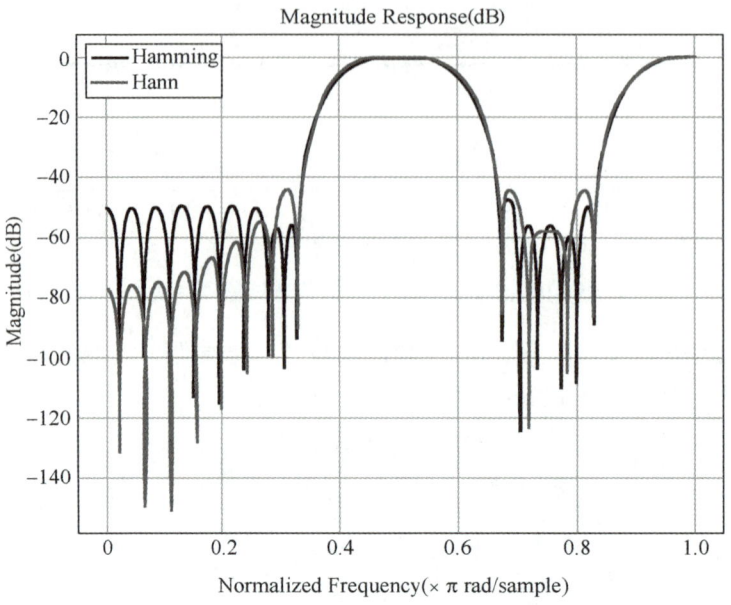

图 6-11　比较 Hamming 和 Hann 设计的幅度响应

使用 Tukey 窗重新设计 bW。比较 Hamming 和 Tukey 设计的幅度响应，如图 6-12 所示。

```
tW = fir1(ord,[low bnd],"DC-1",tukeywin(ord+1))
figure()
fvtool(bW, 1, tW, 1, Analysis = "magnitude")
legend(["Hamming", "Tukey"])
```

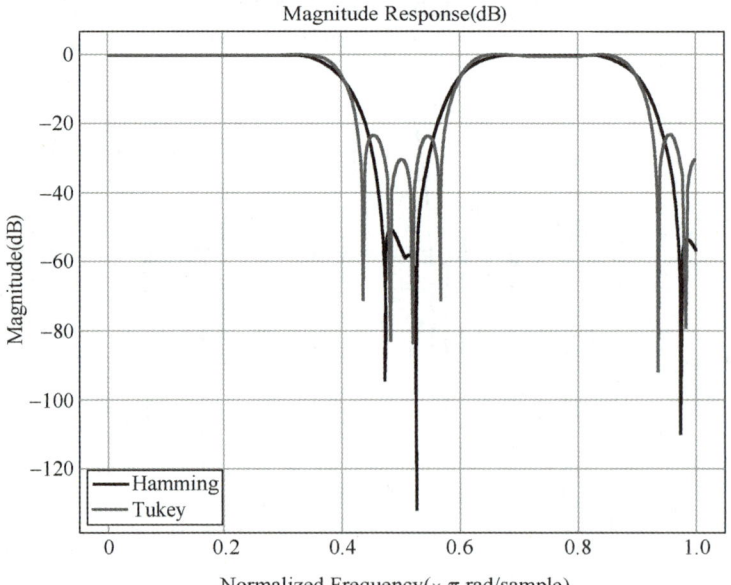

图 6-12　比较 Hamming 和 Tukey 设计的幅度响应

6.2 数字滤波器分析

6.2.1 函数

数字滤波器分析使用到的 MWORKS 函数如表 6-4 所示。

表 6-4 数字滤波器分析使用到的 MWORKS 函数

函数名	简介
freqz	数字滤波器的频率响应
fvtool	将数字滤波器可视化
grpdelay	平均数字滤波器延迟（群延迟）
phasez	数字滤波器的相位响应
phasedelay	数字滤波器的相位延迟
zerophase	数字滤波器的零相位响应
zplane	离散系统的零极点图

群延迟是数字滤波器的平均时间延迟随频率变化的度量。群延迟定义为数字滤波器相位响应的负一阶导数。如果数字滤波器的复频响应为 $H(e^{j\omega})$，$H(e^{j\omega}) = \left| H(e^{j\omega}) \right| e^{j\theta(\omega)}$，则群延迟为

$$\tau_g(\omega) = -\frac{d\theta(\omega)}{d\omega}$$

使用 grpdelay 函数计算数字滤波器的群延迟。例如，验证线性相位 FIR 滤波器的群延迟是否为滤波器阶数的一半。

```
using TySignalProcessing
using TyPlot
using TyMath

# Sample rate
fs = 2000

# Design a FIR filter using the window method
b = fir1(20, 200 / (fs / 2))

# Check if the filter is linear phase
println("Is linear phase: ", islinphase(b))
```

结果如下：

```
Is linear phase: true
# Compute the group delay for the FIR filter
grpdelay(b,[1],fs, plotfig = true)
```

绘制的图像如图 6-13 所示。

数字滤波器的相位延迟定义为相位的负值除以频率，即

$$T_p(\omega) = -\frac{\theta(\omega)}{\omega}$$

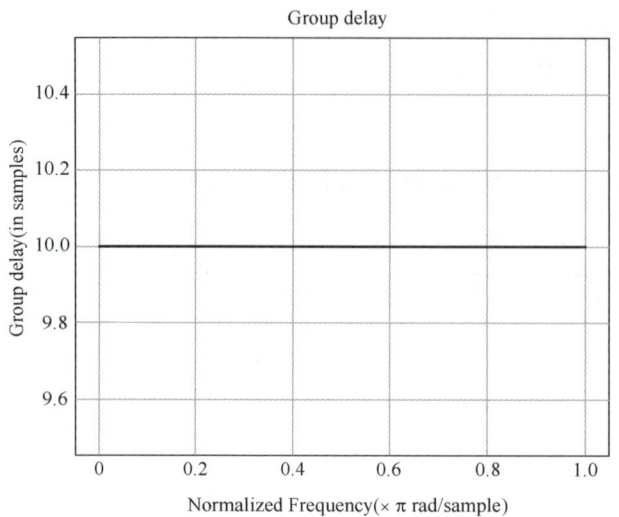

图 6-13　使用 grpdelay 函数计算数字滤波器的群延迟

使用相位延迟函数计算数字滤波器的相位延迟。对于上例中的线性相位 FIR 滤波器，相位延迟等于群延迟。

```
figure()
# Compute the phase delay for the FIR filter
phasedelay(b,[1],fs, plotfig = true)
```

绘制的图像如图 6-14 所示。

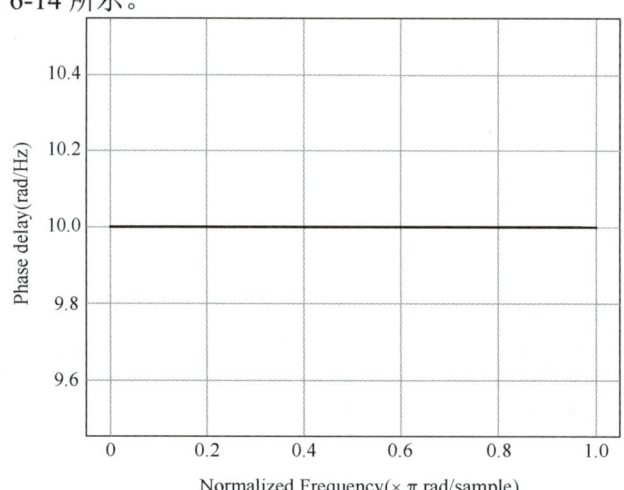

图 6-14　使用相位延迟函数计算数字滤波器的相位延迟

绘制 5 阶巴特沃斯低通滤波器的群延迟和相位延迟，如图 6-15、图 6-16 所示。

```
# Design a Butterworth filter
b, a = butter(5, 200 / (fs / 2))

# Compute the group delay for the Butterworth filter
gd_butter = grpdelay(b, a, plotfig = true)
```

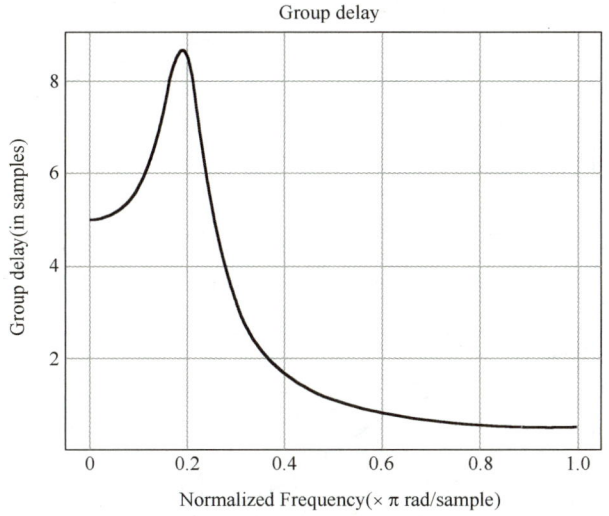

图 6-15　5 阶巴特沃斯低通滤波器的群延迟

```
figure()
# Compute the phase delay for the Butterworth filter
pd_butter = phasedelay(b, a, plotfig = true)
```

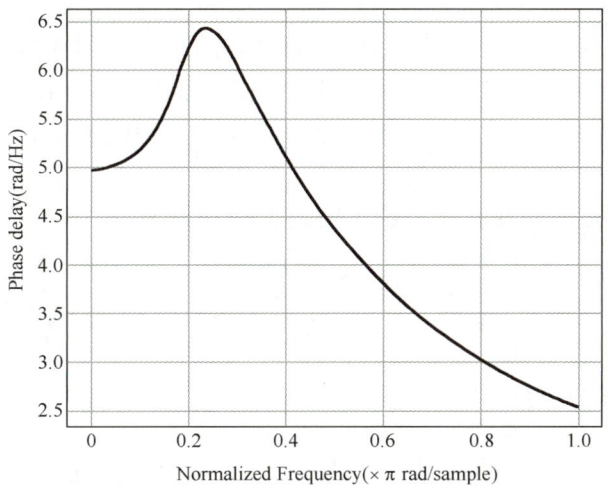

图 6-16　5 阶巴特沃斯低通滤波器的相位延迟

6.2.2　相位响应

在给定频率响应的情况下，abs 函数返回幅度，angle 函数返回以弧度为单位的相位角。滤波器的截止频率为 400Hz，采样频率为 2000Hz。设计一个 9 阶巴特沃斯低通滤波器，绘制 9 阶巴特沃斯低通滤波器的幅度响应和相位响应。

```
fc = 400
fs = 2000
b, a = butter(9, fc / (fs / 2))
freqz(b, a; plotfig = true)
```

绘制的图像如图 6-17 所示。

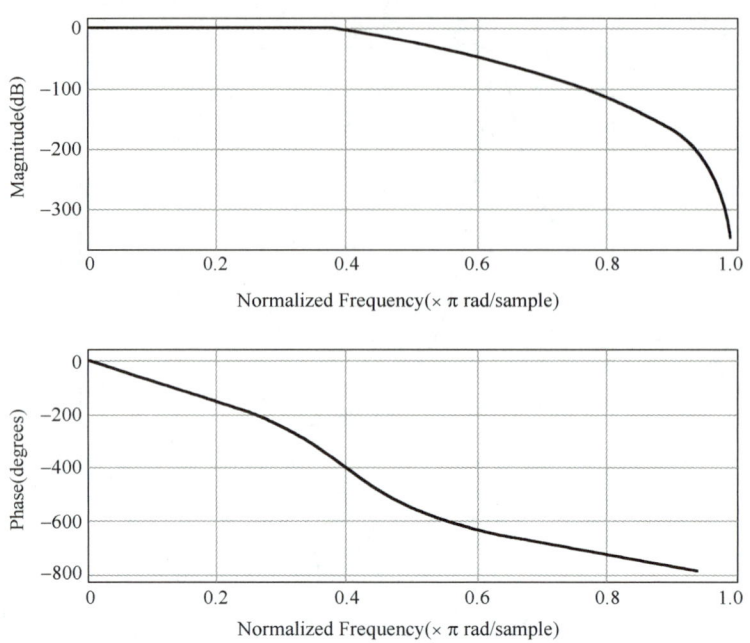

图 6-17　9 阶巴特沃斯低通滤波器的幅度响应和相位响应

在截止频率（400Hz）以下，幅度保持较高且相对平坦，信号能较好地通过滤波器。在截止频率以上，幅值迅速下降，高频成分被显著衰减。在通带内，相位响应接近线性，这意味着信号通过滤波器时，相位失真较小。随着频率的增加，相位逐渐减小，信号在通过滤波器时会有延迟。

设计一个 25 阶 FIR 低通滤波器，使用 freqz 函数获得频率响应，并以度为单位绘制相位。

```
h = fir1(25,0.4);
H,f = freqz(h,1,512,2);
figure(6)
plot(f,angle.(H)*180/pi)
```

绘制的图像如图 6-18 所示。

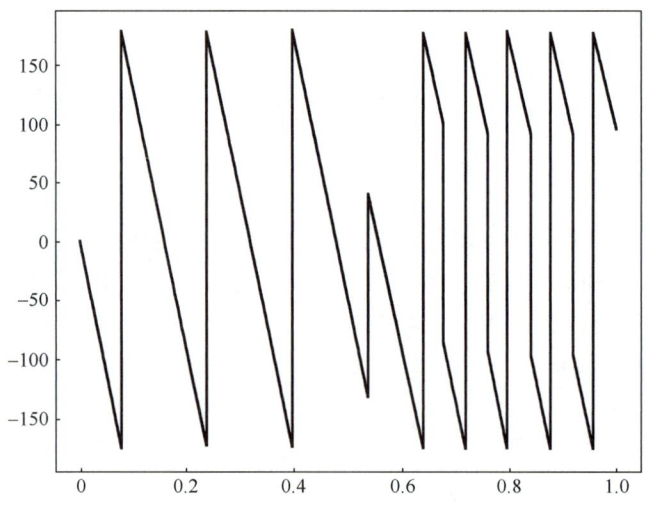

图 6-18　25 阶 FIR 低通滤波器的相位

从图 6-18 中可以看出，很难将 360°跳跃（由 angle 中反正切函数的定义导致）与 180°跳跃（表示频率响应为零）区分开。使用 unwrap 函数可去除 360°跳跃。

```
figure(7)
plot(f,unwrap(angle.(H))*180/pi)
```

绘制的图像如图 6-19 所示。

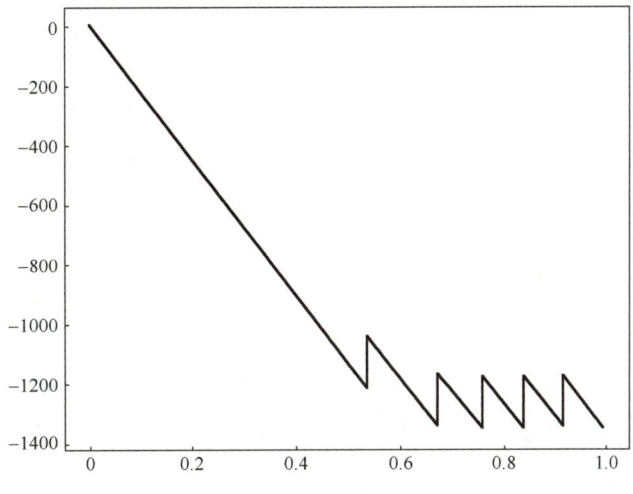

图 6-19　去除 360°跳跃

6.2.3　零极点分析

zplane 函数用于绘制系统的零点和极点。在给定的示例中，我们创建了一个简单的滤波器，其中包含一个零点和一对复极点。例如，在 -1/2 处为 0 且在 $0.9e^{(-j2\pi0.3)}$ 和 $0.9e^{(j2\pi0.3)}$ 处有一对复极点的简单滤波器如下：

```
using MAT
# using Plots
using TyPlot
using TySignalProcessing
using TyMath
using TyBase
using TyStatistics

zer = [-0.5]
pol = 0.9 * exp.(im * 2 * π * [-0.3 0.3]')
```

要查看该滤波器的零极点图，可以使用 zplane 函数。当系统以零极点形式表达时，用户需要提供包含零点和极点的列向量参数。

```
figure(1)
zplane(zer, pol)
grid("on")
title("Pole-Zero Plot")
```

绘制的图像如图 6-20 所示。

要绘制以传递函数形式表示的系统的零极点图，需要确保在使用 zplane 函数时提供行向量参数。在这个例子中，zplane 函数会使用 roots 函数来求分子和分母的根，并据此绘制系统的零点和极点。

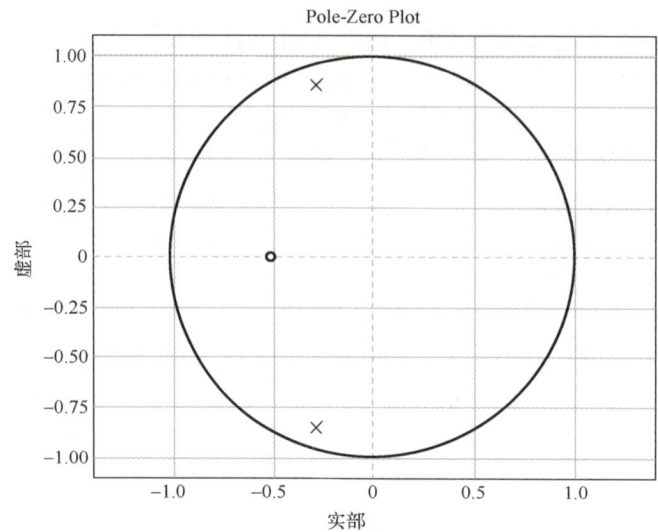

图 6-20　零极点图

```
b, a = zp2tf(zer, pol, 1);

figure(2)
zplane(b, a)
grid("on")
```

绘制的图像如图 6-21 所示。

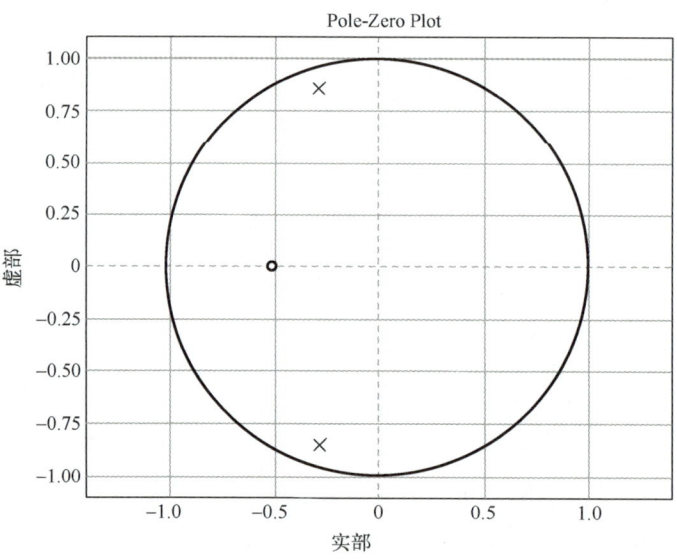

图 6-21　系统的零点和极点

6.2.4　脉冲响应

设计一个归一化通带频率为 0.4rad/sample 的 4 阶低通椭圆滤波器，指定 0.5dB 的通带波纹和 20dB 的阻带衰减，绘制脉冲响应的前 50 个样本。

```
b,a = ellip(4,0.5,20,0.4);
h, t = impz(b, a, 50)
```

```
figure(3)
stem(t, h; filled=true)
title("Impulse Response")
xlabel("n(samples)")
ylabel("Amplitude")
```

绘制的图像如图 6-22 所示。

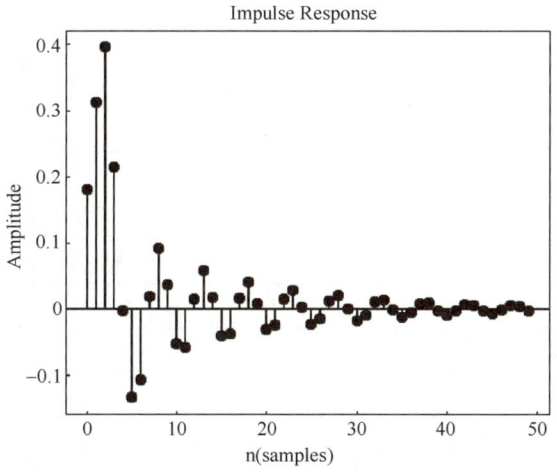

图 6-22　脉冲响应的前 50 个样本

使用 β = 4 的 Kaiser 窗设计 18 阶 FIR 高通滤波器，指定采样频率为 100Hz，截止频率为 30Hz，显示滤波器的脉冲响应。

```
b = fir1(18, 30 / (100 / 2), "high", kaiser(19, 4))
h, t = impz(b, 1, [], 100)
figure(4)
stem(t, h; filled=true)
title("Impulse Response")
xlabel("nT(samples)")
ylabel("Amplitude")
```

绘制的图像如图 6-23 所示。

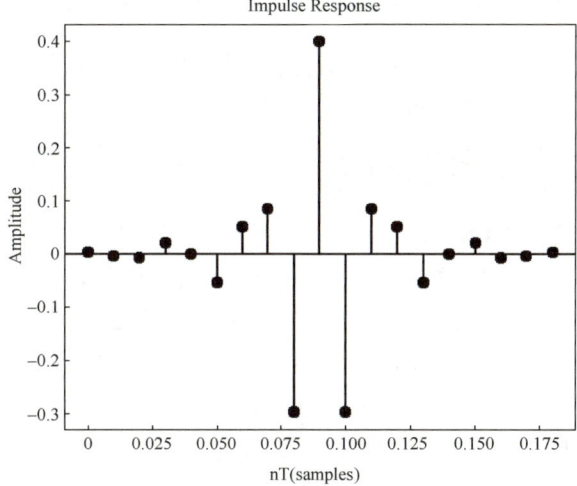

图 6-23　显示滤波器的脉冲响应

6.3 数字滤波

6.3.1 函数

数字滤波使用到的 MWORKS 函数如表 6-5 所示。

表 6-5 数字滤波使用到的 MWORKS 函数

函数名	简介
bandpass	带通滤波器信号
bandstop	带阻滤波器信号
highpass	高通滤波器信号
fftfilt	使用重叠相加法的基于 FFT 的 FIR 滤波
filtfilt	零相位数字滤波
filtic	转置直接 II 型滤波器实现的初始条件
hampel	使用 Hampel 标识符去除异常值

以下示例说明如何使用带通滤波器对输入信号 x 进行滤波，其通带频率范围由二元素向量 wpass 指定，并以 π rad/sample 的归一化单位表示。带通使用阻带衰减为 60dB 的最小阶滤波器，并补偿滤波器引入的延迟。如果 x 是矩阵，则该函数独立过滤每一列。

创建一个以 1kHz 频率采样的信号，持续 1s。信号包含三个音调，第一个音调频率为 50Hz，第二个音调频率为 150Hz，第三个音调频率为 250Hz。高频和低频音调的振幅都是中间音调振幅的两倍。信号内含方差为 1/100 的高斯白噪声。

```
using TyPlot
using TySignalProcessing
using TyMath

rng = MT19937ar(1234)
fs = 1e3;
t = 0:(1 / fs):1;
x =
    [2 1 2] * sin.(2 * pi * collect([50 150 250]') * collect(t')) .+
collect((randn(rng, size(t)) ./ 10)')
```

对信号进行带通滤波，去除低频和高频音调。指定通带频率为 100Hz 和 200Hz。显示原始信号和滤波信号，以及它们的频谱。

```
x = x[:]
y, b = bandpass(x, [100 200], fs; plotfig=true)
```

运行代码，结果如图 6-24 所示。

以下示例说明如何使用带阻滤波器对输入信号 x 进行滤波，其阻带频率范围由二元素向量 wpass 指定，并以 π rad/sample 的归一化单位表示。带阻使用阻带衰减为 60dB 的最小阶滤波器，并补偿滤波器引入的延迟。如果 x 是矩阵，则该函数独立过滤每一列。

创建一个以 1kHz 频率采样的信号，持续 1s。信号包含三个音调，第一个音调频率为 50Hz，第二个音调频率为 150Hz，第三个音调频率为 250Hz。高频和低频音调的振幅都是中间音调振幅的两倍。信号内含方差为 1/100 的高斯白噪声。

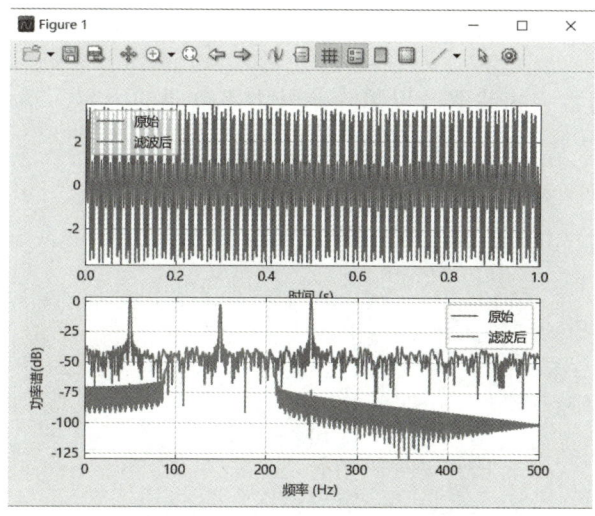

图 6-24　对信号进行带通滤波

```
using TyPlot
using TySignalProcessing
using TyMath

rng = MT19937ar(1234)
fs = 1e3;
t = 0:(1 / fs):1;
x =
    [2 1 2] * sin.(2 * pi * collect([50 150 250]') * collect(t')) .+
    collect((randn(rng, size(t)) ./ 10)')
```

对信号进行带阻滤波，去除中频音调。指定通带频率为 100Hz 和 200Hz。显示原始信号和滤波信号，以及它们的频谱。

```
x = x[:]
y, b = bandstop(x, [100 200], fs; plotfig=true)
```

运行代码，结果如图 6-25 所示。

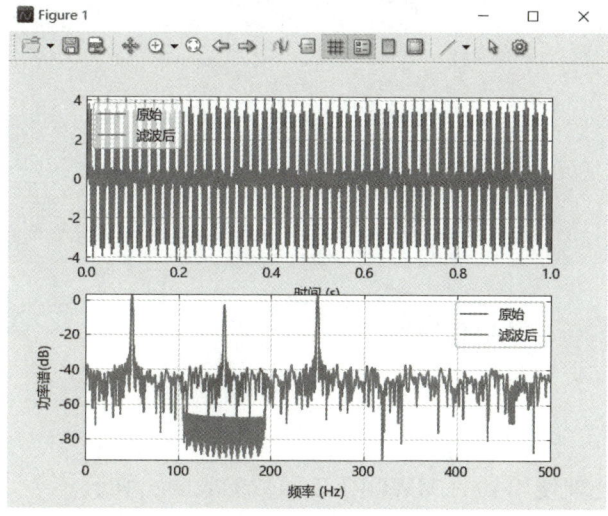

图 6-25　对信号进行带阻滤波

6.3.2 数字滤波实践

设计、分析和应用数字滤波器,以消除信号中不需要的内容,不会使数据失真。

```
using MAT
using TyPlot
using TyMath
using TyBase
using TySignalProcessing

tTrueSignal = 0:0.01:20
xTrueSignal = sin.(2*pi*2*tTrueSignal/7)

tSampled = 0:20;
xSampled = sin.(2*pi*2*tSampled/7)

plot(tTrueSignal,xTrueSignal,"-", tSampled,xSampled, "-o")
legend(["true signal","samples"])

figure(2)
tResampled = 0:0.1:20
xLinear = interp1(tSampled,xSampled,tResampled,"linear")
plot(tTrueSignal,xTrueSignal,"-", tSampled, xSampled, "-o", tResampled,xLinear,".-")
legend(["true signal","samples","interp1 (linear)"])

figure(3)
xSpline = interp1(tSampled,xSampled,tResampled,"spline")
plot(tTrueSignal,xTrueSignal,"-", tSampled, xSampled,"o", tResampled,xLinear,".-", tResampled,xSpline,".-")
legend(["true signal","samples","interp1 (linear)","interp1 (spline)"])

figure(4)
xResample_ = TySignalProcessing.resample(xSampled, 10, 1)
xResample = xResample_[1]
b = size(a)
tResample = 0.1 .* (collect(1:1:b[1]).-1)
plot(tTrueSignal,xTrueSignal,"-", tResampled, xSpline,":", tResample, xResample,":")
legend(["true signal","interp1 (spline)","resample"])

figure(5)
plot(tTrueSignal,xTrueSignal,"-", tResampled,xSpline,".", tResample, xResample,".")
legend(["true signal","interp1 (spline)","resample"])
xlim([6 10])


tTrueSignal = 0:0.1:20
xTrueSignal = sin(2*pi*2*tTrueSignal/15)

Tx = 0:20
Tmissing = Tx(10)
```

6.4 多采样频率信号处理

6.4.1 函数

多采样频率信号处理使用到的 MWORKS 函数如表 6-6 所示。

表 6-6 多采样频率信号处理使用到的 MWORKS 函数

函数名	简介
decimate	抽取-按整数因子降低采样频率
downsample	按整数倍降低采样频率
fillgaps	利用自回归模型填补空白
interp	插值-按整数因子提高采样频率
resample	将均匀或非均匀数据重新采样为新的固定速率
upfirdn	上采样、应用 FIR 滤波器和下采样
upsample	按整数倍提高采样频率

多采样频率信号处理工具箱提供的主要函数用于多速率信号处理,包含抽取、插值、下采样、上采样、抗混叠滤波等,以及将均匀或非均匀数据重新采样为新的固定速率。执行抽取和线性或高阶插值,不会引入混叠。decimate 函数的主要功能为抽取-按整数因子降低采样频率。

以下是 decimate 函数的具体用法:

```
y = decimate(x,r) #将输入信号 x 的采样频率降低 r 倍。抽取后的信号 y 被降低 r 倍,使得 length(y) = ceil(length(x)/r)。在默认
情况下,decimate 函数使用 8 阶低通切比雪夫 I 型 IIR 滤波器
y = decimate(x,r,n) #使用 n 阶切比雪夫滤波器
y = decimate(x,r,"fir") #设计的 FIR 滤波器
y = decimate(x,r,n,"fir") #使用阶数为 n 的 FIR 滤波器
```

创建一个采样频率为 4kHz 的正弦信号,将其按 4 的倍数进行抽取,4 是下采样因子。

```
using TySignalProcessing
using TyPlot
# 创建时间向量 t
t = 0:1/4e3:1;
# 创建信号 x
x = sin.(2 * π * 30 * t) + sin.(2 * π * 60 * t);
# 使用 decimate 函数下采样,4 是下采样因子
y = decimate(x, 4);
```

绘制原始信号和抽取信号,如图 6-26 所示。

```
figure()
subplot(2,1,1)
stem(0:120, x[1:121])
xlabel("Sample Number")
ylabel("Original")
subplot(2,1,2)
stem(0:30,y[1:31])
xlabel("Sample Number")
ylabel("Decimated")
```

用两个正弦波创建一个信号。使用 5 阶切比雪夫 IIR 滤波器。下采样因子为 13。绘制原始信号和抽取信号,如图 6-27 所示。

```
r = 13
n = 16:365
lx = length(n)
x = sin.(2 * π * n / 153) + cos.(2 * π * n / 127)
figure()
plot(0:lx-1, x,"o")
hold("on")
y = decimate(x, r, 5)
stem(lx-1:-r:0, reverse(y))
```

```
legend("Original","Decimated","Location","south")
xlabel("Sample number")
ylabel("Signal")
```

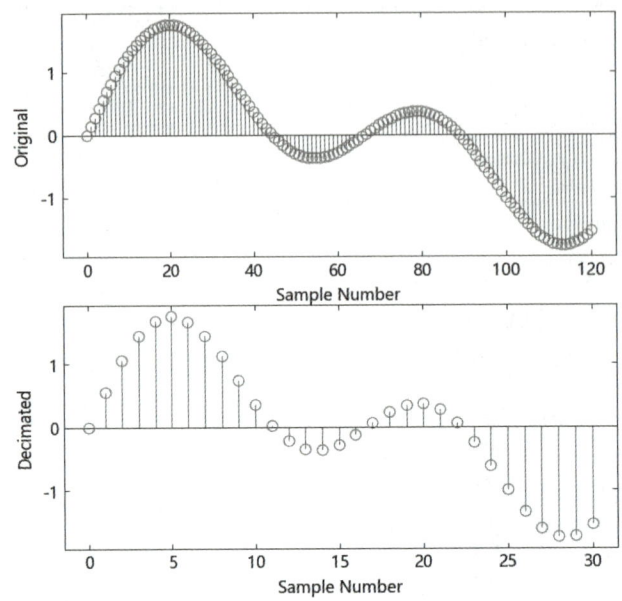

图 6-26　原始信号和抽取信号（1）

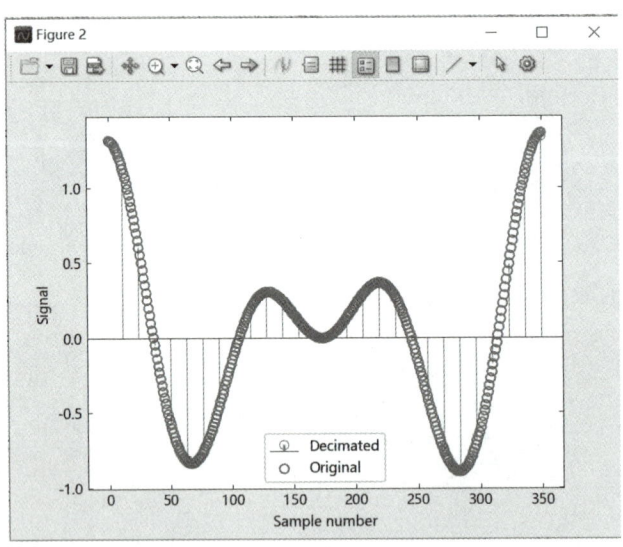

图 6-27　原始信号和抽取信号（2）

用两个正弦波创建一个信号。使用 82 阶切比雪夫 IIR 滤波器。下采样因子为 13。绘制原始信号和抽取信号，如图 6-28 所示。

```
r = 13
n = 16:365
lx = length(n)
x = sin.(2 * π * n / 153) + cos.(2 * π * n / 127)
figure()
plot(0:lx-1, x,"o")
```

```
hold("on")
y = decimate(x, r, 82;option = "fir" )
stem(0:r:lx-1,y)
legend("Original","Decimated","Location","south")
xlabel("Sample number")
ylabel("Signal")
```

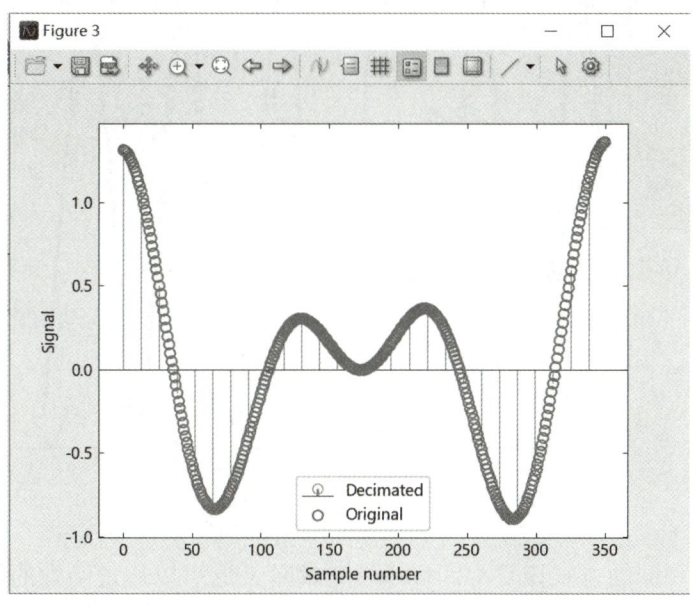

图 6-28　绘制原始信号和抽取信号

6.4.2 重建缺失的数据

随着廉价数据采集硬件的出现,我们通常可以访问定期快速采样的信号。这使我们可以获得基础信号的精细近似值。当测量的数据被粗略采样或遗漏重要部分时,会发生什么?如何推断已知样本之间点的信号值?

1. 线性插值

线性插值是在采样点之间推断值的常用方法。在默认情况下绘制向量时,会看到由直线连接的点。需要对信号进行非常精细的采样,以便近似得到真实信号。

在以下示例中,正弦曲线以精细和粗分辨率进行采样。当绘制在图形上时,精细采样的正弦曲线与真正的连续正弦曲线非常相似。因此,可以将其用作真实信号的模型。

```
using TyPlot
using TyMath
using TySignalProcessing

# True signal
tTrueSignal = 0:0.01:20
xTrueSignal = sin.(2*pi*2*tTrueSignal/7)

# Sampled signal
tSampled = 0:20
xSampled = sin.(2*pi*2*tSampled/7)

# Plotting
```

```
plot(tTrueSignal, xTrueSignal, tSampled, xSampled, "-o")
legend("true signal","samples")
```

绘制的图像如图 6-29 所示。粗采样信号的样本显示为由直线连接的圆圈。

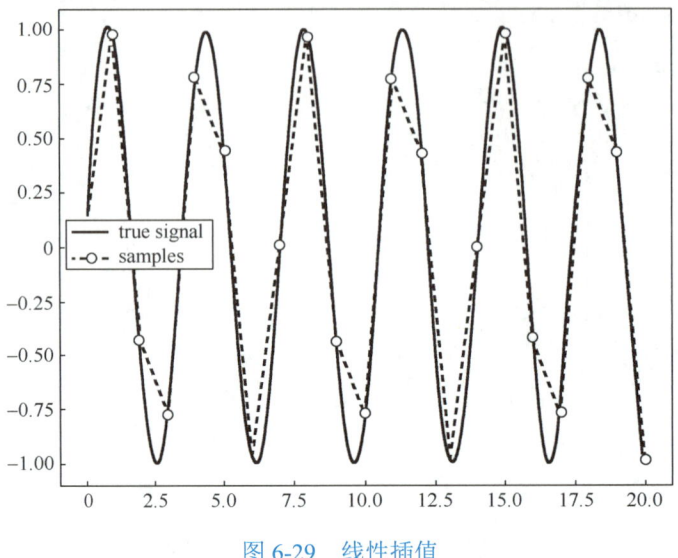

图 6-29　线性插值

以与执行插值相同的方式恢复中间样本非常简单，这可以通过函数的线性方法来完成。

```
figure()
tResampled1 = 0:0.1:20;
xLinear = interp1(tSampled,xSampled,tResampled1,"linear");
plot(tTrueSignal,xTrueSignal,"-", tSampled, xSampled, "-o", tResampled1,xLinear,"-.")
legend("true signal","samples","interp1 (linear)")
```

绘制的图像如图 6-30 所示。

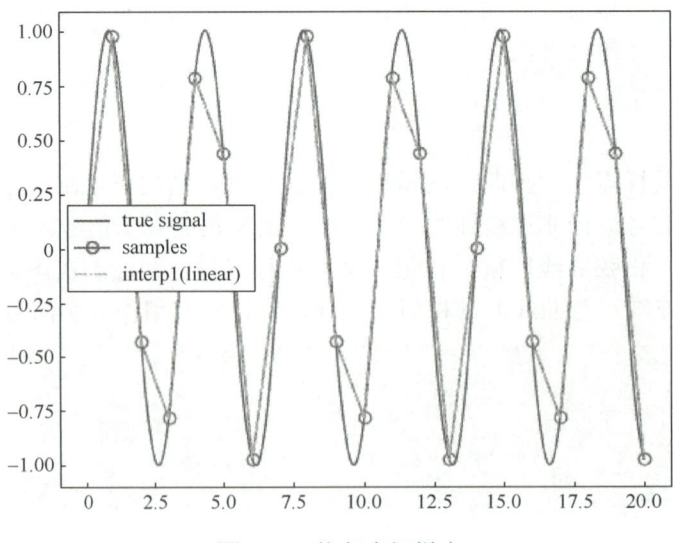

图 6-30　恢复中间样本

线性插值的问题在于结果不是很平滑。采用其他插值方法可以产生更平滑的近似结果。

2. 样条插值

许多物理信号就像正弦曲线，因为它们是连续的并且具有连续的导数。可以使用三次样条插值重建此类信号，这可以确保插值信号的一阶导数和二阶导数在每个数据点上都是连续的。

```
figure()
xSpline = interp1(tSampled,xSampled,tResampled1,"spline");
plot(tTrueSignal,xTrueSignal,"-", tSampled, xSampled, "-o", tResampled1,xLinear,"-.", tResampled1,xSpline,".-")
legend("true signal","samples","interp1 (linear)","interp1 (spline)")
```

绘制的图像如图 6-31 所示。

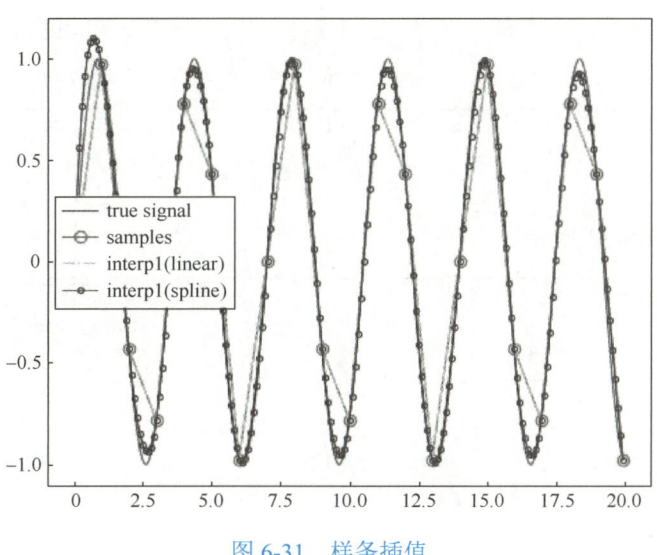

图 6-31 样条插值

三次样条曲线在插值由正弦曲线组成的信号时特别有效。此外，还有其他技术可用于获得对物理信号的更高保真度，这些物理信号具有非常高阶的连续导数。

3. 使用抗混叠滤波器进行重采样

Signal Processing Toolbox 中的函数提供了另一种填充缺失数据的方法，可以重建低频的正弦分量，其失真非常低。

```
figure()
xResample = resample(xSampled, 10, 1);
print(length(xResample[1]))
tResample2 = 0.1*((1:length(xResample[1])));
plot(tTrueSignal,xTrueSignal,"-", tResampled1,xSpline,".", tResample2, xResample[1],".")
legend("true signal","interp1 (spline)","resample")
```

绘制的图像如图 6-32 所示。

与其他方法一样，该方法在重建端点时存在一些困难。另外，重建信号的中心部分与真实信号非常吻合。

```
figure()
plot(tTrueSignal,xTrueSignal,"-", tResampled1,xSpline,".", tResample2, xResample[1],".")
legend("true signal","interp1 (spline)","resample")
xlim([6 10])
```

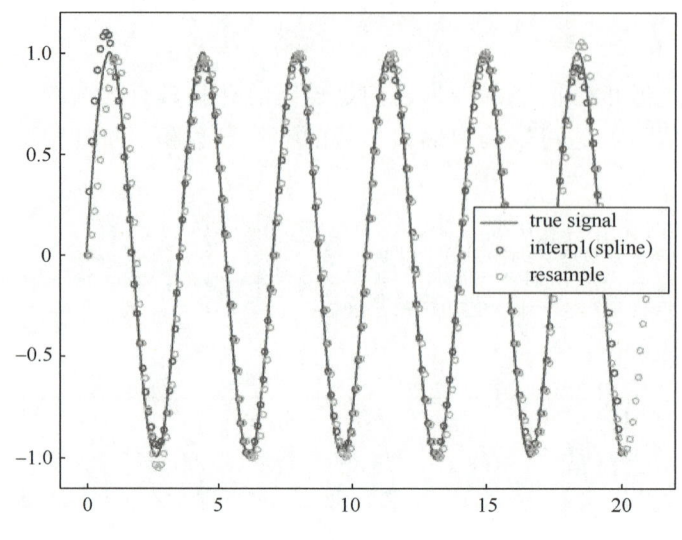

图 6-32　重建低频的正弦分量

绘制的图像如图 6-33 所示。

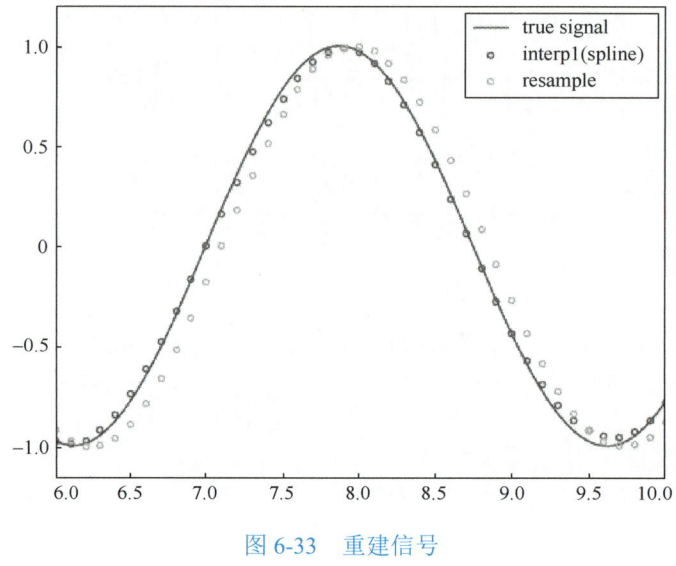

图 6-33　重建信号

6.4.3　下采样——信号相位

以下示例演示如何通过 downsample 函数获取信号的不同相位。当以因子 M 对信号进行下采样时，可以得到 M 个独特的相位。假设有一个离散时间信号 x，其包含样本 x(0)、x(1)、x(2)、x(3) 等。信号 x 的 M 个相位可以表示为 x($nM+k$)，其中 k 的取值为 0, 1,$\cdots$,M-1。这 M 个信号被称为 x 的多相分量。

将随机数生成器重置为默认设置，以产生可重复的结果。生成一个白噪声随机向量，并以 3 为因子进行下采样以得到 3 个多相分量。

多相分量的长度恰好是原始信号长度的 1/3。通过使用 upsample 函数对这些多相分量进行 3 倍上采样，可以恢复出原始信号的不同相位版本。

```
using MAT
# using Plots
using TyPlot
using TySignalProcessing
using TyMath
using TyBase
x = randn(36, 1);
# 对信号 x 进行 3 倍下采样
x0 = downsample(x, 3, 0);
x1 = downsample(x, 3, 1);
x2 = downsample(x, 3, 2);

# 对信号 x0 进行 3 倍上采样
y0 = upsample(x0, 3, 0);
y1 = upsample(x1, 3, 1);
y2 = upsample(x2, 3, 2);

# 绘制原始信号
subplot(4, 1, 1)
stem(x, markerfmt=".")
title("原始信号")
ylim([-4 4])

# 绘制信号相位
subplot(4, 1, 2)
stem(y0, markerfmt=".")
ylabel("相位 0")
ylim([-4 4])

subplot(4, 1, 3)
stem(y1, markerfmt=".")
ylabel("相位 1")
ylim([-4 4])

subplot(4, 1, 4)
stem(y2, markerfmt=".")
ylabel("相位 2")
ylim([-4 4])
```

绘制的图像如图 6-34 所示。

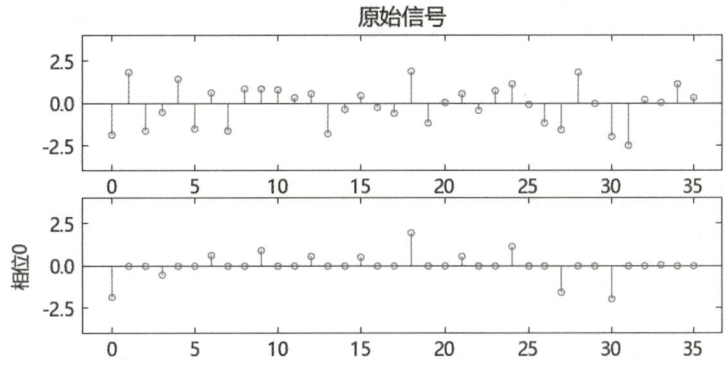

图 6-34　原始信号与多相分量的比较

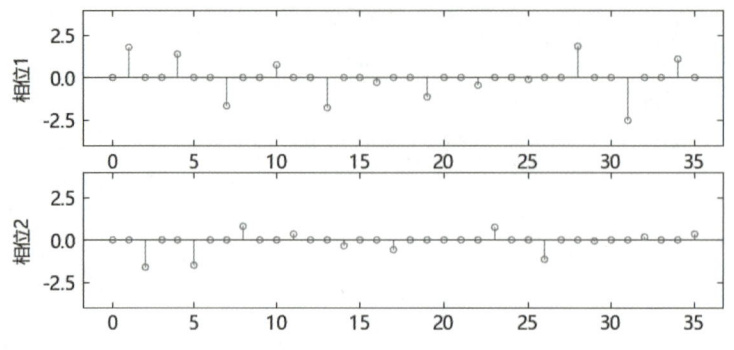

图 6-34 原始信号与多相分量的比较（续）

如果对上采样的多相分量进行求和，则可以精确地重建原始信号。

接下来，我们创建一个离散时间正弦信号，并对其进行 2 倍下采样，从而得到 2 个多相分量。

首先，构造一个角频率为 4π rad/sample 的离散时间正弦波。然后，在这个正弦波上加上一个值为 2 的直流偏移量，这样做有助于实现多相分量的可视化。最后，对加偏移量的正弦波进行 2 倍下采样，以便分离出偶数和奇数个多相分量。

```
n = 0:127;
# x = 2 + cos(pi / 4 * n);
x = 2 .+ cos.(pi / 4 * n);

# 对信号进行下采样
x0 = downsample(x, 2, 0);
x1 = downsample(x, 2, 1);

# 对信号进行上采样
y0 = upsample(x0, 2, 0);
y1 = upsample(x1, 2, 1);
```

绘制上采样后的多相分量和原始信号以进行比较。

```
subplot(3, 1, 1)
stem(x, markerfmt=".")
ylim([0.5 3.5])
title("原始信号")

# 绘制多相分量
subplot(3, 1, 2)
stem(y0, markerfmt=".")
ylim([0.5 3.5])
ylabel("相位 0")

subplot(3, 1, 3)
stem(y1, markerfmt=".")
ylim([0.5 3.5])
```

绘制的图像如图 6-35 所示。

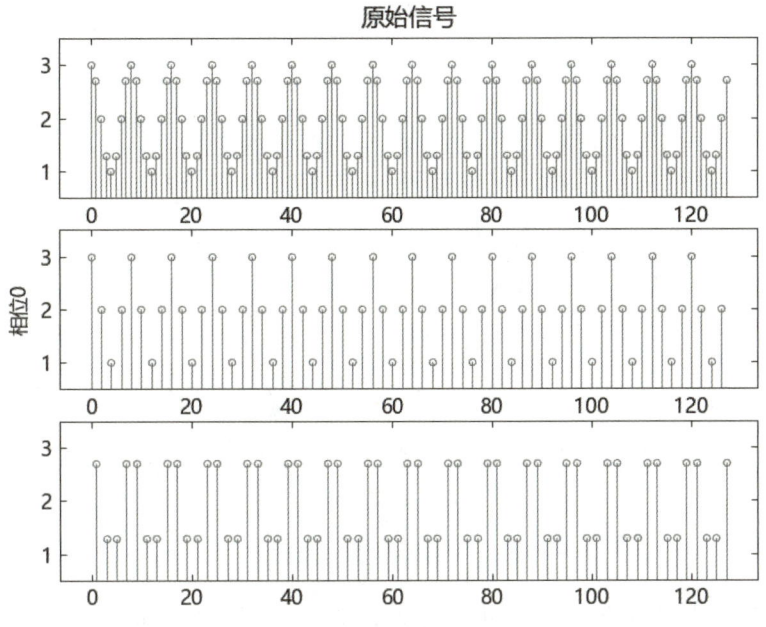

图 6-35　上采样后的多相分量与原始信号的比较

6.4.4　下采样——混叠

在对连续信号进行等时间采样时,如果采样频率不满足采样定理要求,采样后的信号频率就会发生混叠,即高于奈奎斯特频率(采样频率的一半)的频率成分将被重构成低于奈奎斯特频率的信号。这种频谱的重叠导致的失真被称为混叠,也就是高频信号被混叠成了低频信号。如何在对信号进行下采样时避免发生混叠?

如果离散时间信号的基带频谱支持不限于宽度为 $2\pi/M$ rad 的区间,则以 M 为因子进行下采样会导致混叠。混叠是当信号频谱的多个副本重叠在一起时发生的失真。信号的基带频谱支持超出 $2\pi/M$ rad 越多,混叠越严重。

以下示例演示以 2 为因子进行下采样时信号中的混叠。信号的基带频谱支持超出了 π/rad 的宽度。

创建一个基带频谱支持等于 $3\pi/2$ rad 的信号。使用 fir2 函数设计信号,绘制信号的频谱。信号的基带频谱支持超出 $[-\pi/2,\pi/2]$。

```
using TyPlot
using TySignalProcessing
using TyMath
f = [0 0.2500 0.5000 0.7500 1.0000]
a = [1.00 0.6667 0.3333 0 0]
nf=512
b1 = fir2(510, f, a)
h,w = freqz(b1,1,512,"whole")
Hx=fftshift(h,w)
omega = -pi:2*pi/nf:pi-2*pi/nf
plot(omega/pi, abs.(Hx))
grid(true)
xlabel("\u00D7π rad/sample")
ylabel("Magnitude")
```

绘制的图像如图 6-36 所示。

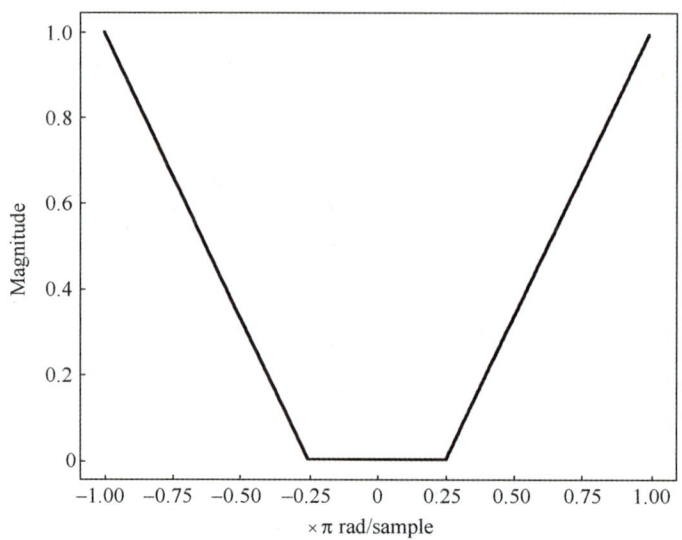

图 6-36 所创建信号的频谱

以 2 为因子对信号进行下采样，并绘制下采样信号的频谱和原始信号的频谱。除频谱的振幅缩放之外，重叠频谱副本的叠加还会导致 $|\omega|>\pi/2$ 的原始频谱失真。

```
y=downsample(b1,2,0)
h,w = freqz(y,1,512,"whole")
Hy=fftshift(h,w)
plot(omega/pi, abs.(Hx))
hold("on")
plot(omega/pi,abs.(Hy))
hold("off")
legend(["Original", "Downsampled"])
xlabel("\u00D7π rad/sample")
ylabel("Magnitude")
```

绘制的图像如图 6-37 所示。

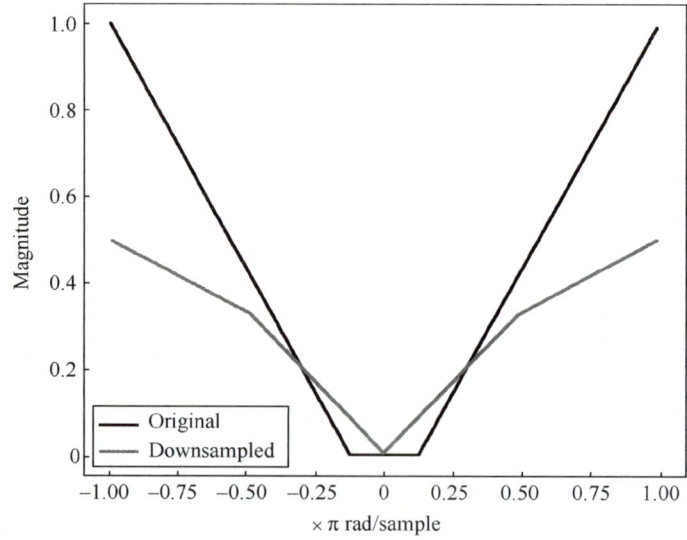

图 6-37 下采样信号的频谱和原始信号的频谱

将信号的基带频谱支持增加到 $[-7\pi/8, 7\pi/8]$，以 2 为因子对信号进行下采样，并绘制原始信号的频谱和下采样信号的频谱。频谱宽度的增加导致下采样信号频谱中发生更明显的混叠，因为有更多信号能量处在 $[-\pi/2, \pi/2]$ 之外。

```
f = [0 0.2500 0.5000 0.7500 7/8 1.0000]
a = [1.00 0.7143 0.4286 0.1429 0 0]
b2 = fir2(510,f,a)
h,w = freqz(b2,1,512,"whole")
Hx=fftshift(h,w)
plot(omega/pi, abs.(Hx))
grid(true)
xlabel("\u00D7π rad/sample")
ylabel("Magnitude")

y=downsample(b2,2,0)
h,w = freqz(y,1,512,"whole")
Hy=fftshift(h,w)
plot(omega/pi, abs.(Hx))
hold("on")
plot(omega/pi,abs.(Hy))
hold("off")
legend(["Original", "Downsampled"])
xlabel("\u00D7π rad/sample")
ylabel("Magnitude")
```

绘制的图像如图 6-38 所示。

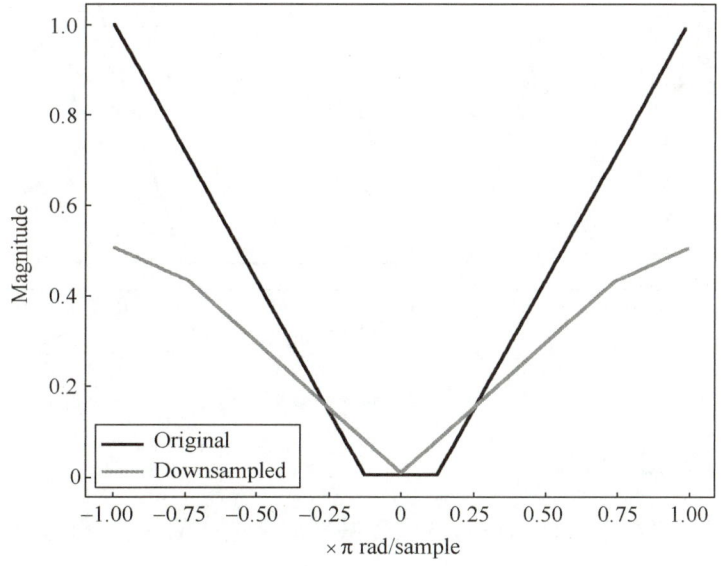

图 6-38 原始信号的频谱和下采样信号的频谱

构造基带频谱支持仅限于 $[-\pi/2, \pi/2]$ 的信号，以 2 为因子对信号进行下采样，并绘制原始信号的频谱和下采样信号的频谱。下采样信号是全频带信号，下采样信号的频谱是原始信号频谱的扩展和缩放版本，但频谱的形状得以保留，因为频谱副本不重叠，没有混叠。

```
f = [0 0.250 0.500 0.7500 1]
a = [1.0000 0.5000 0 0 0]
```

```
b3 = fir2(510,f,a)
h,w = freqz(b3,1,512,"whole")
Hx=fftshift(h,w)
plot(omega/pi, abs.(Hx))
grid(true)
xlabel("\u00D7π rad/sample")
ylabel("Magnitude")

y=downsample(b3,2,0)
h,w = freqz(y,1,512,"whole")
Hy=fftshift(h,w)
plot(omega/pi, abs.(Hx))
hold("on")
plot(omega/pi,abs.(Hy))
hold("off")
legend(["Original", "Downsampled"])
xlabel("\u00D7π rad/sample")
ylabel("Magnitude")
```

绘制的图像如图 6-39 所示。

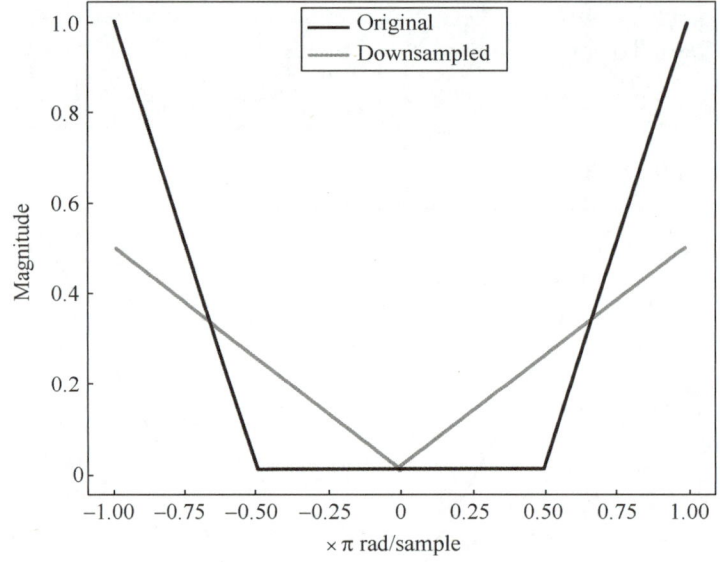

图 6-39　无混叠信号的频谱

6.4.5　在下采样前进行滤波

以下示例说明如何在下采样前进行滤波以减轻混叠造成的失真。可以使用 decimate 函数或 resample 函数进行滤波和下采样，也可以先对数据进行低通滤波，然后使用 downsample 函数创建基带频谱支持大于 π rad 的信号。使用 decimate 函数在下采样前通过 10 阶切比雪夫 I 型低通滤波器对信号进行滤波。

首先创建信号，然后在下采样前进行滤波。

```
using TyPlot
using TySignalProcessing

# 定义频率和幅度响应
```

```julia
f = [0, 0.2500, 0.5000, 0.7500, 1.0000]
a = [1.00, 0.6667, 0.3333, 0, 0]

# 计算 FIR 滤波器系数
nf = 512
window = ones(nf) # 创建一个与滤波器长度相同的窗口
b = fir2(nf-1, f, a, window)

# 计算频率响应
h, w = freqz(b, 1, nf, "whole", 2π)
omega = -π:2π/nf:π-2π/nf

# 绘制频率响应
plot(omega/π, abs.(fftshift(h)), label="Original")
grid(true)
xlabel("×π rad/sample")
ylabel("Magnitude")

# 使用 10 阶切比雪夫 I 型低通滤波器进行滤波并进行下采样
y = decimate(b, 2, 10)
h_dec, w_dec = freqz(y, 1, nf, "whole", 2π)

# 绘制下采样后的频率响应
hold(true)
plot(omega/π, abs.(fftshift(h_dec)), label="Downsampled")
legend()
```

绘制的图像如图 6-40 所示。

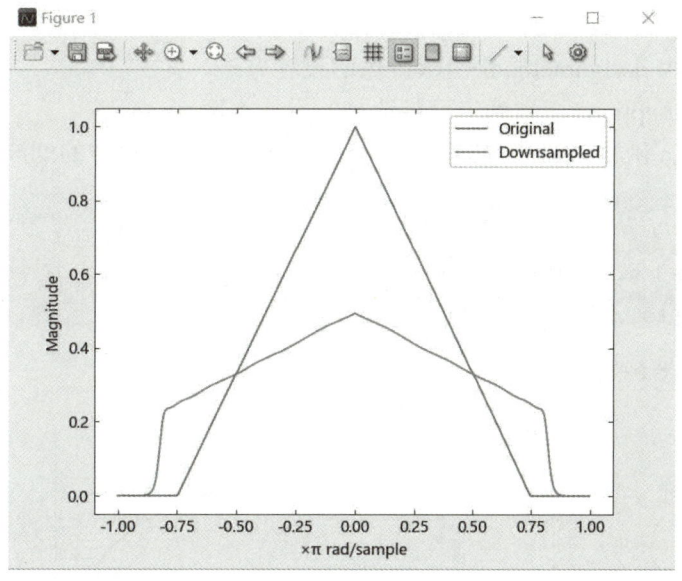

图 6-40　在下采样前进行滤波

6.5　模拟滤波器

6.5.1　函数

模拟滤波器使用到的 MWORKS 函数如表 6-7 所示。

表 6-7　模拟滤波器使用到的 MWORKS 函数

函数名	简介
besself	贝塞尔模拟滤波器设计
freqs	数字滤波器的频率响应
besselap	贝塞尔模拟低通滤波器原型
bilinear	用于模/数滤波器转换的双线性变换方法
buttap	巴特沃斯滤波器原型
cheb1ap	切比雪夫 I 型模拟低通滤波器原型
cheb2ap	切比雪夫 II 型模拟低通滤波器原型
ellipap	椭圆模拟低通滤波器原型

filterDesigner() 用于打开滤波器设计工具应用程序。使用该工具可以进行以下操作。
- 选择滤波器响应类型和滤波器设计方法，进行滤波器设计。
- 查看各类滤波器响应。
- 将滤波器系数导出至 Syslab 工作区、文本文件及 mat 文件。

fvtool(sysobj) 用于显示滤波器系统对象的幅度响应。

1. 设计切比雪夫 I 型模拟滤波器

设计一个具有低通和高通频率响应的切比雪夫 I 型模拟 IIR 滤波器，设计步骤如下。
（1）使用 fdesign 函数指定滤波器的设计规格。
（2）选择一种由 designmethods 函数提供的设计方法。
（3）使用 designoptions 函数确定可供选择的设计方案。
（4）使用 design 函数设计滤波器，使用 fvtool 函数查看所设计的滤波器的频率响应。

```
# 切比雪夫 I 型模拟滤波器
using TyDSPSystem
designSpecs = fdesign_lowpass()
designmethods(designSpecs, "SystemObject", true)
LowpassCheb1 = design(designSpecs, "cheby1", "FilterStructure", "df1sos", "SystemObject", true)
fvtool(LowpassCheb1.SOSMatrix)
```

绘制的图像如图 6-41 所示。

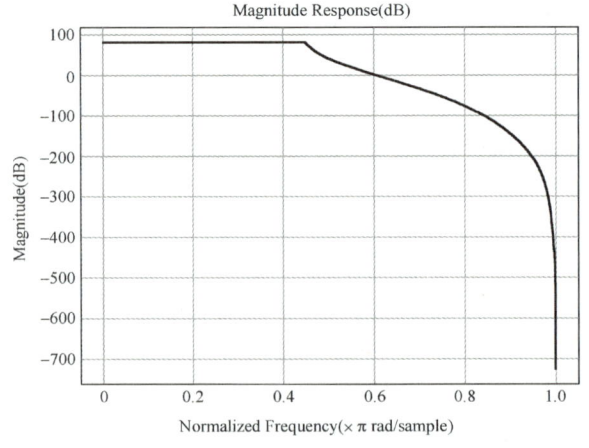

图 6-41　切比雪夫 I 型模拟滤波器的幅频响应

2. 设计切比雪夫Ⅱ型模拟滤波器

```
# 切比雪夫Ⅱ型模拟滤波器
using TyDSPSystem
designSpecs = fdesign_lowpass()
designmethods(designSpecs, "SystemObject", true)
lpFilter = design(designSpecs, "cheby2", "MatchExactly", "passband", "SystemObject", true)
fvtool(lpFilter.SOSMatrix)
```

绘制的图像如图 6-42 所示。

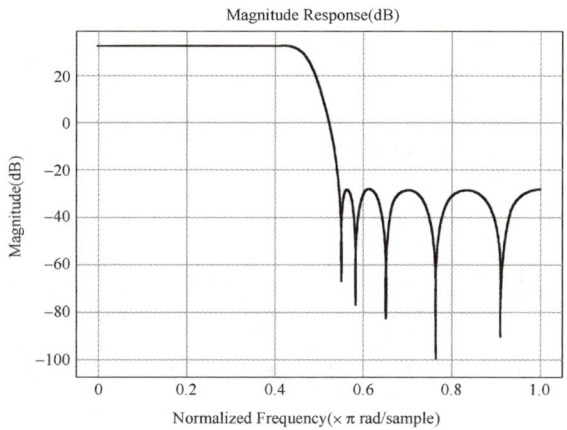

图 6-42　切比雪夫Ⅱ型模拟滤波器的幅频响应

3. 设计具有带通频率响应的椭圆模拟滤波器

使用 fdesign_lowpass 函数构建一个低通滤波器设计规格对象。使用 design 函数设计滤波器。将 "ellip" 和变量 designSpecs 给出的规格作为输入参数。使用 fvtool 函数查看所设计的滤波器的幅频响应。

```
# 椭圆模拟滤波器
using TyDSPSystem
designSpecs = fdesign_lowpass("n,fp,fst,ap", 6, 20, 25, 0.8, 80)
lpFilter = design(designSpecs, "ellip", "SystemObject", true)
fvtool(lpFilter.SOSMatrix)
```

绘制的图像如图 6-43 所示。

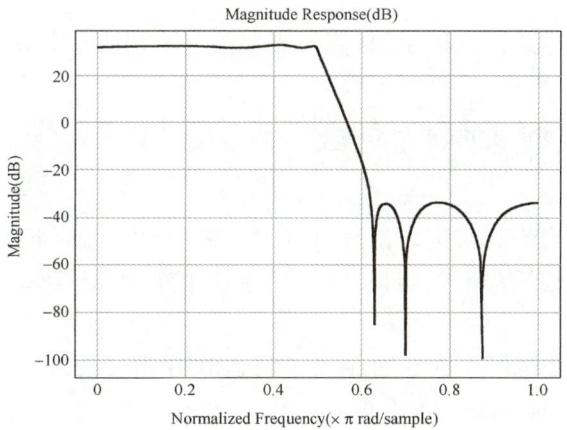

图 6-43　椭圆模拟滤波器的幅频响应

6.5.2 模拟 IIR 低通滤波器的比较

TySignalProcessing 是一个 Julia 库，用于高效处理信号，包括信号生成、转换、滤波、特征提取、时域分析和统计噪声分析等。它提供了一个灵活的工具集，使得用户能够解决各种复杂的信号处理问题，从而满足电子工程、控制理论、计算机科学、统计学和相关领域的需求。

TySignalProcessing 中提供了一系列函数用于 MATLAB 样式的 IIR 滤波器设计，如 butter、cheby2、ellip、besself 等函数可用于信号处理。本节主要进行模拟 IIR 低通滤波器的比较。

巴特沃斯滤波器在通带内具有平坦的响应，且在截止频率附近具有最平滑的过渡。它的频率响应是非常平滑和单调的。巴特沃斯滤波器在通带内的增益近似为常数，且在截止频率处的衰减速率较慢。它的过渡带较宽。

设计截止频率为 2GHz 的 5 阶巴特沃斯模拟低通滤波器。乘以 2π 以将频率单位转换为 rad/s。计算该滤波器在 4096 个点上的频率响应。

```
using TySignalProcessing
using TyPlot
n = 5
fc = 2e9
zb, pb, kb = butter(n, 2*pi*fc,"s";otype = "zpk")
bb,ab = zp2tf(zb,pb,kb)
hb,wb = freqs(bb,ab,4096)
```

切比雪夫 I 型模拟滤波器在通带内具有等波纹，但它在给定阶数下提供比巴特沃斯滤波器更陡峭的过渡。切比雪夫 I 型模拟滤波器在通带内有固定幅度的波动（波纹），随着阶数的增加，这些波纹的数量增加，但幅度保持不变。切比雪夫 I 型模拟滤波器的过渡带比巴特沃斯滤波器窄，衰减速度快。

设计一个具有相同边缘频率和 3dB 通带波纹的 5 阶切比雪夫 I 型模拟滤波器，计算它的频率响应。

```
z1, p1, k1 = cheby1(n, 3, 2*pi*fc,"s";otype = "zpk")
b1,a1 = zp2tf(z1,p1,k1)
h1,w1 = freqs(b1,a1,4096)
```

切比雪夫 II 型模拟滤波器在阻带内具有等波纹，但在通带内平坦。这种滤波器通常比切比雪夫 I 型模拟滤波器在通带内表现更好，但在阻带内的波纹可能影响某些应用。其过渡带也比巴特沃斯滤波器窄。

设计一个具有相同边缘频率和 30dB 阻带衰减的 5 阶切比雪夫 II 型模拟滤波器，计算它的频率响应。

```
z2, p2, k2 = cheby2(n, 30, 2*pi*fc,"s";otype = "zpk")
b2,a2 = zp2tf(z2,p2,k2)
h2,w2 = freqs(b2,a2,4096)
```

椭圆模拟滤波器在通带和阻带内都有等波纹，它在给定阶数下提供最陡峭的过渡。其频率响应中波纹的幅度和数量都可以调整。这种滤波器的过渡带最窄，能够在较低阶数下实现极陡峭的衰减。

设计一个具有相同边缘频率和 3dB 通带波纹、30dB 阻带衰减的 5 阶椭圆模拟滤波器，计算它的频率响应。

```
ze, pe, ke = ellip(n, 3, 30, 2*pi*fc,"s";otype = "zpk")
```

```
be,ae = zp2tf(ze,pe,ke)
he,we = freqs(be,ae,4096)
```

贝塞尔模拟滤波器以其线性的相位响应（恒定的群延迟）而著称，适用于对相位特性和时域保真度有要求的场合。其频率响应相对平缓，通带内无波纹，但在频率靠近截止频率处开始逐渐下降。贝塞尔模拟滤波器的过渡带比巴特沃斯滤波器宽，但它能保持信号的波形和时域特性。

设计一个具有相同边缘频率的 5 阶贝塞尔模拟滤波器，计算它的频率响应。

```
zf, pf, kf = besself(n, 2*pi*fc;otype = "zpk")
bf,af= zp2tf(zf,pf,kf)
hf,wf = freqs(bf,af,4096)
```

对衰减绘图，以分贝为单位，以千兆赫为单位表示频率，比较滤波器。

```
figure()
plot(wb/(2e9*pi),db.(abs.(hb)),w1/(2e9*pi),db.(abs.(h1)),w2/(2e9*pi),db.(abs.(h2)),we/(2e9*pi),db.(abs.(he)),wf/(2e9*pi),db.(abs.(hf)))
axis([0 5 -45 5])
xlabel("Frequency (GHz)")
ylabel("Attenuation (dB)")
legend(["butter" "cheby1" "cheby2" "ellip" "besself"])
```

绘制的图像如图 6-44 所示。

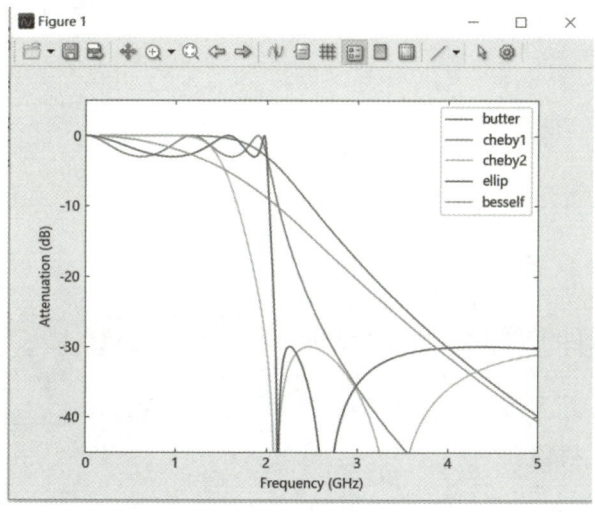

图 6-44　比较滤波器的衰减

第 7 章
频谱分析

  频谱分析是一种将复杂信号分解为较简单信号的技术。许多物理信号均可以表示为不同频率简单信号的和,找出一个信号在不同频率下的信息(如振幅、功率、强度或相位等)的过程即频谱分析。频谱分析的目的是把复杂的时间历程波形经过傅里叶变换分解为若干单一的谐波分量来研究,以获得信号的频率结构及各谐波和相位信息。对信号进行频谱分析可以获得更多有用信息,求出各个频率成分的幅度分布和能量分布,从而得到主要幅度和能量分布的频率值。

通过本章学习,读者可以了解(或掌握):
- ❖ 频谱估计。
- ❖ 子空间方法。
- ❖ 加窗法。

7.1 频谱估计

7.1.1 函数

频谱估计包含功率谱、相关性、窗函数等内容，Syslab 信号处理工具箱提供了一系列频谱分析函数用于表征信号的频率成分。频谱估计包括周期图功率谱密度估计、Welch 和 Lomb-Scargle 功率谱密度估计、相关性估计、传递函数估计、频率重排，以及使用 periodogram 函数和 pwelch 函数分析均匀或非均匀采样信号的频谱内容。

估算器函数如表 7-1 所示。

表 7-1 估算器函数

函数名	简介
cpsd	互功率谱密度
findpeaks	查找局部极大值
mscohere	幅度平方相关性
periodogram	周期图功率谱密度估计
pmtm	多窗口功率谱密度估计
pwelch	Welch 功率谱密度估计
tfestimate	传递函数估计
ty_cpsd	互功率谱密度
ty_mscohere	幅度平方相关性
ty_periodogram	周期图功率谱密度估计
ty_pwelch	Welch 功率谱密度估计
ty_tfestimate	传递函数估计

dB 转换函数如表 7-2 所示。

表 7-2 dB 转换函数

函数名	简介
db	将能量或功率测量值转换为分贝值
db2mag	将分贝值转换为幅度
db2pow	将分贝值转换为功率
mag2db	将幅度转换为分贝值
pow2db	将功率转换为分贝值

举例介绍查找局部极大值函数 findpeaks。

示例：找到向量的峰值。

定义一个有三个峰值的向量，并绘制它，找到局部极大值。峰值按出现顺序输出。第一个样本不包括在内，尽管它是最大值。对于平峰，函数返回索引最低的全部点。绘制峰值。

```
using TyPlot
using TySignalProcessing

data = [25 8 15 5 6 10 10 3 1 20 7]
```

```
plot(data)
pks, = findpeaks(vec(data))
pks
findpeaks(vec(data); plotfig=true)
title("找到向量的峰值")
```

绘制的图像如图 7-1 所示。

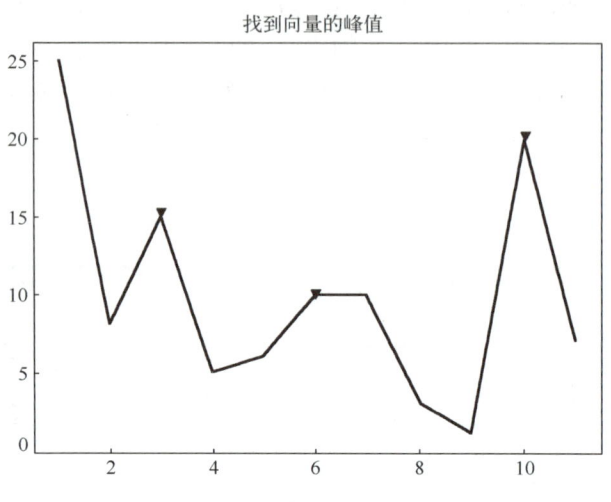

图 7-1 找到向量的峰值

示例：饱和信号的峰值。

如果数据大于一个给定的饱和点，则传感器可以返回削波读数。用户可以选择无视这些峰值，认为它们毫无意义，或者将它们纳入自己的分析中。

产生一个信号，其由频率为 5Hz 和 3Hz 的三角函数的乘积组成，将其嵌入到方差为 0.1^2 的高斯白噪声中。该信号以 100Hz 的频率采样 1s。重置随机数发生器，以获得可重现的结果。通过截断每个大于 0.32 的读数来模拟一个饱和的测量，绘制饱和信号图，找到信号的峰值。findpeaks 函数只报告每个平峰的上升沿。使用"threshold"Name-Value 参数对来排除平峰。要求峰值与其相邻峰值之间的最小振幅差为 10^{-4}。

```
using TyPlot
using TySignalProcessing
using TyMath
rng = MT19937ar(5489)
fs = 1e2
t = 0:(1/fs):(1-1/fs)
s = sin.(2 * pi * 5 * t) .* sin.(2 * pi * 3 * t) + randn(rng, size(t)) / 10
bnd = 0.32
s[s.>bnd] .= bnd
plot(t, s)
xlabel("Time (s)")
pk, lc = findpeaks(s, t)
hold("on")
plot(lc, pk, "x")
pkt, lct = findpeaks(s, t; threshold=1e-5)
plot(lct, pkt, "o"; markersize=12)
```

绘制的图像如图 7-2、图 7-3 所示。

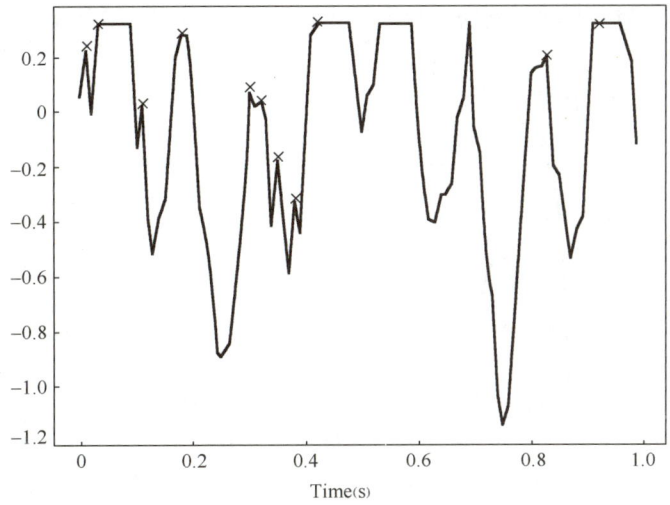

图 7-2　饱和信号的峰值（1）

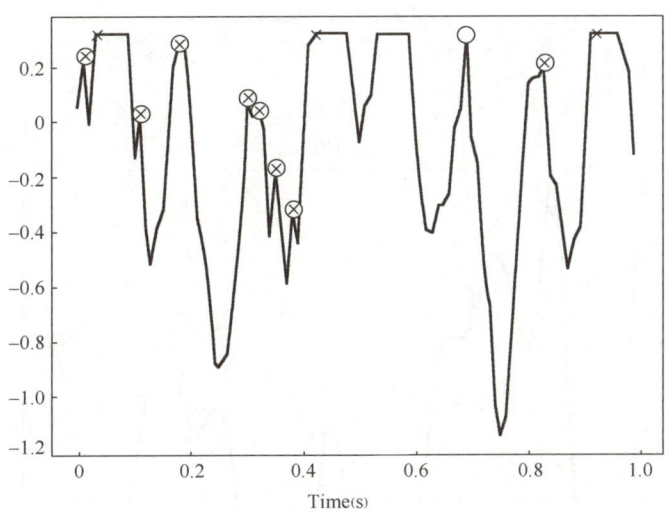

图 7-3　饱和信号的峰值（2）

示例：确定峰宽。

创建一个由钟形曲线之和组成的信号，指定每条曲线的位置、高度和宽度，并绘制各条曲线及它们的总和。

```
using TyPlot
using TySignalProcessing
x = range(0, 1, 1000)
Pos = [1, 2, 3, 5, 7, 8] / 10
Hgt = [4, 4, 2, 2, 2, 3]
Wdt = [3, 8, 4, 3, 4, 6] / 100
Gauss = zeros(length(Pos), 1000)
for n in (1:length(Pos))
    Gauss[n, :] = Hgt[n] .* exp.(-((x .- Pos[n]) / Wdt[n]) .^ 2)
end
PeakSig = sum(Gauss; dims=1)
plot(x, Gauss', "--", x, PeakSig')
title("确定峰宽")
grid("on")
```

```
findpeaks(vec(PeakSig); min_height=1.0, min_prom=1.0, min_dist=1, threshold=1e-4, plotfig=true)
title("确定峰宽")
```

绘制的图像如图 7-4、图 7-5 所示。

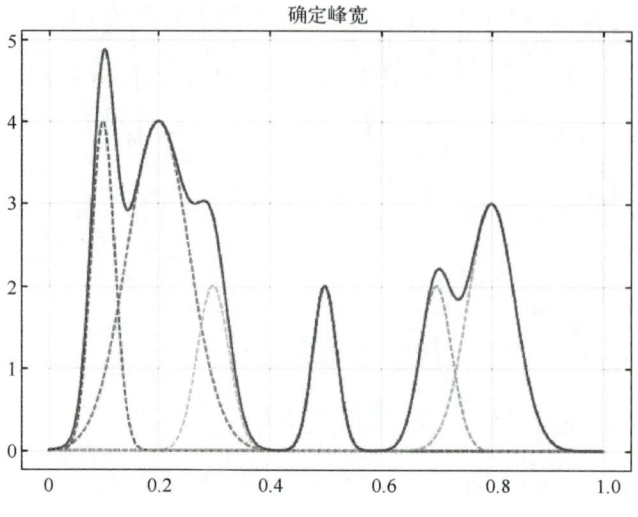

图 7-4　确定峰宽（1）

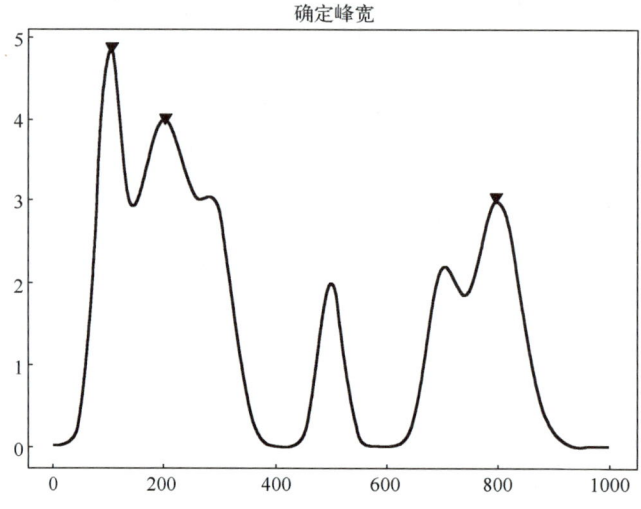

图 7-5　确定峰宽（2）

7.1.2　使用 FFT 获得功率谱密度估计

以下示例说明如何使用 periodogram 函数和 fft 函数获得非参数化功率谱密度估计。这些示例说明针对偶数长度输入、归一化频率和以赫兹为单位表示的频率，以及单边和双边功率谱密度估计，如何正确缩放 fft 函数的输出。所有示例都使用矩形窗。

1. 具有指定采样频率的偶数长度输入

对于一个采样频率为 1kHz 的偶数长度信号，分别使用 fft 函数和 periodogram 函数获得其周期图，并比较二者的结果。

创建一个含 $N(0,1)$ 加性噪声的 100Hz 正弦波信号，采样频率为 1kHz，信号长度为 1000 个样本。

```
using TySignalProcessing
using TySystemIdentification
using TyPlot
using TyMath

fs = 1000
t = 0:1/fs:1-1/fs
x = cos.(2*pi*100*t) + randn(size(t))
```

使用 fft 函数获取周期图。信号是偶数长度的实数值信号。由于信号是实数值信号，因此用户只需要对正、负频率之一进行功率估计。为了保持总功率不变，可将同时在两组（正频率和负频率）中出现的所有频率乘以因子 2。零频率和奈奎斯特频率不会出现两次。

```
N = length(x)
xdft = fft(x)
xdft = xdft[1:Int(N/2)+1]
psdx = (1/(fs*N)) * abs.(xdft).^2
psdx[2:end-1] = 2*psdx[2:end-1]
freq = 0:fs/length(x):fs/2
plot(freq,pow2db(psdx))
grid("on")
title("Periodogram Using FFT")
xlabel("Frequency (Hz)")
ylabel("Power/Frequency (dB/Hz)")
```

绘制的图像如图 7-6 所示。

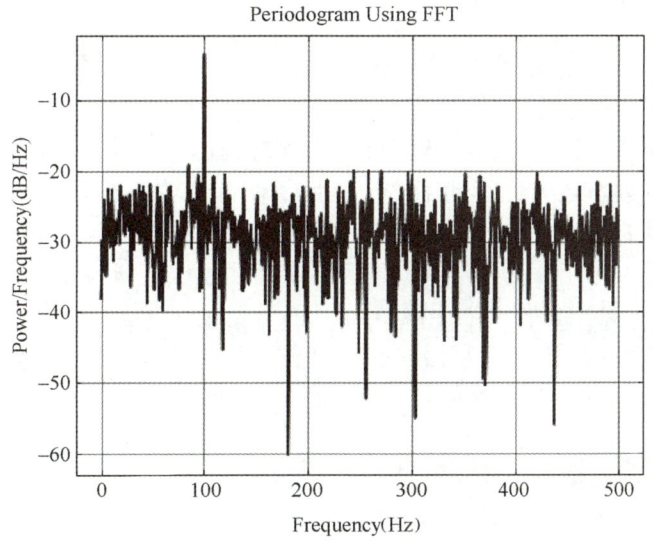

图 7-6 非参数化功率谱密度估计（使用 fft 函数）

计算并使用 periodogram 函数绘制周期图。二者的结果相同。

```
figure()
periodogram(x,rectwin(N),N,fs;plotfig=true)
```

绘制的图像如图 7-7 所示。

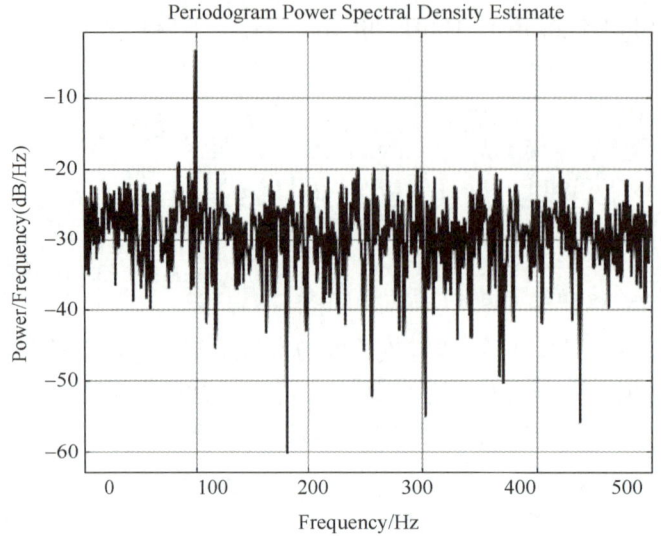

图 7-7　非参数化功率谱密度估计（使用 periodogram 函数）

```
mxerr = max(psdx'-periodogram(x,rectwin(N),N,fs))
mxerr = 1.734723475976807e-18
```

2. 具有归一化频率的输入

通过 fft 函数为具有归一化频率的输入生成周期图。创建一个含 $N(0,1)$ 加性噪声的正弦波信号。该正弦波的角频率为 $\pi/4$ rad/sample。

```
N = 1000
n = 0:N-1
x = cos.(pi/4*n) + randn(size(n))
```

使用 fft 函数获取周期图。信号是偶数长度的实数值信号。由于信号是实数值信号，因此用户只需要对正、负频率之一进行功率估计。为了保持总功率不变，可将同时在两组（正频率和负频率）中出现的所有频率乘以因子 2。零频率和奈奎斯特频率不会出现两次。

```
xdft = fft(x)
xdft = xdft[1:Int(N/2+1)]
psdx = (1/(2*pi*N)) * abs.(xdft).^2
psdx[2:end-1] = 2*psdx[2:end-1]
freq = 0:2*pi/N:pi
plot(freq/pi,pow2db(psdx))
grid("on")
title("Periodogram Using FFT")
xlabel("Normalized Frequency (*pi rad/sample)")
ylabel("Power/Frequency (dB/(rad/sample))")
```

绘制的图像如图 7-8 所示。

计算并使用 periodogram 函数绘制周期图。二者的结果相同。

```
figure()
periodogram(x,rectwin(N),N;plotfig=true)
```

绘制的图像如图 7-9 所示。

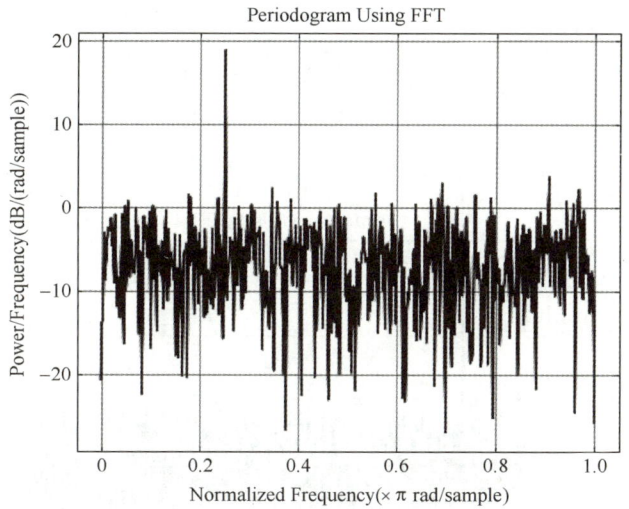

图 7-8　非参数化功率谱密度估计（使用 fft 函数）

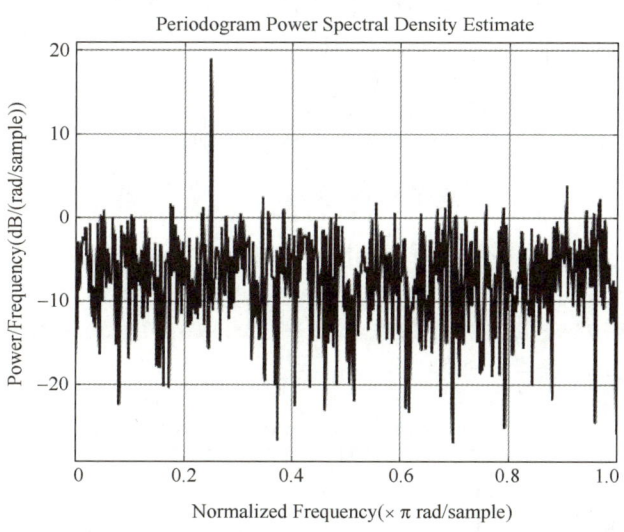

图 7-9　非参数化功率谱密度估计（使用 periodogram 函数）

```
mxerr = maximum(psdx-periodogram(x,rectwin(N),N))
mxerr = 1.4210854715202004e-14
```

3．具有归一化频率的复数值输入

使用 fft 函数为具有归一化频率的复数值输入生成周期图。采用一个含 $N(0,1)$ 复噪声的复指数信号，角频率为 $\pi/4$ rad/sample。

```
N = 1000
n = 0:N-1
x = exp.(im*pi/4*n) + vec([1 im]*randn(2,N)/sqrt(2))
```

使用 fft 函数获得周期图。由于输入的是复数值，因此此处求$[0,2\pi)$ rad/sample 区间内的周期图。

```
xdft = fft(x)
psdx = (1/(2*pi*N)) * abs.(xdft).^2
freq = 0:2*pi/N:2*pi-2*pi/N
```

```
plot(freq/pi,pow2db(psdx))
grid("on")
title("Periodogram Using FFT")
xlabel("Normalized Frequency (*pi rad/sample)")
ylabel("Power/Frequency (dB/(rad/sample))")
```

绘制的图像如图 7-10 所示。

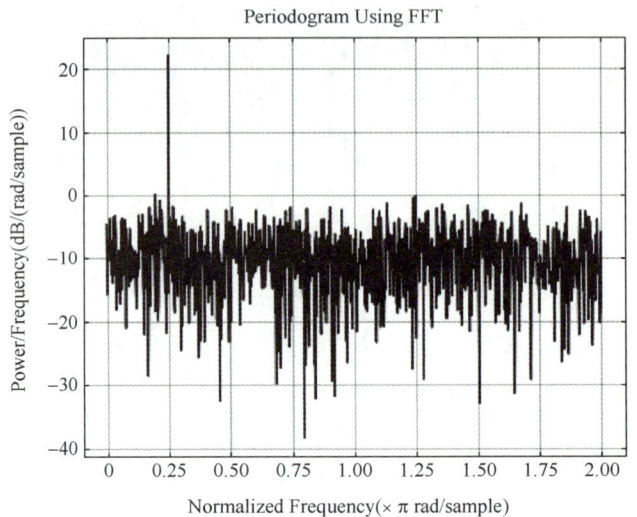

图 7-10　非参数化功率谱密度估计（使用 fft 函数）

计算并使用 periodogram 函数绘制周期图。二者的结果相同。

```
figure()
periodogram(x,rectwin(N),N,"twosided";plotfig=true)
```

绘制的图像如图 7-11 所示。

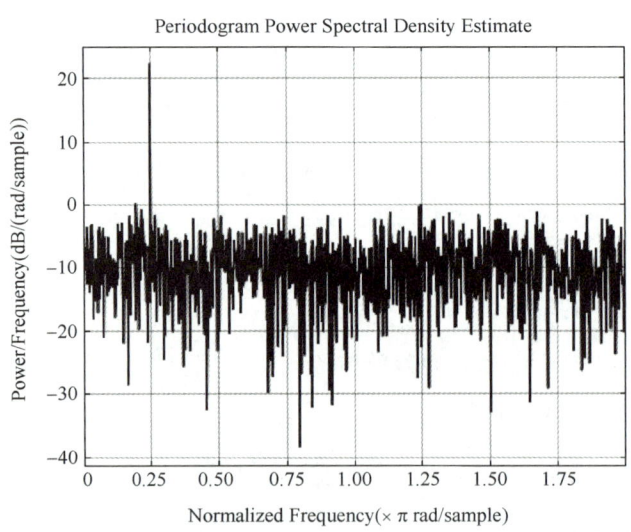

图 7-11　非参数化功率谱密度估计（使用 periodogram 函数）

```
mxerr = maximum(psdx-periodogram(x,rectwin(N),N,"twosided"))
mxerr = 2.842170943040401e-14
```

7.1.3　频域线性回归

以下示例使用 DFT 构造时间序列的线性回归模型，示例中使用的时间序列是 1973 年至 1979 年每月的某国意外死亡人数。首先将数据集矩阵复制到工作区中。

```
using FFTW
using Statistics
using TyPlot
using TyStatistics
# 数据设置
exdata = [
    9007   7750   8162   7717   7792   7836
    8106   6981   7306   7461   6957   6892
    8928   8038   8124   7776   7726   7791
    9137   8422   7870   7925   8106   8129
   10017   8714   9387   8634   8890   9115
   10826   9512   9556   8945   9299   9434
   11317  10120  10093  10078  10625  10484
   10744   9823   9620   9179   9302   9827
    9713   8743   8285   8037   8314   9110
    9938   9129   8433   8488   8850   9070
    9161   8710   8160   7874   8265   8633
    8927   8680   8034   8647   8796   9240
]
```

exdata 是一个 12×6 的矩阵，每列包含 12 个月的数据。每列的第一行包含相应年份 1 月的某国意外死亡人数。每列的最后一行包含相应年份 12 月的某国意外死亡人数。exdata 将数据矩阵重塑为 72×1 的时间序列，并绘制 1973 年至 1978 年的数据。

```
ts = reshape(exdata, 72, 1)
years = LinRange(1973, 1979, 72)

# 绘制原始数据
plot(years, ts, marker="o")
xlabel("Year")
#ylabel("Number of Accidental Deaths")
```

绘制的图像如图 7-12 所示。

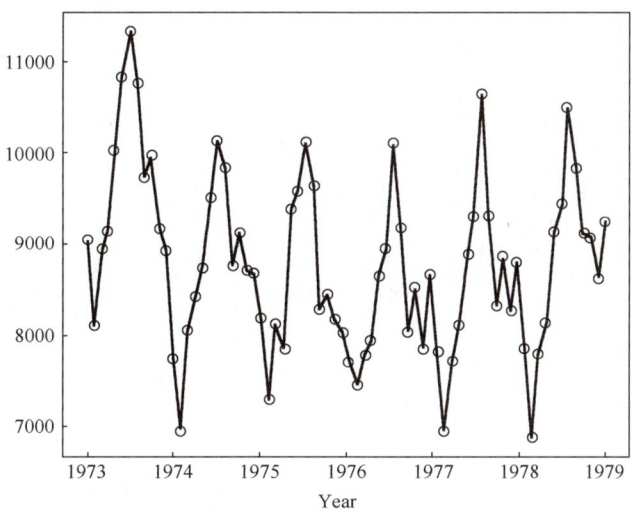

图 7-12　1973 年至 1978 年的数据

数据表明，某国意外死亡人数呈周期性变化，振荡周期约为 1 年（12 个月）。根据数据的周期性，设计适当的数据模型：

$$X(n) = \mu + \sum_k \left(A_k \cos \frac{2\pi kn}{N} + B_k \cos \frac{2\pi kn}{N} \right) + \varepsilon(n)$$

式中，μ 是总体均值；k、n 均为实数；A_k、B_k 为系数；N 是时间序列的长度；$\varepsilon(n)$ 是自分布和同分布高斯随机变量的白噪声序列，均值为 0 且存在方差。加性噪声项表示数据中固有的随机性。模型的参数是余弦和正弦的总体均值与振幅，该模型的参数是线性的。

要在时域中构建线性回归模型，必须指定余弦和正弦使用的频率，形成设计矩阵，并求解正态方程，以获得模型参数的最小二乘估计值。我们使用 DFT 来检测周期性，仅保留傅里叶系数的子集，并反转变换以获得拟合的时间序列。

对数据进行频谱分析，以揭示哪些频率对数据的变异性有显著影响。由于信号的总体均值约为 9000，并且与零频率下的傅里叶变换成正比，因此在进行频谱分析之前减去均值。这减小了零频率下的大幅度傅里叶系数，并且使任何显著振荡更易于检测。傅里叶变换中的频率间隔为时间序列长度的倒数 1/72。每月对数据进行采样，频谱分析中的最高频率为 1 个周期/2 个月。为方便观察，我们相应地缩放频率以进行可视化。

```
# 计算并绘制傅里叶变换的振幅
tsdft = fft(ts .- mean(ts))
freq = 0:1/72:1/2
figure(2)
plot(freq .* 12, abs.(tsdft[1:length(tsdft)÷2+1]), marker = "o")
xlabel("Cycles/Year")
#ylabel("Magnitude")
```

绘制的图像如图 7-13 所示。

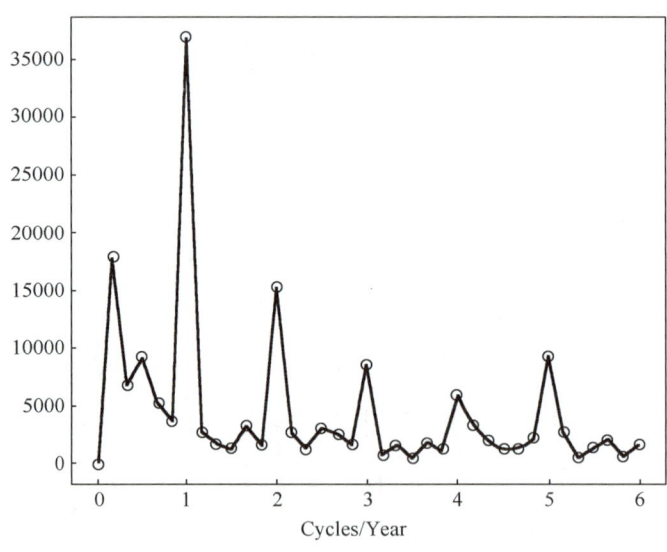

图 7-13　傅里叶变换的振幅

根据振幅，1 个周期/12 个月的频率是数据中最显著的振荡频率。1 个周期/12 个月的振级是任何其他振级的两倍多。然而，光谱分析显示，数据中还存在其他周期性成分。例如，在 1 个周期/12 个月的谐波（整数倍）下似乎存在周期性分量。似乎还有一个周期性成分，频率为 1 个周期/72 个月。

基于数据的频谱分析，使用余弦和正弦项拟合一个简单的线性回归模型，其频率为最有效分量：1 个周期/年（1 个周期/12 个月）。

创建一个 72×1 的零向量，用对应于 1 个周期/12 个月的正、负频率的傅里叶系数填充向量的适当元素。反转傅里叶变换并添加总体均值以获得对某国意外死亡人数的拟合。

```
# 使用频率域进行拟合
freqbin = 72 ÷ 12
freqbins = [freqbin, 72-freqbin] .+ 1
tsfit = zeros(Complex{Float64}, 72)
tsfit[freqbins] = tsdft[freqbins]
tsfit = ifft(tsfit)
mu = mean(ts)
tsfit_real = real(mu .+ tsfit)

# 绘制原始数据和拟合模型
figure(3)
plot(years, ts, marker ="o",label = "Data")
xlabel("Year")
#ylabel("Number of Accidental Deaths")
hold("on")
plot(years, tsfit_real, linewidth = 2, label = "Fitted Model")
```

绘制的图像如图 7-14 所示。

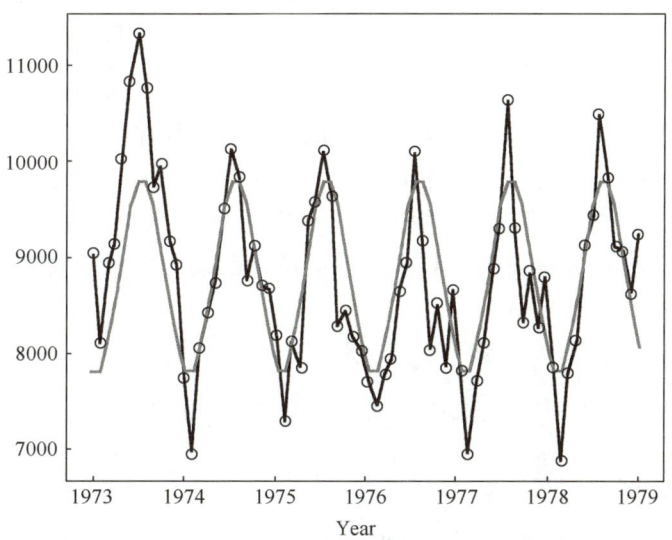

图 7-14　原始数据及拟合模型

拟合模型捕获了数据的一般周期性，并支持数据以 1 年为周期振荡的初步结论。

为了评估 1 个周期/12 个月的单一频率对观察到的时间序列的充分解释，我们使用残差模型模拟时间序列。为了评估残差，我们对白噪声使用具有 95% 置信区间的自相关序列。

```
# 计算并绘制残差的自相关序列
resid = ts .- tsfit_real
xc, lags = xcorr(resid, 50, "coeff")
lconf_val = -1.96 / sqrt(72)
uconf_val = 1.96 / sqrt(72)
lconf = fill(lconf_val, length(xc[51:end]))
uconf = fill(uconf_val, length(xc[51:end]))
```

```
figure(4)
stem(lags[51:end], xc[51:end], label = "Autocorrelation")
hold("on")
plot(lags[51:end], lconf)
plot(lags[51:end], uconf)
```

绘制的图像如图 7-15 所示。

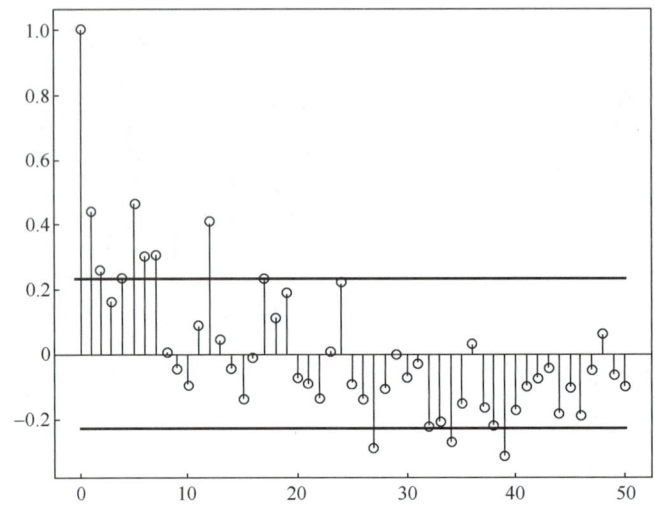

图 7-15 具有 95%置信区间的自相关序列

自相关值在 95%置信区间之外，存在许多滞后，似乎不是白噪声。由此可知，具有一个正弦分量的简单线性模型并不能解释某国意外死亡人数的所有振荡。下面我们拟合由三个最大傅里叶系数组成的模型，因为需要保留对应于负频率和正频率的傅里叶系数，所以要保留最大的 6 个指数。因为 72 个傅里叶系数（3 个频率分量）中的 6 个保留了大部分信号能量。等效地，时间序列方差的 90%由 3 个频率分量解释。根据 3 个频率分量形成数据估计值，比较原始数据、一个频率的模型和 3 个频率的模型。

```
using TyMath
tsfit2dft = zeros(Complex{Float64}, 72)
Y = sort(abs.(tsdft), rev=true, dims=1)
I = sortperm(abs.(tsdft), rev=true, dims=1)
indices = I[1:6]
tsfit2dft[indices] .= tsdft[indices]

norm1 = norm(tsdft / sqrt(72), 2) / norm(ts .- mean(ts), 2)
norm2 = norm(tsfit2dft / sqrt(72), 2) / norm(ts .- mean(ts), 2)
tsfit2 = mu .+ real(ifft(tsfit2dft))

# Assume `years` is given
# Plot the original data and the fits
figure(5)
plot(years, ts, marker="o", label="Data", )
xlabel("Year")
ylabel("Number of Accidental Deaths")
hold("on")
plot(years, tsfit_real, linewidth = 2, label="1 Frequency")
plot(years, tsfit2, linewidth = 2, label="3 Frequencies")
legend()
```

绘制的图像如图 7-16 所示。

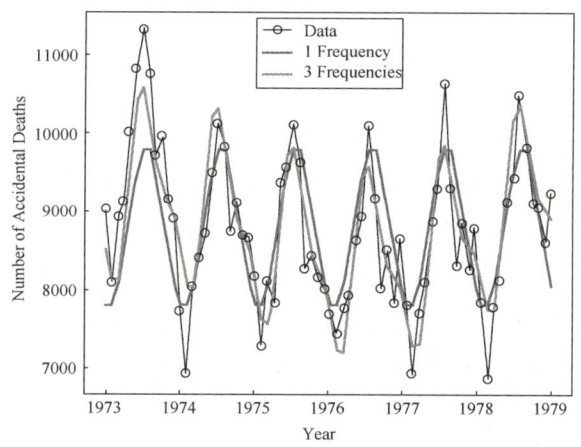

图 7-16 原始数据、一个频率的模型和 3 个频率的模型

```
using Statistics

# 假设 ts 和 tsfit2 是给定的时间序列数据

# 计算残差
resid = ts .- tsfit2

# 计算自相关系数
xc, lags = xcorr(resid, 50, "coeff")
figure(6)
hold("on")
# 绘制自相关系数图像
stem(lags[51:end], xc[51:end], filled=true)
xlabel("Lag")
ylabel("Correlation Coefficient")
title("Autocorrelation of Residuals")
```

绘制的图像如图 7-17 所示。

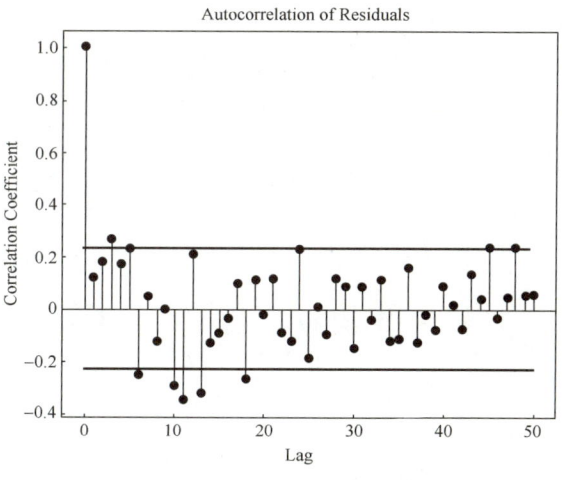

图 7-17 残差自相关

由图 7-17 可知，使用 3 个频率会产生更接近白噪声过程的残差。

7.1.4 检测噪声中的失真信号

噪声的存在通常会使确定信号的频谱成分变得困难。在这种情况下，频率分析可以提供帮助。例如，考虑引入三阶失真的非线性放大器的仿真输出。

输入信号是一个以 3.6kHz 的频率采样的 180Hz 单位振幅正弦波。生成 10000 个样本。在输入中添加单位方差白噪声，使用三阶多项式对放大器进行建模，将输入信号通过放大器，绘制输出的一部分。为了进行比较，绘制纯正弦曲线的输出。

```
using Random
using TyPlot
using Polynomials
using TyMath
using TySignalProcessing
# MATLAB variables
N = 10000
n = 0:N-1
fs = 3600
f0 = 180
t = n ./ fs
y = sin.(2 * pi * f0 .* t)
# 设置随机数生成器
Random.seed!(0)
noise = randn(size(y))
# MATLAB 的 polyval 函数转换
dispol = [0.5, 0.75, 1, 0]
out = polyval(dispol, y .+ noise)
ns = 300:500
# 绘图
figure()
plot(t[ns], out[ns], t[ns], polyval(dispol, y[ns]))
xlabel("Time (s)")
ylabel("Signals")
legend(["With white noise", "No white noise"])
```

绘制的图像如图 7-18 所示。

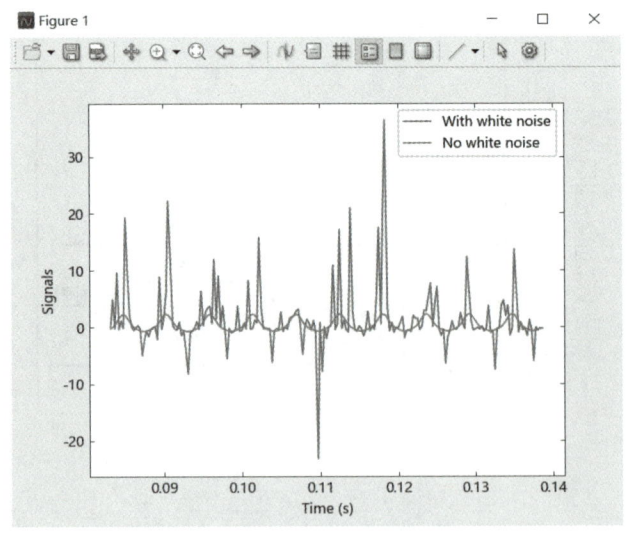

图 7-18　加入白噪声曲线对比图

pwelch 函数用于计算并绘制输出的功率谱密度。

```
# 计算 Welch 功率谱密度估计
segmentLength = 512  # 设定段长度
pxx, f = pwelch(out, segmentLength; nargout = 2)
# 绘制 Welch 功率谱密度估计
figure()
plot(f .* fs / pi, 10 * log10.(pxx))
grid("on")
title("Welch Power Spectral Density Estimate")
xlabel("Frequency (Hz)")
ylabel("Power/Frequency (dB/Hz)")
xlim([0, fs / 2])
```

绘制的图像如图 7-19 所示。

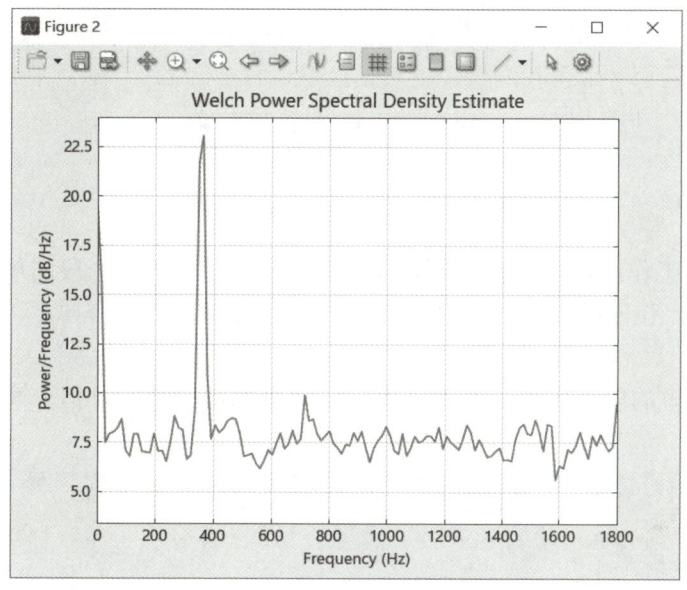

图 7-19　Welch 功率谱密度估计

由于放大器引入了三阶失真，因此输出信号应具有：

（1）零频率组件。

（2）与输入频率相同的基波分量，即 180Hz。

（3）两个谐波——输入频率的两倍和三倍的频率成分，即 360Hz 和 540Hz。

验证输出是否符合三次非线性的预期值。

```
figure()
plot(f .* fs / pi, 10 * log10.(pxx),locs, 10 * log10.(pks), "or")
grid("on")
title("Welch Power Spectral Density Estimate")
xlabel("Frequency (Hz)")
ylabel("Power/Frequency (dB/Hz)")
legend(["PSD", "Frequency Components"])
xlim([0, fs / 2])
```

绘制的图像如图 7-20 所示。

```
# 频率成分排序
components = sort(vcat(locs, f0 .* (0:3)))
```

使用不同的段长度计算 Welch 功率谱密度估计。

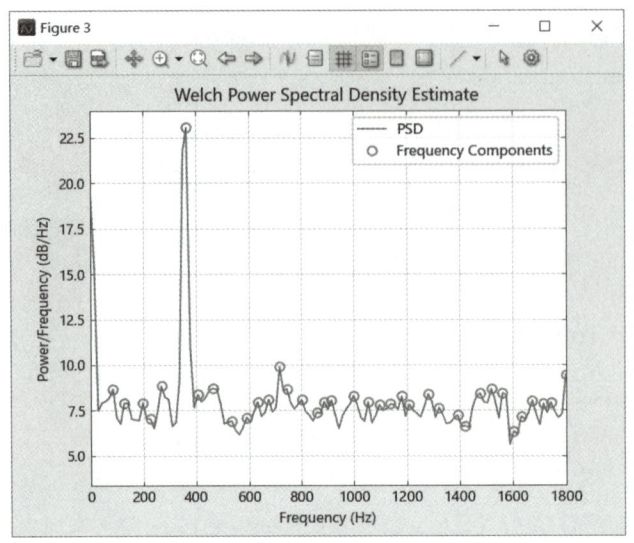

图 7-20　对信号进行下采样前滤波（1）

pwelch 函数的工作原理是先将信号划分为重叠的段，计算每个段的周期图，然后取平均值。在默认情况下，该函数使用 8 个重叠 50%的段。对于 10000 个样本，这相当于每个段有 2222 个样本。

将信号分成更短的段可产生更多的平均值，使周期图更平滑，但分辨率较低，无法区分高次谐波。

```
# 段长度为 222
segmentLength1 = 222
pxx1, f1 = pwelch(out, segmentLength1; nargout = 2)
# 绘制 Welch 功率谱密度估计
figure()
plot(f1 .* fs / pi, 10 * log10.(pxx1))
grid("on")
title("Welch Power Spectral Density Estimate (Segment Length = 222)")
xlabel("Frequency (Hz)")
ylabel("Power/Frequency (dB/Hz)")
xlim([0, fs / 2])
```

绘制的图像如图 7-21 所示。

将信号分成更长的段可以提高分辨率，还可以提高随机性。信号和谐波精确地处于预期位置。但是至少存在一个杂散高频峰值，其功率高于高次谐波。

```
# 段长度为 4444
segmentLength2 = 4444
pxx2, f2 = pwelch(out, segmentLength2; nargout = 2)

# 绘制 Welch 功率谱密度估计
figure()
plot(f2 .* fs / pi, 10 * log10.(pxx2))
grid("on")
title("Welch Power Spectral Density Estimate (Segment Length = 4444)")
xlabel("Frequency (Hz)")
ylabel("Power/Frequency (dB/Hz)")
xlim([0, fs / 2])
```

绘制的图像如图 7-22 所示。

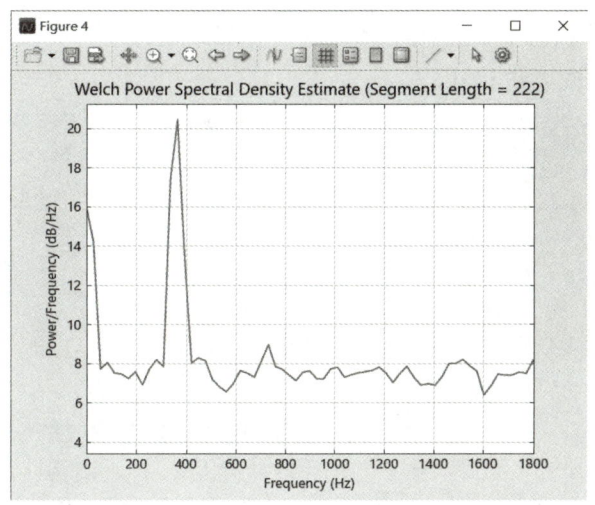

图 7-21　对信号进行下采样前滤波（2）

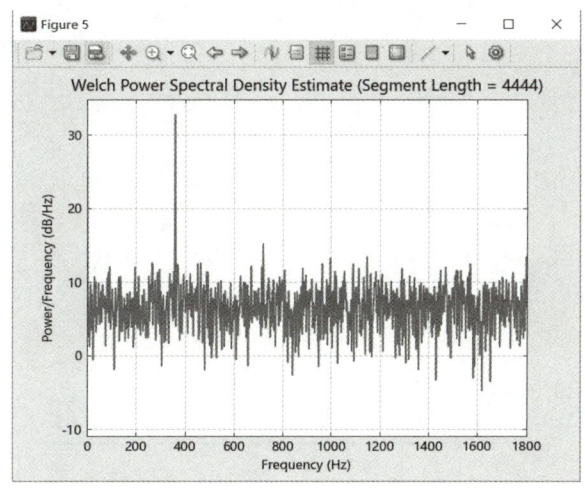

图 7-22　对信号进行下采样前滤波（3）

7.1.5　幅度估计和填零

以下示例说明如何通过填零方法提高对正弦信号幅度估计的精确度。在 DFT 中，频率分辨率由采样频率 F_s 与输入时间序列长度 N 的比值，即 $\frac{F_s}{N}$ 决定。当尝试估计某正弦波的幅度时，若其频率不恰好对应于 DFT 的一个频率 bin，则幅度估计可能会出现偏差。通过在执行 DFT 前对数据进行填零，通常能够提高幅度估计的精确度。

创建一个由两个正弦波组成的信号，其频率分别为 100Hz 和 202.5Hz。设定采样频率为 1000Hz，信号由 1000 个采样点构成。下面通过这个过程演示如何通过填零提高幅度估计的精确度。

获取信号的 DFT。DFT 的频率 bin 的间距为 1Hz。相应地，100Hz 正弦波对应 DFT 的一个频率 bin，但 202.5Hz 正弦波无法对应。

由于信号是实数值信号，因此此处只使用 DFT 的正频率来估计幅度。按输入信号的长度缩放 DFT，并将零频率和奈奎斯特频率之外的所有频率乘以 2。

绘制结果并与已知幅度进行比较。

```
using MAT
# using Plots
using TyPlot
using TySignalProcessing
using TyMath
using TyBase
using TyStatistics

Fs = 1000;
t = 0:1/Fs:1-1/Fs;
x = cos.(2 * π * 100 * t) + sin.(2 * π * 202.5 * t);

xdft = fft(x);
xdft = xdft[1:length(x)÷2+1];
# 归一化
xdft ./= length(x);

# 除了第一个和最后一个元素，其他元素乘以 2（由于 FFT 的对称性）
xdft[2:end-1] .*= 2;

# 创建频率向量
freq = 0:Fs/length(x):Fs/2;
figure(1)
plot(freq, abs.(xdft), label="Magnitude")
hold("on")
plot(freq, ones(length(x)÷2+1), label="Reference", linewidth=2)

# 添加标签
xlabel("Frequency (Hz)")
ylabel("Amplitude")
```

绘制的图像如图 7-23 所示。

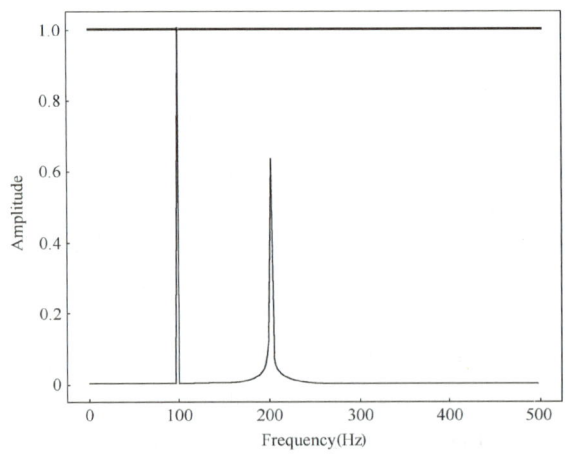

图 7-23　已知幅度和估计幅度的比较

在 100Hz 的正弦波情况下，幅度估计是精确的，因为它的频率恰好对应于 DFT 的一个频率 bin。然而，对于 202.5Hz 的正弦波，情况就不同了，因为它的频率与 DFT 的频率 bin 并不对应，导致幅度估计不精确。

为了提高对 202.5Hz 正弦波幅度估计的精确度，我们可以采用填零方法对 DFT 进行插值。通过在原始数据后面添加零值，我们可以获得更精细的频率分辨率，从而对信号的幅度进行精确的估计。需要注意的是，填零操作并不会改变 DFT 的频率分辨率，后者依然由采样数和采样频率决定。

接下来，我们将 DFT 的长度增加到 2000 个采样点，也就是原始信号长度的两倍。这样，DFT 的频率 bin 的间距变为 $F_s/2000=0.5$Hz。在这个新的分辨率下，202.5Hz 的正弦波的能量将恰好落在 DFT 的一个频率 bin 中。执行 DFT，并绘制幅度估计图。通过填零，我们将采样点的数量扩展到 2000 个，以实现精确的幅度测量。

```
lpad = 2 * length(x);

# 创建填零的信号
x_padded = [x; zeros(lpad - length(x))];

# 进行 FFT
xdft = fft(x_padded);

# 保留一半的频谱（由于对称性）
xdft = xdft[1:div(lpad, 2) + 1];

# 归一化
xdft ./= length(x);

# 除了第一个和最后一个元素，其他元素乘以 2（由于 FFT 的对称性）
xdft[2:end-1] .*= 2;

# 创建频率向量
freq = 0:Fs/lpad:Fs/2;

figure(2)
# 绘制频谱图
plot(freq, abs.(xdft), label="Magnitude")
hold("on")
# 绘制参考线
plot(freq,ones(div(lpad, 2) + 1), label="Reference", linewidth=2)

# 添加标签
xlabel("Frequency (Hz)")
ylabel("Amplitude")
```

绘制的图像如图 7-24 所示。

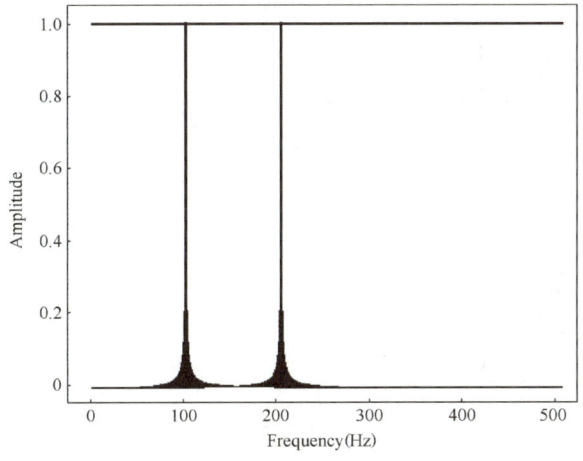

图 7-24　填零后的频率

7.1.6 比较两个信号的频率成分

频谱相关性有助于识别频域中信号之间的相似性。大数值表示信号共有的频率分量。

将两个声音信号加载到工作区中,以 1kHz 的频率对其进行采样。使用 periodogram 函数计算其功率谱,并以彼此相邻的方式对其绘图。

```
using MAT
using TyPlot
using TySignalProcessing
using TyMath

# 打开 mat 文件
file = matread("relatedsig.mat")

# 从文件中提取数据
Fs = file["FsSig"]   # 采样频率,已经是 Float64,不需要转换
sig1_matrix = file["sig1"]
sig2_matrix = file["sig2"]

sig1 = vec(sig1_matrix)
sig2 = vec(sig2_matrix)

# 计算周期图
P1, f1 = periodogram(sig1,[],[], Fs , "power"; nargout=2)
P2, f2 = periodogram(sig2,[],[], Fs , "power"; nargout=2)

subplot(2, 1, 1)
plot(f1, P1, color=:k)
ylabel("P_1")
title("Power Spectrum")

subplot(2, 1, 2)
plot(f2, P2, color=:r)
ylabel("P_mied2")
xlabel("Frequency (Hz)")
```

绘制的图像如图 7-25 所示。

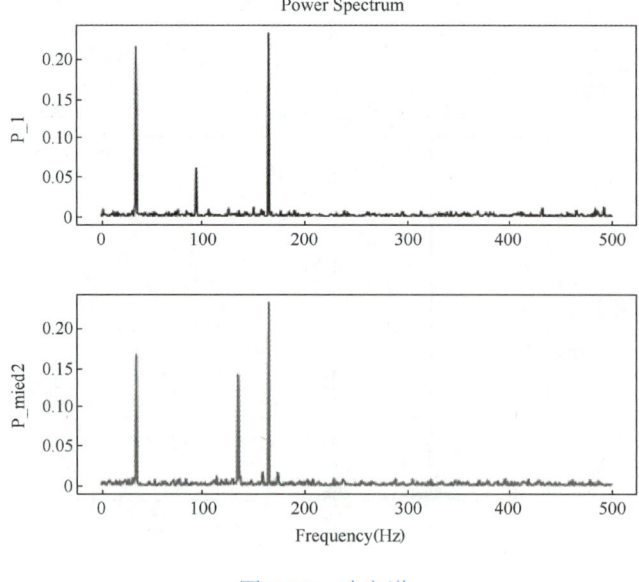

图 7-25 功率谱

每个信号有三个具有显著能量的频率分量，其中有两个分量似乎是共享分量。使用 findpeaks 函数求出对应的频率。

```
using TyBase
using TySignalProcessing
# 查找峰值，确保语法正确
pk1, lc1 = findpeaks(P1, SortStr="descend", NPeaks=3, nargout=2)
P1peakFreqs = f1[lc1]
pk2, lc2 = findpeaks(P2, SortStr="descend", NPeaks=3, nargout=2)
P2peakFreqs = f2[lc2]
```

公共分量位于大约 165Hz 和 35Hz 处，用户可以使用 mscohere 函数直接求出匹配的频率。对相关性估计绘图，找到阈值 0.75 以上的波峰。

```
# 假设 sig1 和 sig2 是两个有效的信号样本数组
Cxy, f = mscohere(sig1, sig2,[],[],[], Fs; nargout = 2)

# 查找高于阈值的峰值
thresh = 0.75
pks, locs = findpeaks(Cxy, MinPeakHeight=thresh, nargout=2)   # 正确使用关键字参数
MatchingFreqs = f[locs]

# 绘制相关性估计
figure()
plot(f, Cxy)
grid("on")
xlabel("Frequency (Hz)")
title("Coherence Estimate")
ax = gca()
ax.XTick = MatchingFreqs
ax.YTick = [thresh]
axis([0, 200, 0, 1])
```

绘制的图像如图 7-26 所示。

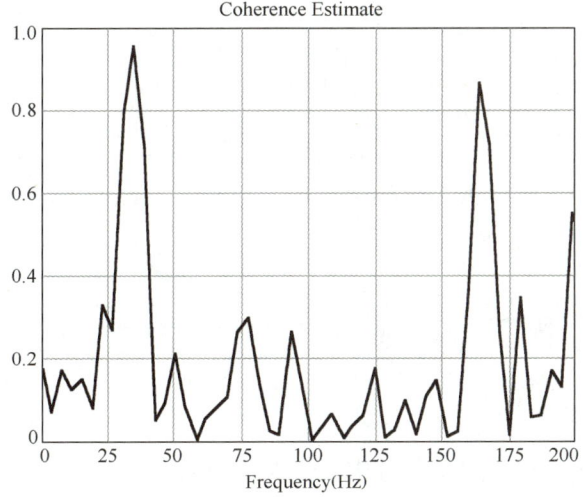

图 7-26　相关性估计

7.1.7　交叉频谱和幅度平方相关性

以下示例说明如何使用交叉频谱获得二元时间序列中正弦分量之间的相位滞后，并且使

用幅度平方相关性在各个正弦波频率处识别显著频域相关性。

创建二元时间序列,每个序列都由频率分别为 100Hz 和 200Hz 的两个正弦波组成。这些序列带有加性高斯白噪声,采样频率为 1kHz。x 序列中的正弦波幅度都等于 1。y 序列中的 100Hz 正弦波幅度为 0.5,y 序列中的 200Hz 正弦波幅度为 0.35。y 序列中的 100Hz、200Hz 正弦波的相位滞后分别为 π/4rad 和 π/2rad。

```
using Random
using TyPlot
using TySignalProcessing
using TyMath
```

在这里将 y 序列视为输入为 x 的线性系统被噪声损坏的输出。采用随机数生成器的默认设置,以获得可重现的结果。

```
# 设置随机数种子
Random.seed!(0)
# 定义采样频率和时间向量
Fs = 1000
t = 0:1/Fs:1-1/Fs
```

获得二元时间序列的幅度平方相关性估计。幅度平方相关性使用户能够识别两个时间序列之间的显著频域相关性。交叉频谱中的相位估计仅在存在显著频域相关性的情况下有用。

为了防止在所有频率处获得的幅度平方相关性估计都等于 1,必须使用平均相关性估算器,韦尔奇交叠分段平均(Welch Overlapping Segment Averaging,WOSA)法和多窗谱法均适用。mscohere 函数可实现 WOSA 估算器。

将窗长度设置为 100 个采样点。此窗长度包含 10 个周期的 100Hz 正弦波和 20 个周期的 200Hz 正弦波。使用默认的 Hann 窗,重叠长度为 80 个采样点。显式输入采样频率以获得单位为赫兹的输出频率。绘制幅度平方相关性。在频率为 100Hz 和 200Hz 时,幅度平方相关性大于 0.8。

```
# 生成信号
x = cos.(2*pi*100*t) .+ sin.(2*pi*200*t) .+ 0.5*randn(length(t))
y = 0.5*cos.(2*pi*100*t .- pi/4) .+ 0.35*sin.(2*pi*200*t .- pi/2) .+ 0.5*randn(length(t))
# 计算幅值平方相关性
noverlap = 80
nfft = 100
Cxy, f = mscohere(x, y, hann(nfft), noverlap, nfft, Fs;nargout = 2)
#绘图
figure()
plot(f, Cxy)
grid("on")
title("Magnitude-Squared Coherence")
xlabel("Frequency (Hz)")
ylabel("Coherence")
```

绘制的图像如图 7-27 所示。

使用 cpsd 函数获得 x 和 y 的交叉频谱。使用相同的参数获得在相关性估计中使用的交叉频谱。当相关性很小时,忽略交叉频谱。绘制交叉频谱的相位,并指出在两个时间点间具有显著相关性的频率。标记已知的正弦分量之间的相位滞后。在频率为 100Hz 和 200Hz 时,根据交叉频谱估计的相位滞后接近真实值。

```
#获取交叉频谱
Pxy,F = cpsd(x,y,hann(100),80,100,Fs;nargout = 2);
#当相关性很小时,忽略交叉频谱
```

```
for i in 1:length(Cxy)
    if Cxy[i] < 0.4
        Pxy[i] = 0
    end
end
#绘图
figure()
plot(F, angle.(Pxy)./pi)
grid("on")
title("Cross Spectrum Phase")
xlabel("Frequency (Hz)")
ylabel("Lag (x pi rad)")
```

绘制的图像如图 7-28 所示。

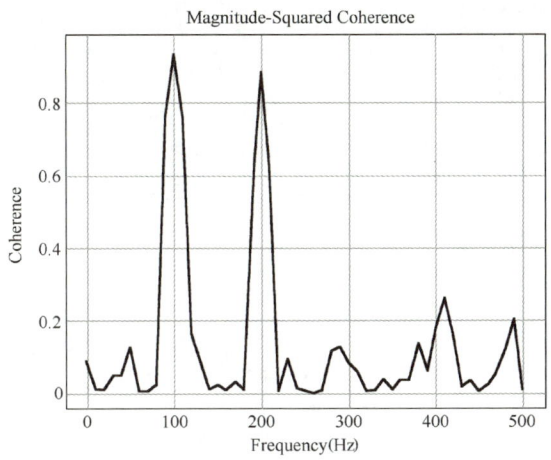

图 7-27　幅度平方相关性估计

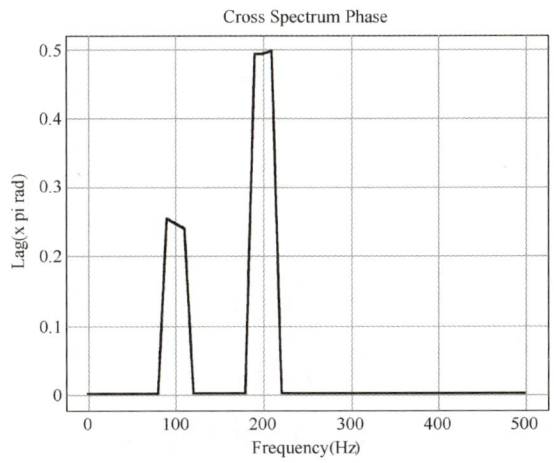

图 7-28　交叉频谱

7.2　子空间方法

以下示例说明如何使用子空间方法解析紧密间隔的正弦波。子空间方法假设谐波模型由加性噪声中的正弦波总和组成，可能是复数。在复值谐波模型中，噪声也是复值。

创建一个长度为 24 个样本的复值信号。该信号由两个频率分别为 0.4Hz 和 0.425Hz 的复指数（正弦波）与加性复高斯白噪声组成。噪声均值为 0，方差为 0.22。在复白噪声中，实部和虚部的方差都等于总方差的一半。

```
using TyPlot
using TySignalProcessing

# Define the signal
n = 0:23
x = exp.(1im*2*pi*0.4*n) .+ exp.(1im*2*pi*0.425*n) .+ 0.2/sqrt(2)*(randn(length(n)) .+ 1im*randn(length(n)))
```

尝试使用信号的功率谱解析两个正弦波。将谱泄露值设置为最大值以获得最佳效果。

```
# Power Spectrum
segmentLength = 24
psd,w = pwelch(x,segmentLength,nargout=2)
figure()
plot( w/(2*pi), 20*log10.(abs.(psd)))
# frequencies,
# , label="Power Spectrum"
xlabel("Frequency")
ylabel("Power/Frequency")
title("Power Spectrum")
```

绘制的图像如图 7-29 所示。

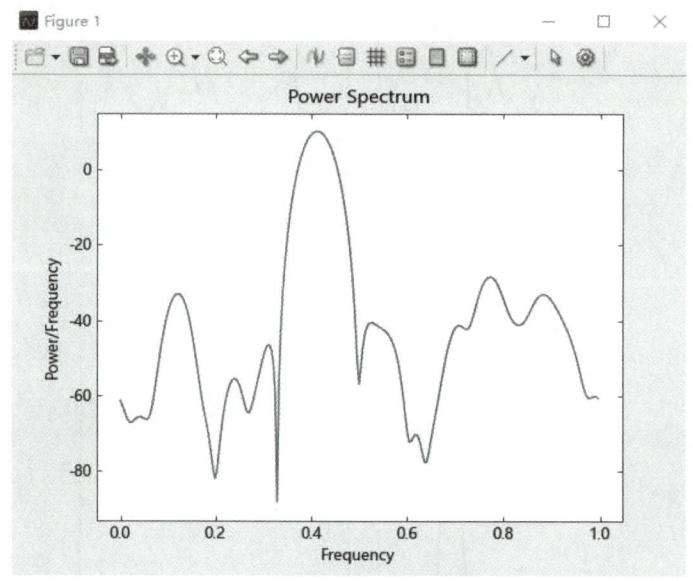

图 7-29 功率谱

周期图显示 0.4Hz 附近的宽峰值。由于周期图的频率分辨率为 $1/N$，因此无法解析两个单独的正弦波，其中 N 是信号的长度。在这种情况下，$1/N$ 大于两个正弦波的间隔。填零无助于解析两个单独的峰。

可以使用子空间方法解析两个紧密间隔的峰。在以下示例中，使用 MUSIC 方法估计自相关矩阵并将自相关矩阵输入到 pmusic 函数中。指定具有两个正弦分量的模型。

```
X,R = corrmtx(x,14,"modified");
Pxx, w, = pmusic(R, 2 ; plotfig=false)
figure()
plot(w/(2*pi), 20 * log10.(abs.(Pxx)))
```

```
xlabel("Frequency (Hz)")
ylabel("Power (dB)")
title("Pseudospectrum Estimate via MUSIC")
```

绘制的图像如图 7-30 所示。

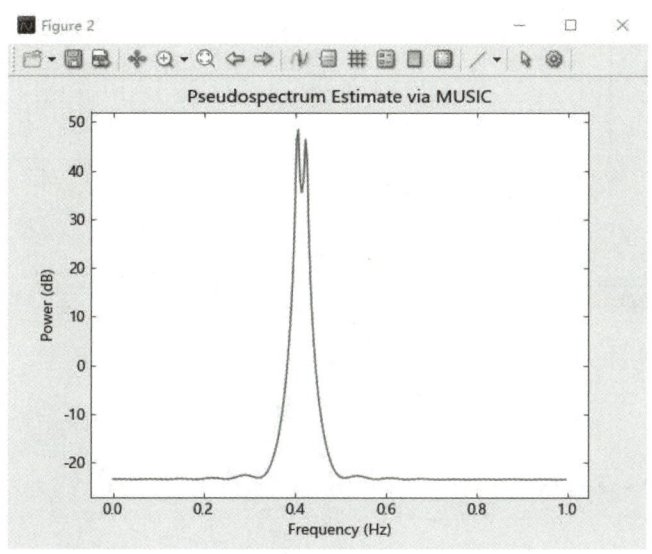

图 7-30　使用子空间方法解析两个紧密间隔的峰

使用 MUSIC 方法能够分离 0.4Hz 和 0.425Hz 的两个峰值。但是，子空间方法不会像功率谱密度估计那样产生功率估计。子空间方法对于频率识别最有用，并且对模型顺序错误规范很敏感。

7.3　加窗法

7.3.1　函数

窗设计器应用程序能够用于设计和分析频率窗。通过此应用程序，用户可以：
（1）显示一个或多个频率窗的时域和频域表示。
（2）研究频率窗的行为如何随其长度和其他参数的变化而变化。
（3）通过图形化操作设计频率窗并将其导出至 Syslab 工作区。

```
import TyWindowDesigner.windowDesigner; windowDesigner()
```

结果如图 7-31 所示。

1．Bohman 窗

使用窗设计器设计指定长度为 128 的 Bohman 窗，并将其导出至 Syslab 工作区。

创建一个 Bohman 窗：在"类型"下拉列表中选择"Bohman"选项，在"长度"文本框中输入"128"，在"名称"下拉列表中选择"bohwin"选项。单击"应用"按钮，"窗查看器"面板中显示 Bohman 窗的时域和频域响应，结果如图 7-32 所示。

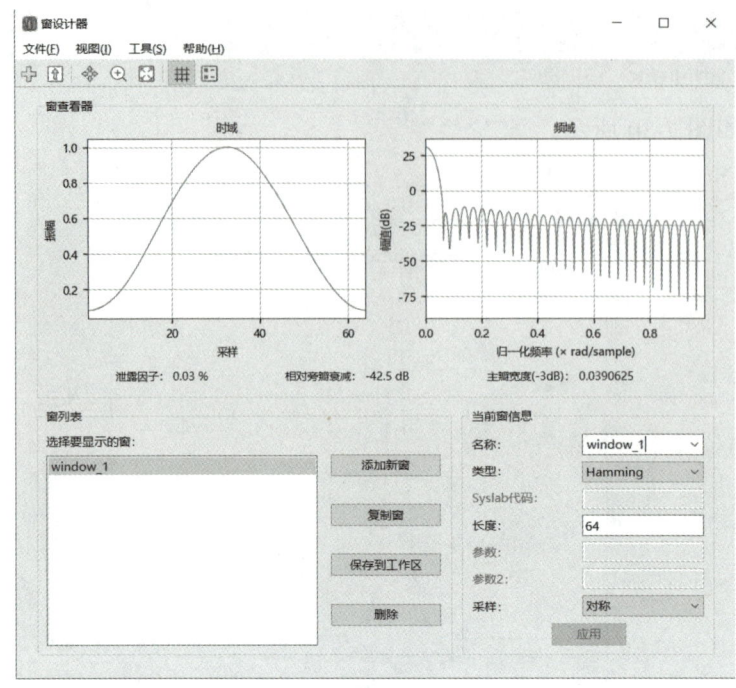

图 7-31　窗设计器应用

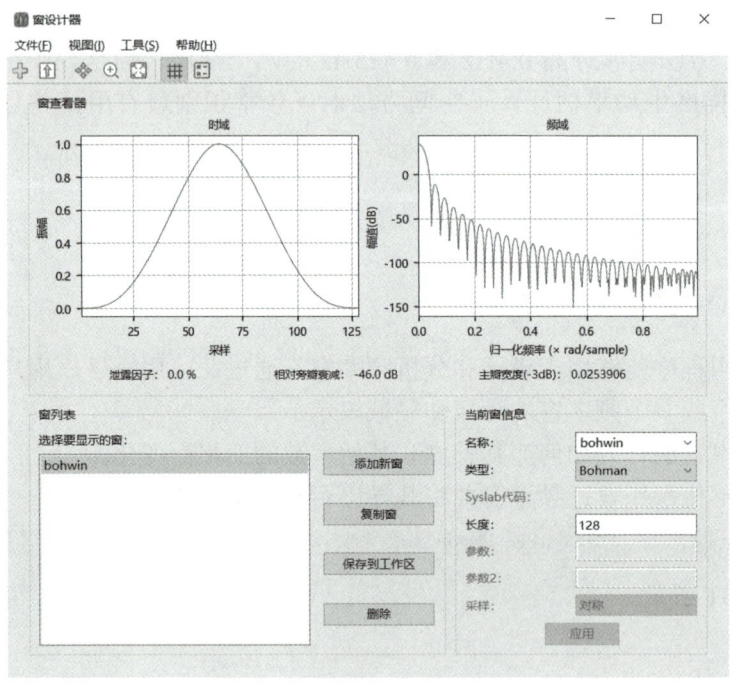

图 7-32　Bohman 窗的时域和频域响应

单击"保存到工作区"按钮，将设计完成的 Bohman 窗导出至 Syslab 工作区。
验证 Bohman 窗是否显示在 Syslab 工作区中。

```
varinfo(r"^bohwin$")
```

结果如图 7-33 所示。

```
julia> varinfo(r"^bohwin$")
  name        size       summary
  ------      --------   ---------------------
  bohwin   1.039 KiB    128×1 Matrix{Float64}
```

图 7-33　验证 Bohman 窗是否显示在 Syslab 工作区中

2. Kaiser 窗

使用窗设计器查看 Kaiser 窗的行为是否取决于窗长度和形状参数 β。

创建一个 Kaiser 窗：在"类型"下拉列表中选择"Kaiser"选项，在"长度"文本框中输入"20"，在"Beta"文本框中输入"0"，在"名称"下拉列表中选择"kaiser0"选项。单击"应用"按钮，"窗查看器"面板中显示 Kaiser 窗的时域和频域响应，结果如图 7-34 所示。

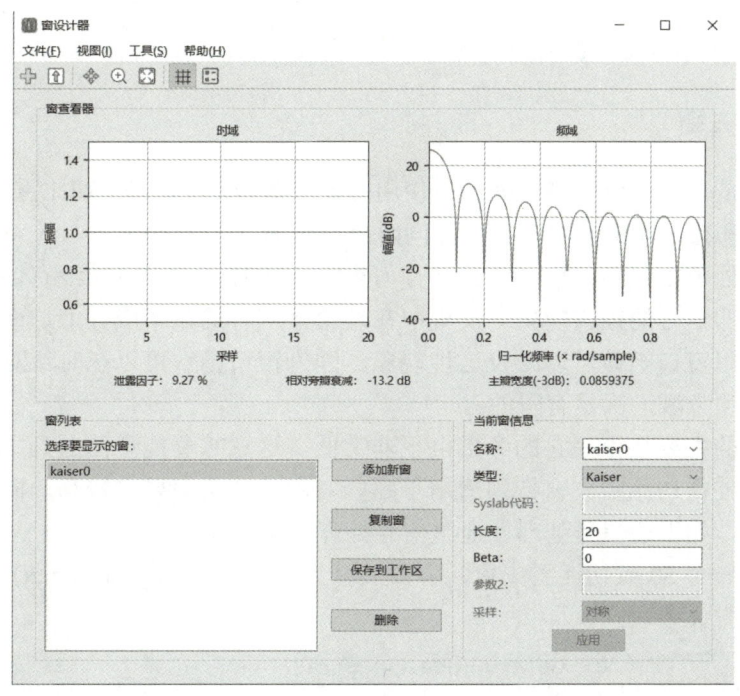

图 7-34　Kaiser 窗的时域与频域响应

单击"添加新窗"按钮，创建一个长度为"20"，Beta 值为"3"的 Kaiser 窗，将其命名为"kaiser3"并单击"应用"按钮。

单击"复制窗"按钮，创建第三个 Kaiser 窗，将其命名为"kaiser6"，将 Beta 值设置为"6"，并单击"应用"按钮。

在"窗列表"选区中选中已经创建的三个 Kaiser 窗，"窗查看器"面板中同时显示三个 Kaiser 窗的时域和频域响应，结果如图 7-35 所示。

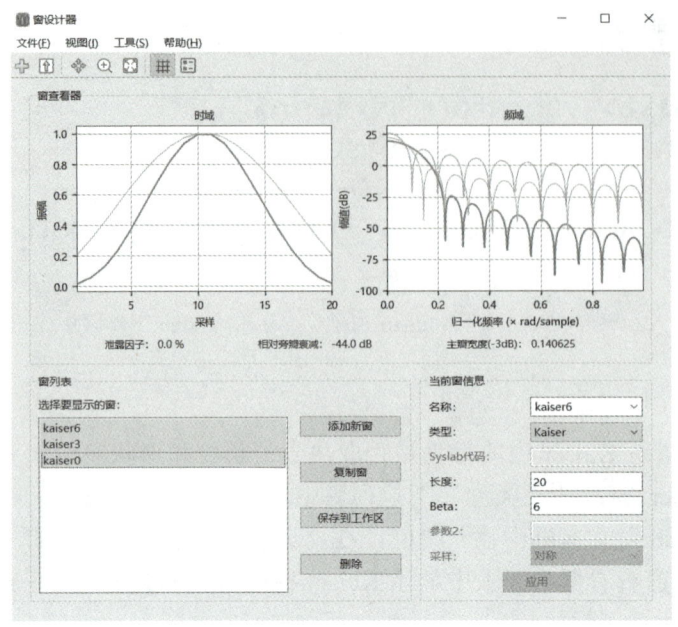

图 7-35　同时显示三个 Kaiser 窗的时域和频域响应

7.3.2　切比雪夫窗

切比雪夫窗是一种在数字信号处理中使用的窗口函数。它是基于切比雪夫多项式设计的，用于减少谱泄露和减小频谱的主瓣宽度，同时控制旁瓣水平。

在数字信号处理中，当我们对信号进行傅里叶变换时，由于有时没有信号，因此会导致频谱泄露现象，即信号的频谱能量不仅集中在理论上应有的频率成分上，而且会扩散到其他频率成分上。使用窗口函数可以减少这种现象，因为窗口函数可以在时域对信号进行截断，使得信号在时域和频域上都是有限的。

切比雪夫窗的主要特点是它的旁瓣电平非常低，这意味着能量泄露到主瓣之外的部分非常少。这种特性使得切比雪夫窗特别适用于那些对频率分辨率要求较高，同时对旁瓣抑制有较高要求的场合，如雷达信号处理、地震信号处理等领域。

生成并显示一个 50 点切比雪夫窗，旁瓣衰减为 40dB。chebyshevT(n,x) 表示点 x 处的第一类第 n 次切比雪夫多项式。

```
using DSP
using TyPlot
using TySignalProcessing
using TyWavelet
using TyDSPSystem
# 创建切比雪夫窗
w = chebwin(50,40)
# 绘制窗口波形
figure()
plot(w)
xlabel("Sample")
ylabel("Amplitude")
title("Chebyshev Window")
```

绘制的图像如图 7-36 所示。

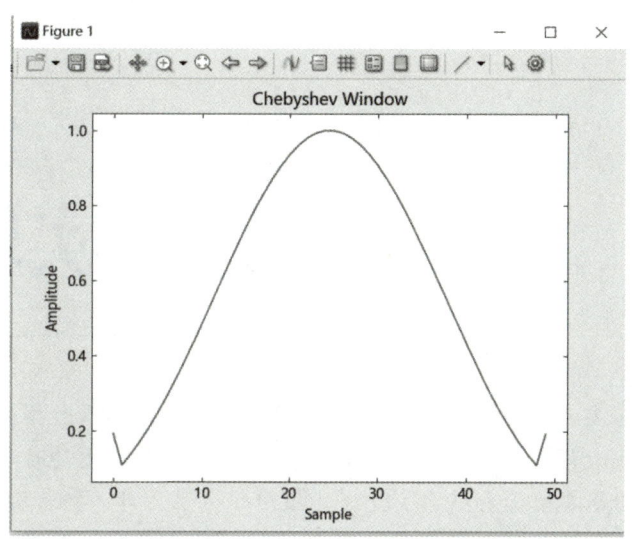

图 7-36　50 点切比雪夫窗

fvtool 函数可用于显示和分析滤波器的响应、系数及其他信息。

通过 fvtool 函数可以查看幅度响应、相位响应、群延迟、相位延迟、冲击响应、阶跃响应、零极点图、滤波系数、滤波信息等。

在新窗口中打开滤波器可视化工具,并显示滤波器系数。

```
figure()
fvtool(w)
```

第 8 章
综合实验案例

本实验旨在通过采集人体运动时各传感器的信息,结合传感器数据处理和数字信号处理技术,对数据进行分析和处理,实现一些相关的应用;通过对人体运动时各传感器数据的采集和处理,学习信号处理的基本概念和技术,并将其应用于运动估计、姿态估计和步数计数等方面。SensorLog 软件用于采集传感器数据。传感器包括加速度传感器、磁力计、陀螺仪、高度传感器、无偏性设备运动传感器、压强传感器和温度传感器。MATLAB、MWORKS 用于对采集到的数据进行处理和分析。本实验的步骤如下。①传感器数据采集:使用 SensorLog 软件对人体运动时各传感器的信息进行采集,并保存为数据文件。②数据预处理:使用 MATLAB 或 MWORKS 对采集到的数据进行预处理,包括数据去噪、滤波和校正等操作,以确保数据的准确性和可靠性。③运动估计:通过分析加速度数据和陀螺仪数据,结合运动学模型,估计人体的运动状态,如速度、加速度和位移等。④姿态估计:利用磁力计数据和陀螺仪数据等传感器数据,结合姿态估计算法,估计人体的姿态,如姿势、方向和旋转角度等。⑤步数计数:通过分析加速度数据的峰值,判断人体的步行或跑步动作,并计算步数。根据实际需求,可以进一步应用信号处理技术,如滤波、频谱分析、特征提取等,实现其他相关应用。

通过本章学习,读者可以了解(或掌握):
- 传感器数据采集和信号处理的基本技能。
- 运动估计。
- 姿态估计。
- 步数计数。

8.1 手机 MEMS 传感器

MEMS（Micro-Electro-Mechanical System，微型电子机械系统）传感器是一种将微电子技术与传感器技术相结合的新型传感器。MEMS 传感器通过微电子技术将机械结构集成到一个芯片上，实现了高度集成化和小型化。MEMS 传感器以其微型化、集成化和高性能的特点，被广泛应用于各个领域，如航空航天、汽车工业和消费电子等。其中，手机 MEMS 传感器是智能手机中不可或缺的关键组件，包括光纤传感器、距离传感器和加速度传感器等部分，它赋予了智能手机更多的功能和应用场景。

8.2 SensorLog 软件

SensorLog 是一款集多种传感器于一体，并且能够进行机器仿真学习的软件，使用该软件可以得出程序所在设备所处环境的加速度数据、陀螺仪数据、磁力计数据、无偏性设备运动数据、声音分贝数据、地理北极和磁场北极所在位置数据、当前设备所有人正在进行的活动、实时海拔、大气压、GPS 定位信息、网络信息、电池信息、运营商信息等。使用 SensorLog 软件记录人体行走的数据，包括走、跑、跳等步态数据，该软件记录的数据可以导出为 csv 文件。

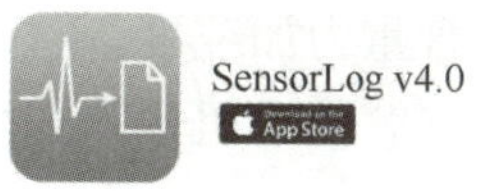

SensorLog 软件图标如图 8-1 所示。

图 8-1　SensorLog 软件图标

SensorLog 软件功能如图 8-2 所示。

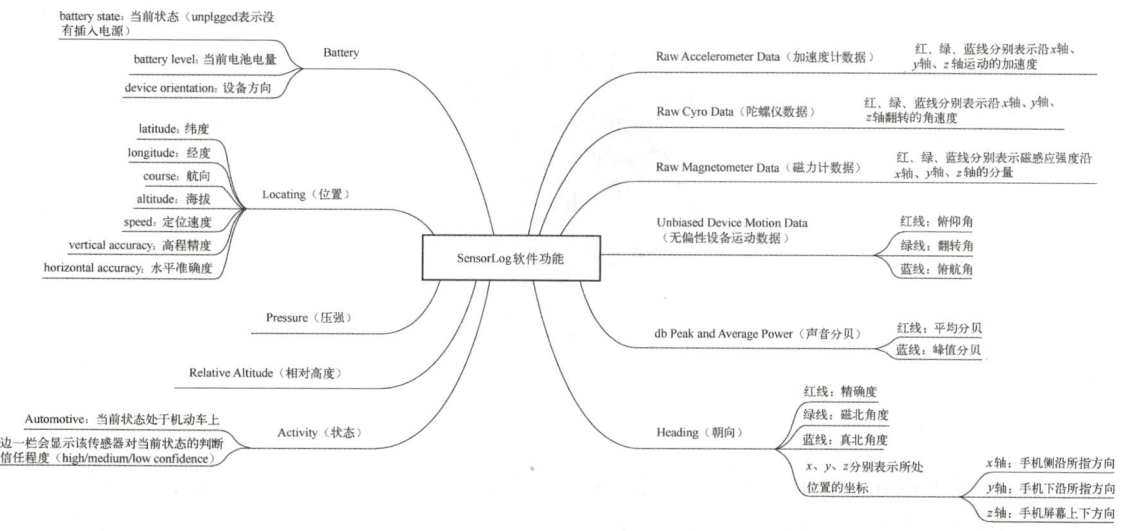

图 8-2　SensorLog 软件功能

8.3 数据采集

数据采集又称数据获取，是指从传感器和其他待测设备中获取信号的过程。数据采集技术广泛应用于各个领域，人体行为识别便是其中之一。数据采集所用到的采集工具的种类不胜枚举，如摄像头、麦克风等各类传感器设备。当前，智能手机内部集成了众多采集数据信息所用到的嵌入式传感器,这给基于智能手机的人体行为识别研究带来了极大的方便,同时也给人体行为识别这一领域带来了非常广阔的应用前景和巨大的商业价值。

现代智能手机中传感器种类极其丰富,其集成了数十种嵌入式传感器,如加速度传感器、陀螺仪、距离传感器、磁力计、GPS、光纤传感器、接近传感器、压力传感器、温度传感器等。基于手机 MEMS 传感器文件读取开展信号处理仿真,可降低实验的复杂度,增强实验的可操作性。

8.4 数据处理

8.4.1 加速度数据处理

加速度传感器是一种测量物体运动时所产生的加速力的电子设备,加速力是在物体进行加速运动时产生的作用在物体自身的力。加速力可以是常量,也可以是变量。加速度传感器获取的是如图 8-3 所示的 x、y、z 三个轴上的加速度,该数值包含重力的影响,单位是 m/s^2。由于在地球上的物体总会固定受到自身重力的影响,因此手机内置加速度传感器的读数总会包含重力加速度。

智能手机嵌入式传感器的坐标系如图 8-3 所示。

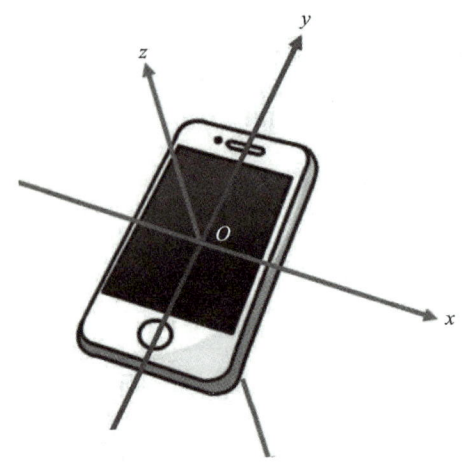

图 8-3 智能手机嵌入式传感器的坐标系

如果智能手机左侧面向下静止放置在水平面上,则 y 轴和 z 轴上的加速度均为 0,x 轴上会固定受到智能手机自身重力的影响。此时由于 x 轴向上,因此智能手机的重力加速度为 $-g$,x 轴上的加速度为

$$a_x = a - (-g) = a + g$$

因此,当智能手机左侧面向下静止放置在水平面上时,x、y、z 三个轴上的加速度近似于:

$$(a_x, a_y, a_z) = (g, 0, 0)$$

当智能手机右侧面向下静止放置在水平面上时,x 轴向下,智能手机的重力加速度为 $+g$。在这种情况下,x 轴上的加速度为

$$a_x = a - g$$

静止时有近似值：
$$(a_x, a_y, a_z) = (-g, 0, 0)$$

如果智能手机机头向上静止放置在水平面上，则 x 轴和 z 轴上的加速度均为 0，y 轴上会固定受到智能手机自身重力的影响。此时由于 y 轴向上，因此智能手机的重力加速度为 $-g$，y 轴上的加速度为

$$a_y = a - (-g) = a + g$$

因此，当智能手机机头向上静止放置在水平面上时，x、y、z 三个轴上的加速度近似于：
$$(a_x, a_y, a_z) = (0, g, 0)$$

当智能手机机头向下静止放置在水平面上时，y 轴向下，智能手机的重力加速度为 $+g$。在这种情况下，y 轴上的加速度为

$$a_y = a - g$$

静止时有近似值：
$$(a_x, a_y, a_z) = (0, -g, 0)$$

如果智能手机屏幕向上静止放置在水平面上，则 x 轴和 y 轴上的加速度均为 0，z 轴上会固定受到智能手机自身重力的影响。此时由于 z 轴向上，因此智能手机的重力加速度为 $-g$，z 轴上的加速度为

$$a_z = a - (-g) = a + g$$

因此，当智能手机屏幕向上静止放置在水平面上时，x、y、z 三个轴上的加速度近似于：
$$(a_x, a_y, a_z) = (0, 0, g)$$

当智能手机屏幕向下静止放置在水平面上时，z 轴向下，智能手机的重力加速度为 $+g$。在这种情况下，z 轴上的加速度为

$$a_z = a - g$$

静止时有近似值：
$$(a_x, a_y, a_z) = (0, 0, -g)$$

加速度传感器的应用相当广泛，可应用于航空航天 IMU/AHRS（惯性测量单元/航姿参考系统）、航空电子设备、无人机、陆地导航、汽车控制系统、油气定向钻井平台、平台稳定性系统、摄像机、炮台、天线、倾角感性测量、条件监测、预测性维护、资产健康状况测试和测量、健康用途监测系统、声发射等。市场上的加速度传感器种类很多，其中 MEMS 产品较为成熟，其在大量生产时成本较为低廉。图 8-4 所示为智能手机内置的嵌入式加速度传感器，其中 ADI 公司生产的 ADXL330 加速度传感器经常被用于高精度计步器、智能手机等电子设备及产品。图 8-5 所示分别为 Colibrys 公司生产的 MS8002.D、MS9001.D 加速度传感器和 ADI 公司生产的 ADXL100x 型加速度传感器。

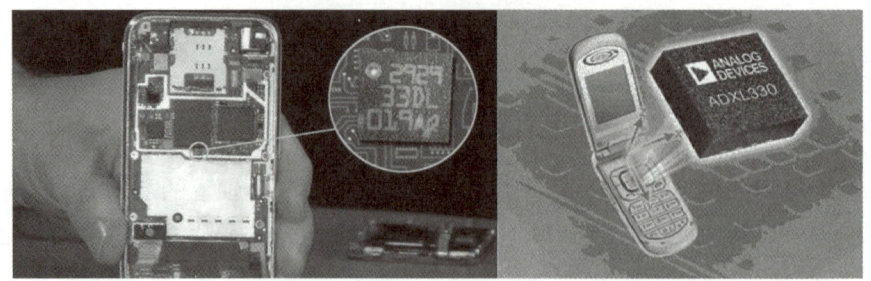

图 8-4　智能手机内置的嵌入式加速度传感器

图 8-5　几种高端平台使用的加速度传感器

一般而言,在智能手机中常用的是电容式加速度传感器,这类传感器能够测量智能手机的加速状态,并且能感知智能手机运动的方向性。智能手机中的加速度传感器的测量数据一般包括三个轴上的数据,分别为 x 轴、y 轴和 z 轴。虽然加速度传感器在 x 轴、y 轴、z 轴三个方向上都记录到了加速度信息,但是在实际实验中我们却无法得知其运动的具体方向,这是因为我们并不知道智能手机在使用者的身上是如何放置的,这也是很多研究人员在研究过程中需要将智能可穿戴设备或智能手机固定在人身上的某一位置的原因。对于大多数智能手机而言,其嵌入式加速度传感器在收集数据信息时都会有一个采样频率,用户可以根据实验的设定和目的通过厂家所提供的 API 选择所需的采样频率。加速度传感器记录的是智能手机关于时间的各方向上的加速度,包括合加速度、线性加速度及重力加速度。我们利用从智能手机的加速度传感器中获取到的原始数据流可以分析使用者的不同动作。例如,我们将智能手机放置在使用者身上的固定位置,可以检测到智能手机由水平位置转换到垂直位置时加速度传感器所收集到的数据信号的变化,进而可以分析使用者当前的运动姿态。当使用者的运动状态由步行改为慢跑时,其携带的智能手机中的加速度传感器所收集到的信号幅度会发生变化,进而可以分析使用者的运动状态变化情况。综上所述,加速度传感器可以获取智能手机使用者在某一时间段内的运动状态。

1．MATLAB 仿真程序及结果

```
clear all
```

```matlab
close all

csvFile = './data/data.csv';

data = readmatrix(csvFile, 'Range', 'U:X');
%%
accX = data(:, 2);
accY = data(:, 3);
accZ = data(:, 4);
%%
timeInterval = 0.03; %每个数据点之间的时间间隔（假设为 1 秒）
numData = size(data, 1); %数据点的总数
time = (0:numData-1) * timeInterval;
%%
figure;
plot(time, accX, 'r', time, accY, 'g', time, accZ, 'b');
xlabel('时间（秒）');
ylabel('加速度（G）');
legend('X 方向', 'Y 方向', 'Z 方向');
title('加速度数据变化');
%%
figure;
plot(time(1:500), accX(1:500), 'r', time(1:500), accY(1:500), 'g', time(1:500), accZ(1:500), 'b');
xlabel('时间（秒）');
ylabel('加速度（G）');
legend('X 方向', 'Y 方向', 'Z 方向');
title('前 500 个数据的加速度数据变化');
%%
figure;
mag = sqrt(sum(accX.^2 + accY.^2 + accZ.^2, 2));
plot(time(1:500),mag(1:500));
xlabel('时间（秒）');
ylabel('整体加速度（G）');
title('前 500 个数据的整体加速度数据变化');
%%
magNoG = mag - mean(mag(2:end));
%计算峰值阈值
minPeak = std(magNoG(2:end));

%使用 findpeaks 函数寻找峰值
[pks,locs] = findpeaks(magNoG, 'MINPEAKHEIGHT', minPeak);

%计算步数
numSteps = numel(pks);

%显示步数
disp(['估计的步数为：', num2str(numSteps)]);

%可视化峰值位置和幅值
figure;
hold on;
plot(time, magNoG);
plot(time(locs), pks, 'r', 'Marker', 'v', 'LineStyle', 'none');
hold off;
title('步数估计');
xlabel('时间（秒）');
ylabel('加速度幅值，去除重力影响（m/s^2）');

%只选择前 500 个点
time500 = time(1:500);
magNoG500 = magNoG(1:500);
```

```
locs500 = locs(locs <= 500);

%可视化峰值位置和幅值
figure;
hold on;
plot(time500, magNoG500);
plot(time500(locs500), pks(1:numel(locs500)), 'r', 'Marker', 'v', 'LineStyle', 'none');
hold off;
title('步数估计');
xlabel('时间（秒）');
ylabel('加速度幅值，去除重力影响（m/s^2）');
```

① 加速度数据变化如图 8-6 所示。

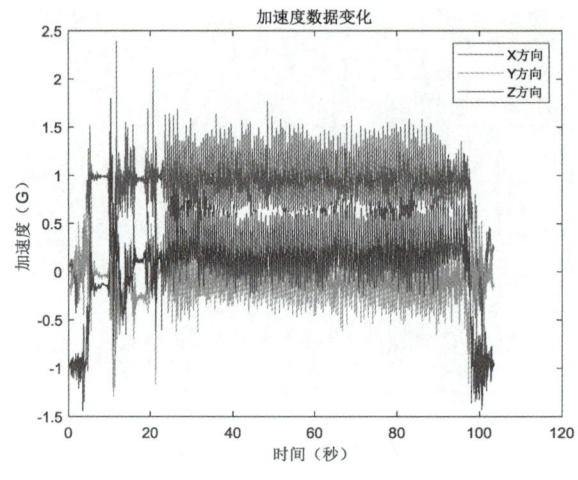

图 8-6　加速度数据变化

② 前 500 个数据的加速度数据变化如图 8-7 所示。

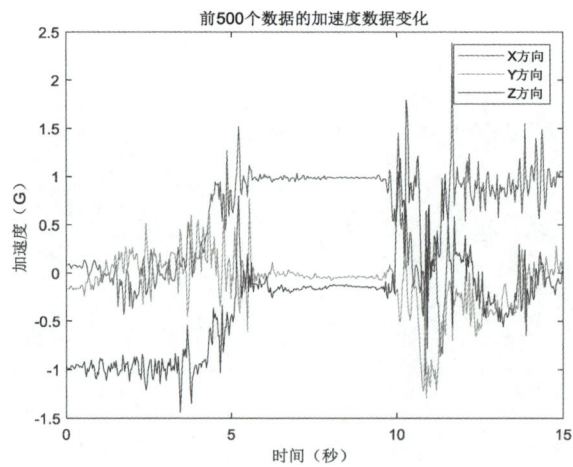

图 8-7　前 500 个数据的加速度数据变化

③ 前 500 个数据的整体加速度数据变化如图 8-8 所示。

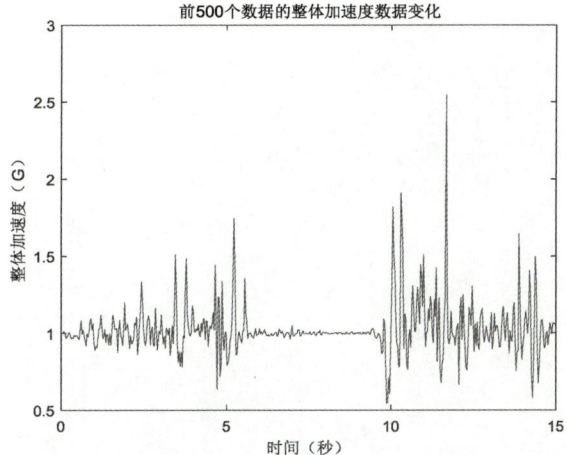

图 8-8　前 500 个数据的整体加速度数据变化

④ 采用阈值法计算峰值并估计步数，估计的步数为 246，如图 8-9 所示。

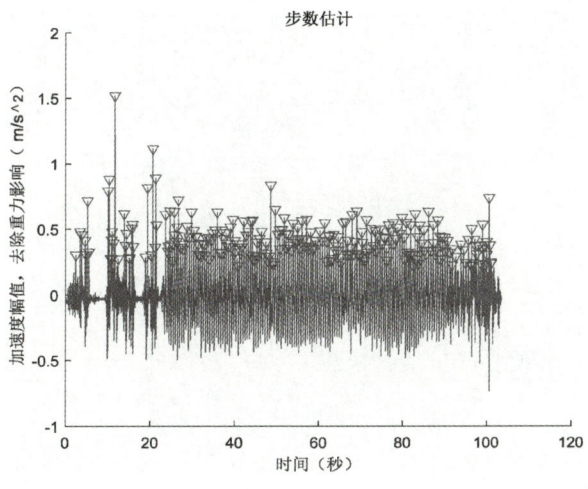

图 8-9　步数估计

⑤ 只选择前 500 个点进行可视化，如图 8-10 所示。

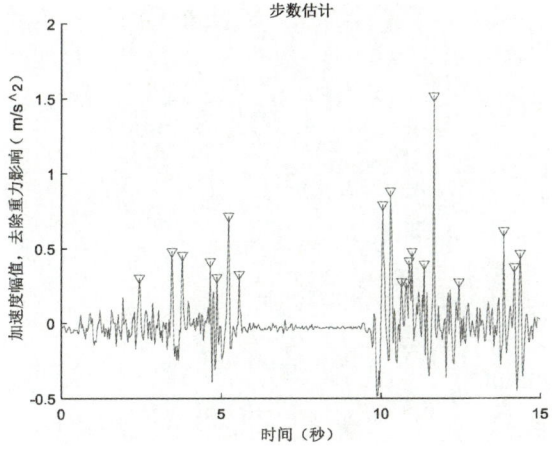

图 8-10　步数估计（前 500 个点）

2. MWORKS 仿真程序及结果

```
using Pkg
Pkg.add("DelimitedFiles")
Pkg.add("DSP")

using DelimitedFiles
csvFile = ".\\data\\data.csv"

#读取 csv 文件
csvData = DelimitedFiles.readdlm(csvFile, ',', header=true)
data = csvData[1]

#读取加速度数据
accX = data[:, 22]
accY = data[:, 23]
accZ = data[:, 24]

#时间轴
timeInterval = 0.03 #每个数据点之间的时间间隔（假设为 1 秒）
numData = size(data, 1) #数据点的总数
time = (0:numData-1) * timeInterval

#对加速度数据进行可视化
figure(1)
plot(time, accX)
hold("on")
plot(time, accY)
hold("on")
plot(time, accZ)
hold("off")
title("加速度数据变化")
xlabel("时间（秒）")
ylabel("加速度（m/s^2）")
legend(["X 方向", "Y 方向", "Z 方向"])


figure(2)
plot(time[1:500], accX[1:500])
hold("on")
plot(time[1:500], accY[1:500])
hold("on")
plot(time[1:500], accZ[1:500])
hold("off")
xlabel("时间（秒）")
ylabel("加速度（m/s^2）")
legend(["X 方向", "Y 方向", "Z 方向"])
title("前 500 个数据的加速度数据变化")

#计算整体加速度
figure(3)
mag = sqrt.(sum(accX .^ 2 + accY .^ 2 + accZ .^ 2, dims=2))
plot(time[1:500], mag[1:500])
xlabel("时间（秒）")
ylabel("整体加速度（m/s^2）")
title("前 500 个数据的整体加速度数据变化")

#计算去除重力影响后的加速度
magNoG = mag .- mean(mag[2:end])

#计算峰值阈值
minPeak = std(magNoG[2:end])
```

```
#使用 findpeaks 函数寻找峰值
#使用 DSP.jl 包中的 findpeaks 函数寻找峰值
pks, locs = findpeaks(magNoG)

#根据峰值阈值过滤峰值
filteredLocs = locs[findall(x -> x >= minPeak, pks)]
filteredpks = pks[findall(x -> x >= minPeak, pks)]

#计算步数
numSteps = length(filteredpks)

#显示步数
println("估计的步数为：", numSteps)

#可视化峰值位置和幅值
figure(4)
plot(time, magNoG, label="加速度幅值，去除重力影响（m/s^2）")
hold("on")
scatter(time[filteredLocs], filteredpks, label="峰值", color=:red, marker=:v, linestyle=:none)
hold("off")
title("步数估计")
xlabel("时间（秒）")
ylabel("加速度幅值，去除重力影响（m/s^2）")

#只选择前 500 个点
time500 = time[1:500]
magNoG500 = magNoG[1:500]
filteredLocs500 = filteredLocs[filteredLocs.<=500]
filteredpks500 = filteredpks[filteredLocs.<=500]

#可视化峰值位置和幅值
figure(5)
plot(time500, magNoG500, label="加速度幅值，去除重力影响（m/s^2）")
hold("on")
scatter(time500[filteredLocs500], filteredpks500, label="峰值", color=:red, marker=:v, linestyle=:none)
hold("off")
title("步数估计")
xlabel("时间（秒）")
ylabel("加速度幅值，去除重力影响（m/s^2）")
```

① 加速度数据变化如图 8-11 所示。

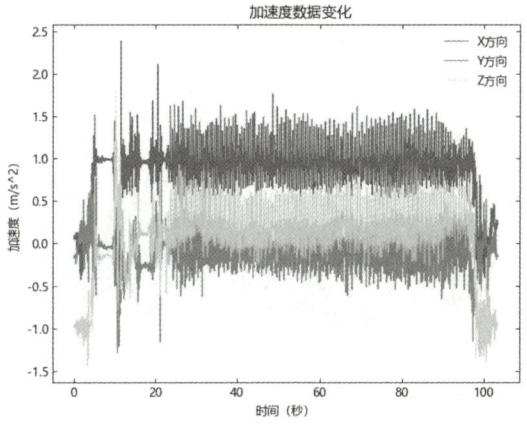

图 8-11　加速度数据变化

② 前 500 个数据的加速度数据变化如图 8-12 所示。

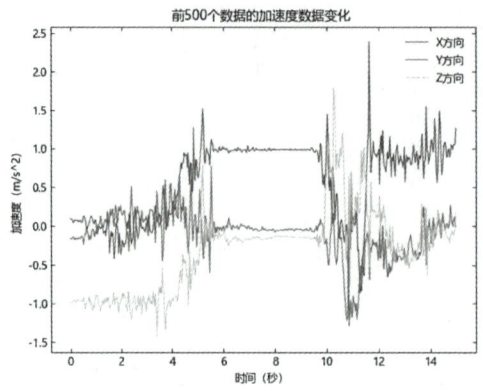

图 8-12　前 500 个数据的加速度数据变化

③ 前 500 个数据的整体加速度数据变化如图 8-13 所示。

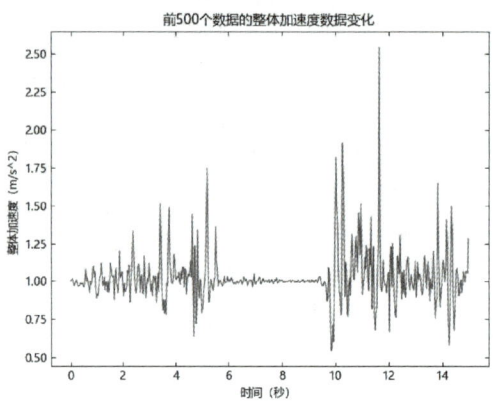

图 8-13　前 500 个数据的整体加速度数据变化

④ 采用阈值法计算峰值并估计步数，估计的步数为 246，如图 8-14 所示。

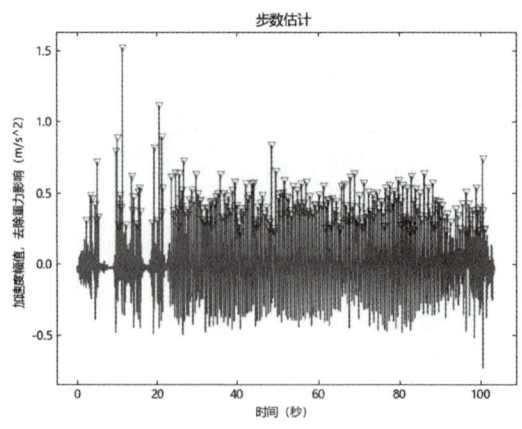

图 8-14　步数估计

⑤ 只选择前 500 个点进行可视化，如图 8-15 所示。

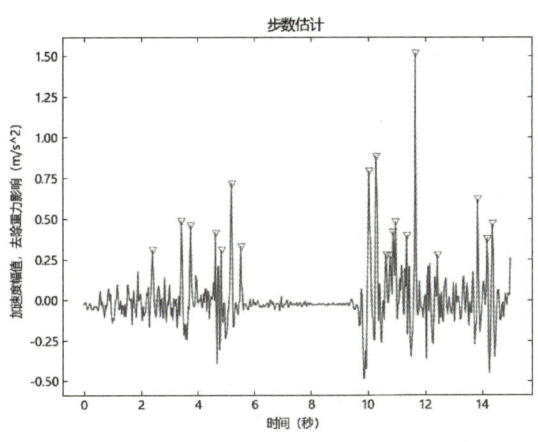

图 8-15　步数估计（前 500 个点）

8.4.2　陀螺仪数据处理

陀螺仪是高速回转体的动量矩敏感壳体相对惯性空间绕正交于自转轴的一个或两个轴的角运动检测装置。利用其他原理制成的起同样功能的角运动检测装置也被称为陀螺仪。陀螺仪也被称为回转仪或角速度传感器，它的功能是测量围绕旋转轴的旋转角速度以计算围绕旋转轴的旋转角度，内置陀螺仪的智能设备通过陀螺仪来维持其方向。陀螺仪是根据角动量守恒原理设计的，它可以在多个维度精确测量复杂运动以检测物体的位置和旋转状态。三轴陀螺仪最大的作用是通过测量到的角速度判别物体的运动状态，换句话说，三轴陀螺仪能让设备知道自己所在的位置和要去的位置，三轴陀螺仪可以确定运动物体的精确方位，这种惯性导航仪器为人们的科学研究、生产生活、休闲娱乐带来了很大的方便。与加速度传感器类似，陀螺仪数据也为三轴数据，其可以通过三个轴的联合数据来检测智能手机的各种动作。三轴陀螺仪的原理图如图 8-16 所示，研究者们使用陀螺仪来保持物体运动的方向。

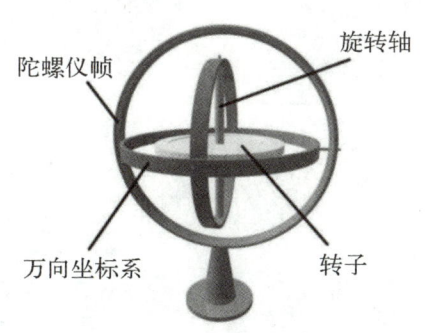

图 8-16　三轴陀螺仪的原理图

三轴陀螺仪最主要的作用在于它可以测量角速度，并且不受重力和磁场等其他因素的干扰，这极大地增强了智能手机等设备的运动传感能力。使用陀螺仪测量到的角速度同样为矢量，具有方向性。陀螺仪能够测量 x、y、z 三个轴上的角加速度，其测量到的角加速度的单位是 rad/s。如图 8-17 所示，当将内置陀螺仪的智能手机水平放置在平面上时，水平逆时针旋转 z 轴为正，水平顺时针旋转 z 轴为负；向右旋转 y 轴为正，向左旋转 y 轴为负；向下旋转 x 轴为正，向上旋转 x 轴为负。当使用者携带内置陀螺仪的智能手机做运动时，陀螺仪便会时刻监测智能手机在 x、y、z 三个轴上的旋转状态，以测量使用者运动时的旋转速率。

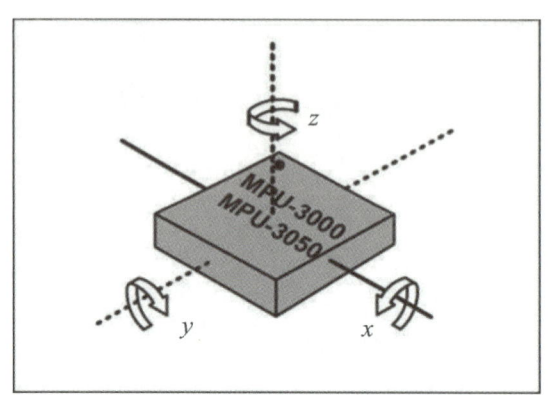

图 8-17　智能手机陀螺仪的坐标系

图 8-18 所示为几种智能设备中常用的三轴陀螺仪，如 iPhone 设备中 ST 公司生产的三轴陀螺仪、ST 公司生产的 L3G4200DH 及 L3GD20 三轴陀螺仪。另外，InvenSense 公司生产的 MPU-3000 系列三轴陀螺仪也广泛应用于智能手机，这是 InvenSense 公司针对智能手机的运动处理功能所设计的系列产品。以上这些三轴陀螺仪都可以满足智能手机对高敏感度及低噪声性能的要求，其在智能手机中的相关应用包括运动、游戏、录像与相机防手抖系统、导航辅助系统等。

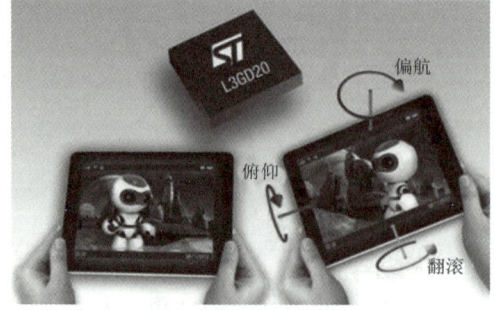

图 8-18　几种智能设备中常用的三轴陀螺仪

1. MATLAB 仿真程序及结果

```
clc
clear all

csvFile = './data/data.csv';

%读取陀螺仪数据
T=readmatrix(csvFile,'range','Y2:Y2844');
X=readmatrix(csvFile,'range','Z2:Z2844');
Y=readmatrix(csvFile,'range','AA2:AA2844');
Z=readmatrix(csvFile,'range','AB2:AB2844');
%对陀螺仪在三个轴向上的角速度进行可视化
figure(1)
plot(T,X)
hold on;
plot(T,Y)
hold on;
plot(T,Z)
hold on;
xlabel('GyroTS-sR(s)'),ylabel('Gyro-R(rad/s)');
legend('Gyro-RX','Gyro-RY','Gyro-RZ')
title('陀螺仪在不同轴向上的角速度')
%提取陀螺仪在 X 方向上的角速度及其包络
figure(2)
plot(T,X)
hold on;
[up,lo] = envelope(X);
plot(T,up,T,lo)
hold off
xlabel('GyroTS-sR(s)'),ylabel('Gyro-RX(rad/s)');
legend('Gyro-RX', 'Gyro-RX(up)', 'Gyro-RX(down)');
title('陀螺仪在 X 方向上的角速度及其包络')


%提取陀螺仪在 Y 方向上的角速度及其包络
figure(3)
plot(T,Y)
hold on;
[up,lo] = envelope(Y);
plot(T,up,T,lo)
hold off
xlabel('GyroTS-sR(s)'),ylabel('Gyro-RY(rad/s)');
legend('Gyro-RY', 'Gyro-RY(up)', 'Gyro-RY(down)');
title('陀螺仪在 Y 方向上的角速度及其包络')
%提取陀螺仪在 Z 方向上的角速度及其包络
figure(4)
plot(T,Z)
hold on;
[up,lo] = envelope(Z);
plot(T,up,T,lo)
hold off
xlabel('GyroTS-sR(s)'),ylabel('Gyro-RZ(rad/s)');
legend('Gyro-RZ', 'Gyro-RZ(up)', 'Gyro-RZ(down)');
title('陀螺仪在 Z 方向上的角速度及其包络')
```

① 陀螺仪在不同轴向上的角速度如图 8-19 所示。
② 陀螺仪在 X 方向上的角速度及其包络如图 8-20 所示。
③ 陀螺仪在 Y 方向上的角速度及其包络如图 8-21 所示。

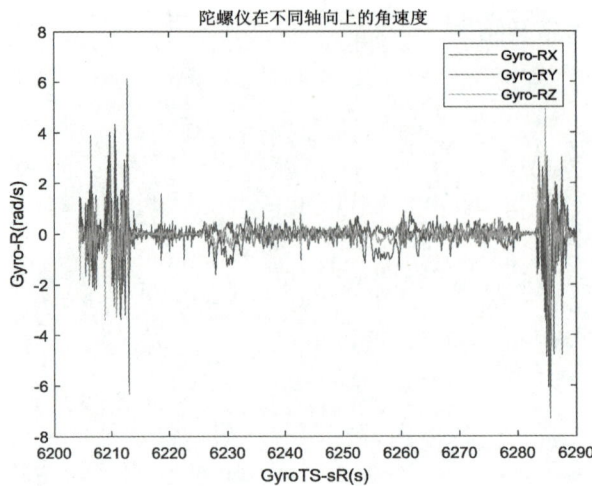

图 8-19　陀螺仪在不同轴向上的角速度

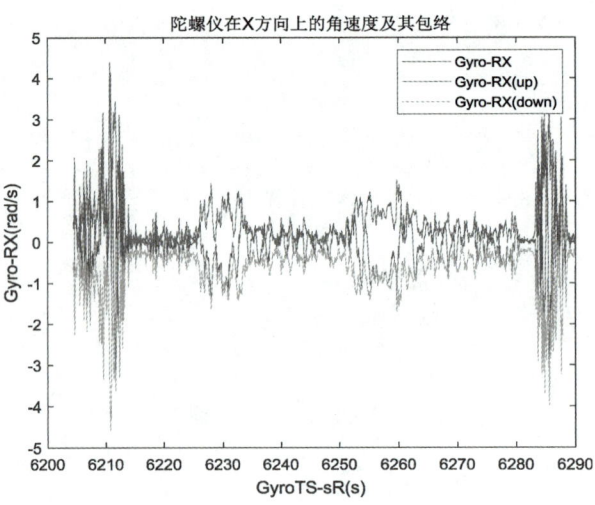

图 8-20　陀螺仪在 X 方向上的角速度及其包络

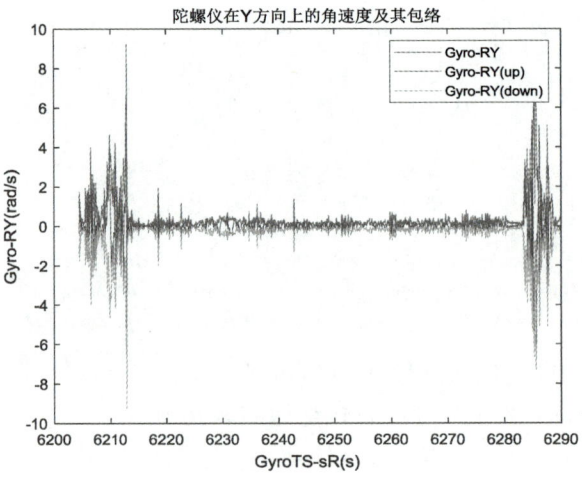

图 8-21　陀螺仪在 Y 方向上的角速度及其包络

④ 陀螺仪在 Z 方向上的角速度及其包络如图 8-22 所示。

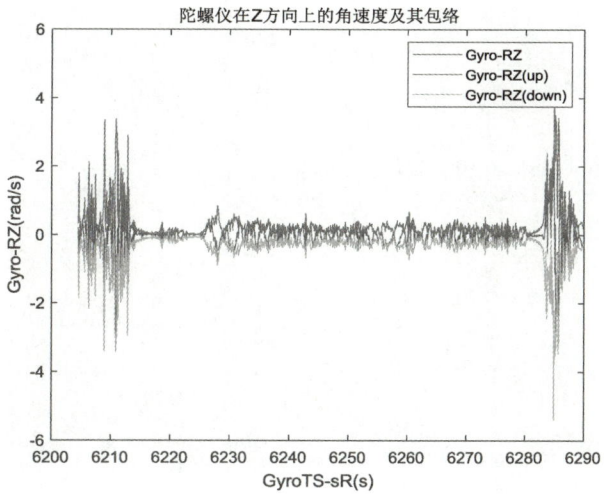

图 8-22　陀螺仪在 Z 方向上的角速度及其包络

2．MWORKS 仿真程序及结果

```
using Pkg
Pkg.add("DelimitedFiles")
Pkg.add("CSV")
using DelimitedFiles
csvFile = ".\\data\\data.csv"
csvData = DelimitedFiles.readdlm(csvFile, ',', header=true)
data = csvData[1]
#读取陀螺仪数据
T = data[:, 25]
X = data[:, 26]
Y = data[:, 27]
Z = data[:, 28]
#对陀螺仪在三个轴向上的角速度进行可视化
figure(1)
plot(T, X)
hold("on")
plot(T, Y)
hold("on")
plot(T, Z)
hold("off")
title("陀螺仪在不同轴向上的角速度")
xlabel("GyroTS_sR(s)")
ylabel("GyroTS_R(s)(rad/s)")
legend(["Gyro_RX", "Gyro_RY", "Gyro_RZ"])
#提取陀螺仪在 X 方向上的角速度及其包络
figure(2)
plot(T, X)
up, lo = envelope(X)
hold("on")
plot(T, up, T, lo)
hold("off")
title("陀螺仪在 X 方向上的角速度及其包络")
xlabel("GyroTS_sR(s)")
ylabel("Gyro_RX(rad/s)")
legend(["Gyro_RX", "Gyro_RX(up)", "Gyro_RX(down)"])
#提取陀螺仪在 Y 方向上的角速度及其包络
figure(3)
```

```
plot(T, Y)
up, lo = envelope(Y)
hold("on")
plot(T, up, T, lo)
hold("off")
title("陀螺仪在 Y 方向上的角速度及其包络")
xlabel("GyroTS_sR(s)")
ylabel("Gyro_RY(rad/s)")
legend(["Gyro_RY", "Gyro_RY(up)", "Gyro_RY(down)"])
#提取陀螺仪在 Z 方向上的角速度及其包络
figure(4)
plot(T, Z)
up, lo = envelope(Z)
hold("on")
plot(T, up, T, lo)
hold("off")
title("陀螺仪在 Z 方向上的角速度及其包络")
xlabel("GyroTS_sR(s)")
ylabel("Gyro_RZ(rad/s)")
legend(["Gyro_RZ", "Gyro_RZ(up)", "Gyro_RZ(down)"])
```

① 陀螺仪在不同轴向上的角速度如图 8-23 所示。

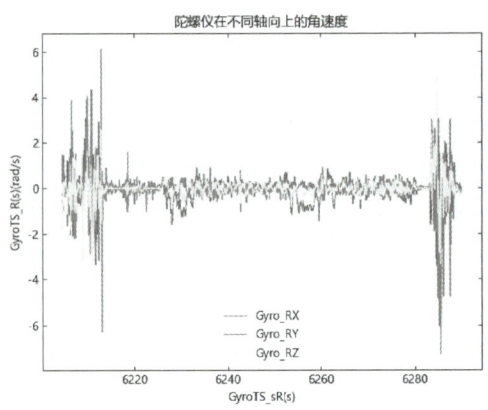

图 8-23　陀螺仪在不同轴向上的角速度

② 陀螺仪在 X 方向上的角速度及其包络如图 8-24 所示。

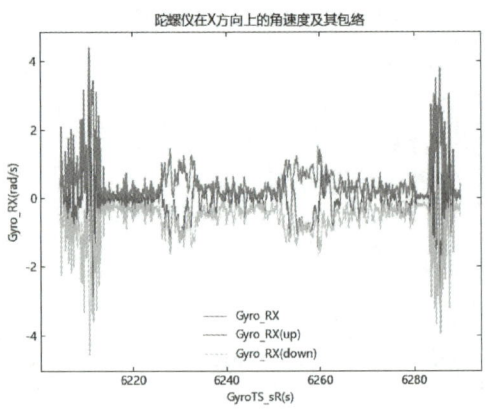

图 8-24　陀螺仪在 X 方向上的角速度及其包络

③ 陀螺仪在 Y 方向上的角速度及其包络如图 8-25 所示。

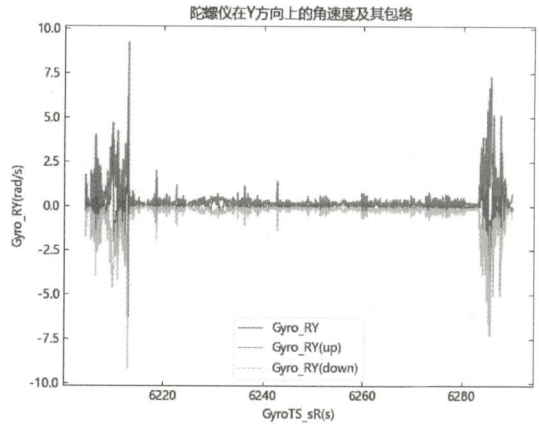

图 8-25　陀螺仪在 Y 方向上的角速度及其包络

④ 陀螺仪在 Z 方向上的角速度及其包络如图 8-26 所示。

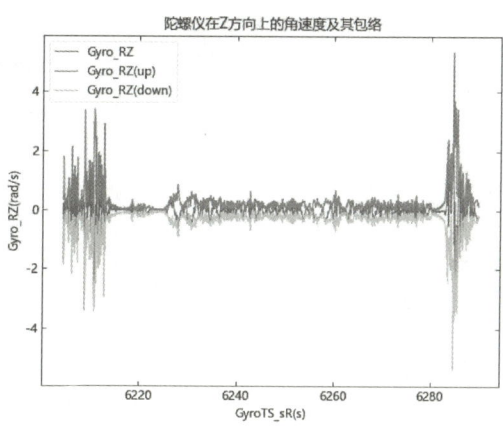

图 8-26　陀螺仪在 Z 方向上的角速度及其包络

8.4.3　磁力计数据处理

1．MATLAB 仿真程序及结果

```
clear all
close all

csvFile = './data/data.csv';

%读取数据
[MagTS_sR]=xlsread(csvFile,1,'AC1:AC2844');
[MagX]=xlsread(csvFile,1,'AD1:AD2844');
[MagY]=xlsread(csvFile,1,'AE1:AE2844');
[MagZ]=xlsread(csvFile,1,'AF1:AF2844');

%计算均方根值
rmsx = rms(MagX);
```

```
rmsy = rms(MagY);
rmsz = rms(MagZ);
fprintf('X 轴均方值为: %f\n',rmsx);
fprintf('Y 轴均方值为: %f\n',rmsy);
fprintf('Z 轴均方值为: %f\n',rmsz);

%对磁力计数据进行可视化
figure(1)
plot(MagTS_sR, MagX);
hold on
plot(MagTS_sR, MagY);
hold on
plot(MagTS_sR, MagZ);
title("Magnetometer Data")
xlabel("magnetometerTimestamp sinceReboot");
ylabel("magnetometerX/Y/Z");
legend("magnetometerX","magnetometerY","magnetometerZ")
xlim([MagTS_sR(1), MagTS_sR(2843)])
```

结果如图 8-27 所示。

```
X 轴均方值:31.519895
Y 轴均方值:30.346884
Z 轴均方值:120.667670
```

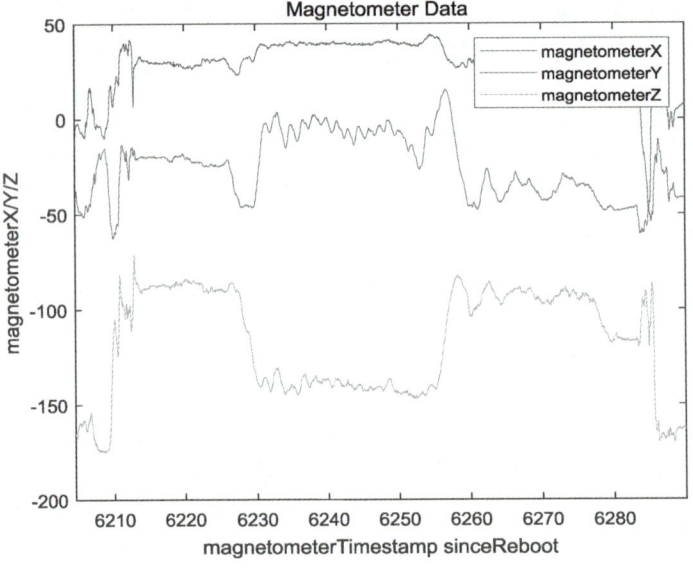

图 8-27　磁力计数据

2．MWORKS 仿真程序及结果

```
using Pkg
Pkg.add("DelimitedFiles")

using DelimitedFiles
#读取 csv 文件
csvFile = ".\\data\\data.csv"
csvData = DelimitedFiles.readdlm(csvFile, ',', header=true)
data = csvData[1]

#读取磁力计数据
MagTS_sR = data[:, 29]
```

```
MagX = data[:, 30]
MagY = data[:, 31]
MagZ = data[:, 32]

#计算均方根值
rmsx = rms(MagX)
rmsy = rms(MagY)
rmsz = rms(MagZ)
fprintf("X 轴均方根值为: %f\n", rmsx)
fprintf("Y 轴均方根值为: %f\n", rmsy)
fprintf("Z 轴均方根值为: %f\n", rmsz)

#对磁力计数据进行可视化
figure(1)
plot(MagTS_sR, MagX)
hold("on")
plot(MagTS_sR, MagY)
hold("on")
plot(MagTS_sR, MagZ)
hold("off")
title("Magnetometer-Data")
xlabel("magnetometerTimestamp_sinceReboot ")
ylabel("magnetometerX/Y/Z")
legend(["magnetometerX", "magnetometerY", "magnetometerZ"])
```

结果如图 8-28 所示。

```
X 轴均方根值:31.519895
Y 轴均方根值:30.346884
Z 轴均方根值:120.667670
```

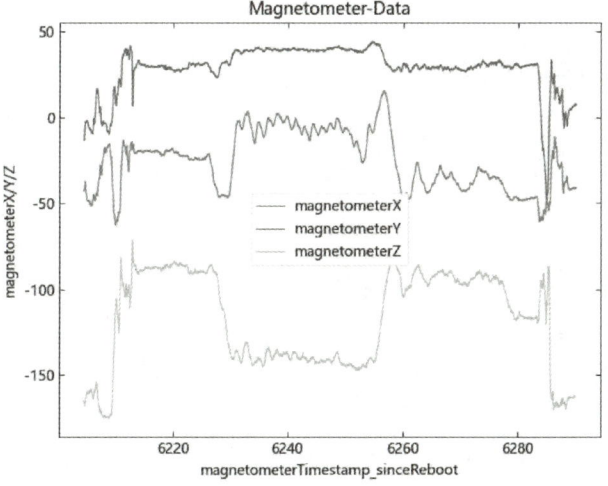

图 8-28　磁力计数据

8.4.4　位置数据处理

SensorLog 软件界面可以显示出位置数据,如图 8-29 所示,latitude 表示纬度,altitude 表示海拔,longitude 表示经度,speed 表示定位速度,vertical accuracy 表示高程精度,course 表示航向,horizontal accuracy 表示水平准确度。

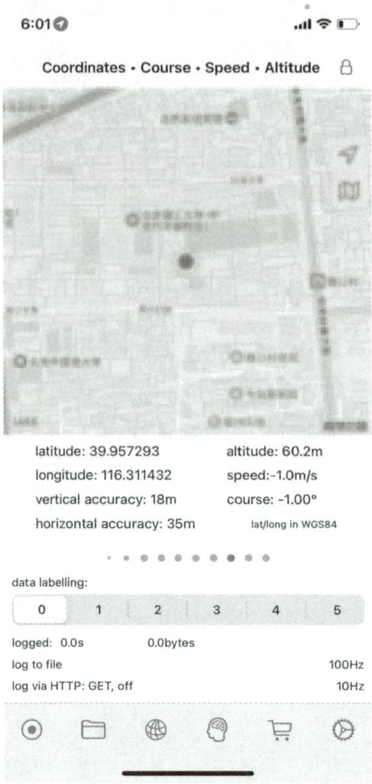

图 8-29　SensorLog 软件界面

1．MATLAB 仿真程序及结果

```
%读取 csv 文件
csvFile = './data/data.csv';
matrixdata = readmatrix(csvFile);
locSA = matrixdata(:,8);
res = size(locSA,1);
scr_locSA = [];
j = 1;
%筛选位置数据
for i = 1:res
if locSA(i)>1.2
scr_locSA(j,1) = locSA(i);
j = j+1;
else
continue
end
end
%对位置数据进行可视化
subplot(2,1,1);
plot(locSA);
ylabel('locationLatitude(WGS84)')
xlabel('Number of data')
title('位置原始数据')
subplot(2,1,2);
plot(scr_locSA)
ylabel('locationLatitude(WGS84)')
xlabel('Number of data')
title('筛选位置数据(>1.2)')
```

位置数据如图 8-30 所示。

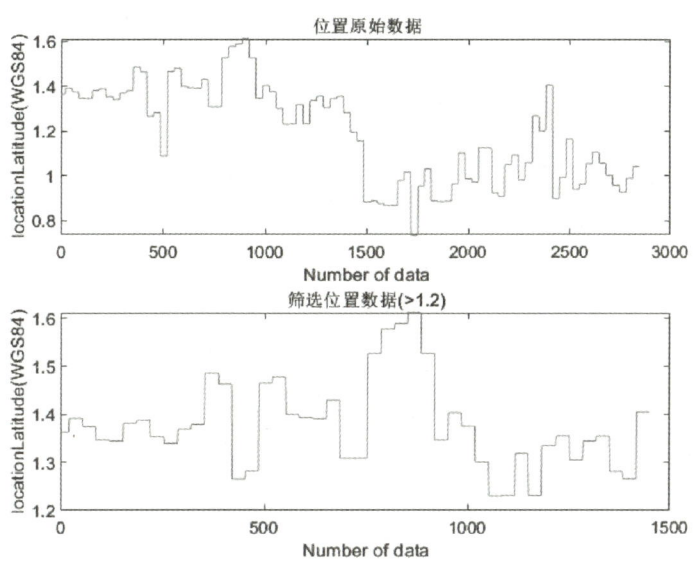

图 8-30　位置数据

2. MWORKS 仿真程序及结果

```
using DataFrames, CSV
using DelimitedFiles

csvFile = ".\\data\\data.csv"

#读取 csv 文件
x = CSV.read(csvFile, DataFrame)
matrixdata = Matrix(x)
location = matrixdata[:, 8]
function locSA()
    data = location
    DataFrame(; data)
end
locSA()
#筛选位置数据
newdata = filter(:data => >(1.2), locSA())
newdata1 = Matrix(newdata)
#对位置数据进行可视化
subplot(2,1,1);
plot(location);
ylabel("locationLatitude(WGS84)")
xlabel("Number of data")
title("位置原始数据")
subplot(2,1,2);
plot(newdata1)
ylabel("locationLatitude(WGS84)")
xlabel("Number of data")
title("筛选位置数据(>1.2)")
```

位置数据如图 8-31 所示。

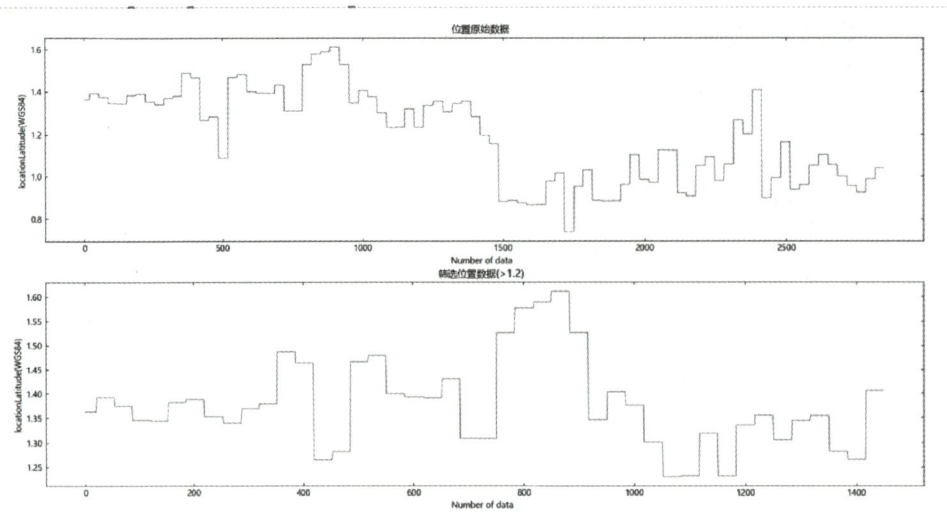

图 8-31 位置数据

8.4.5 朝向数据处理

SensorLog 软件界面可以显示出朝向数据，如图 8-32 所示。

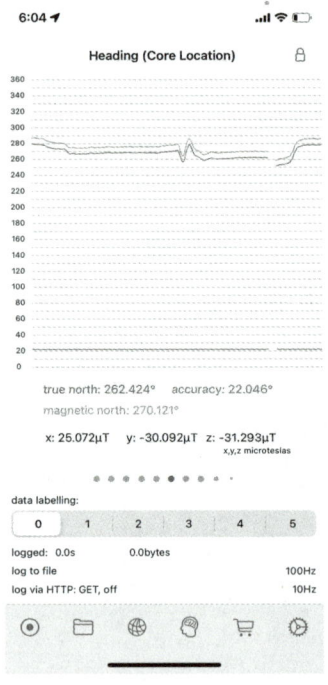

图 8-32 SensorLog 软件界面

1. MATLAB 仿真程序及结果

```
clear all
close all

csvFile = './data/data.csv';
```

```
%读取航向数据

[lhX]=readmatrix(csvFile,'range','O1:O2844');
[lhY]=readmatrix(csvFile,'range','P1:P2844');
[lhZ]=readmatrix(csvFile,'range','Q1:Q2844');

%一维中值滤波平滑处理
MedlhX = medfilt1(lhX,10);
MedlhY = medfilt1(lhY,10);
MedlhZ = medfilt1(lhZ,10);

%对航向数据进行可视化
figure(1)
plot(lhX);
hold on
plot(lhY);
hold on
plot(lhZ);
hold on
xlabel('N');
ylabel('locationHeadingX/Y/Z');
legend('locationHeadingX','locationHeadingY','locationHeadingZ')
title('LocationHeading-Data')

%对平滑处理后的航向数据进行可视化
figure(2)
plot(MedlhX);
hold on
plot(MedlhY);
hold on
plot(MedlhZ);
hold on
xlabel('N');
ylabel('MedFiltlocationHeadingX/Y/Z');
legend('MedFiltlocationHeadingX','MedFiltlocationHeadingY','MedFiltlocationHeadingZ')
title('MedfiltLocationHeading-Data')
```

① 位置朝向数据如图 8-33 所示。

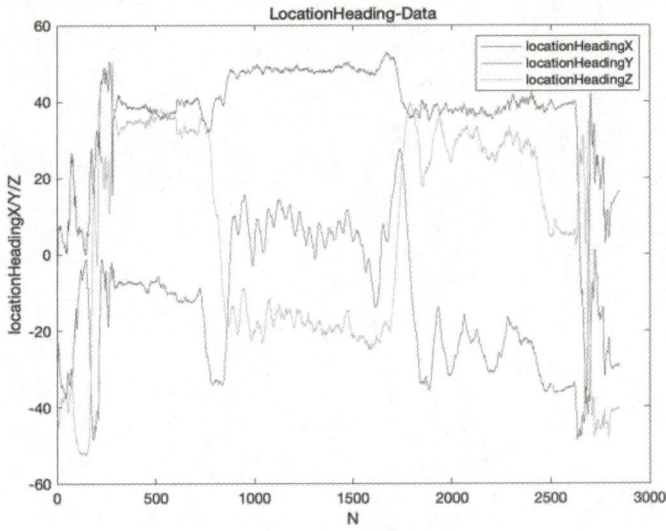

图 8-33　位置朝向数据

② 中值滤波后的结果如图 8-34 所示。

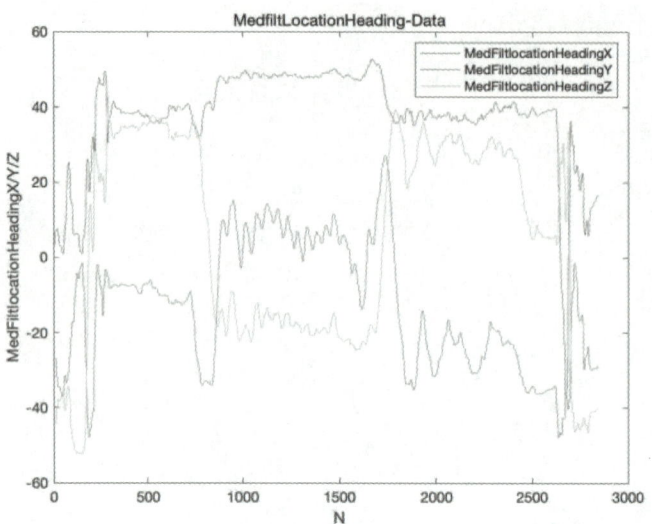

图 8-34　中值滤波后的结果

2．MWORKS 仿真程序及结果

```
using Pkg
Pkg.add("DelimitedFiles")
Pkg.add("CSV")
using DelimitedFiles

#读取 csv 文件
csvFile = ".\\data\\data.csv"
csvData = DelimitedFiles.readdlm(csvFile, ',', header=true)
data = csvData[1]

#读取航向数据

lhX = data[:, 15]
lhY = data[:, 16]
lhZ = data[:, 17]

#一维中值滤波平滑处理

MedlhX = medfilt1(lhX, 10)
MedlhY = medfilt1(lhY, 10)
MedlhZ = medfilt1(lhZ, 10)

#对航向数据进行可视化
figure(1)
plot(lhX)
hold("on")
plot(lhY)
hold("on")
plot(lhZ)
hold("off")
title("LocationHeading-Data")
xlabel("N")
ylabel("locationHeadingX/Y/Z")
legend(["locationHeadingX", "locationHeadingY", "locationHeadingZ"])
```

```
#对平滑处理后的航向数据进行可视化

figure(2)
plot(MedlhX)
hold("on")
plot(MedlhY)
hold("on")
plot(MedlhZ)
hold("off")
title("MedfiltLocationHeading-Data")
xlabel("N")
ylabel("MedfiltlocationHeadingX/Y/Z")
legend(["MedfiltlocationHeadingX", "MedfiltlocationHeadingY", "MedfiltlocationHeadingZ"])
```

① 位置朝向数据如图 8-35 所示。

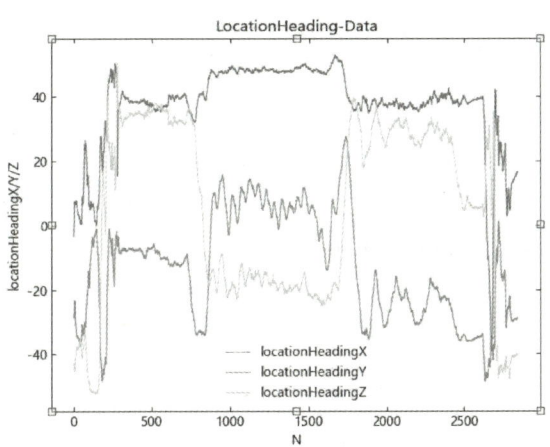

图 8-35　位置朝向数据

② 中值滤波后的结果如图 8-36 所示。

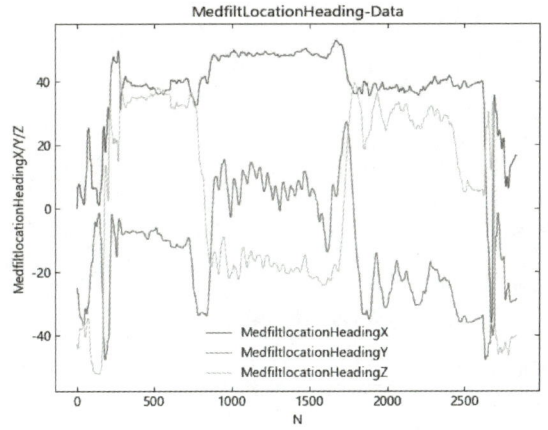

图 8-36　中值滤波后的结果

8.4.6　无偏性设备运动数据处理

SensorLog 软件界面可以显示出无偏性设备运动数据，如图 8-37 所示。

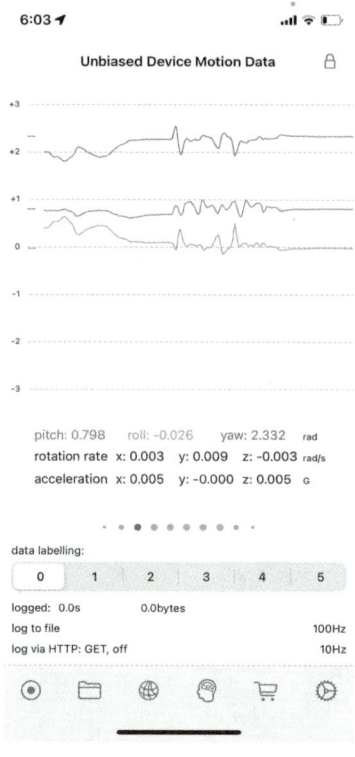

图 8-37　SensorLog 软件界面

1．MATLAB 仿真程序及结果

```
clear all
close all

csvFile = './data/data.csv';

%读取数据
data = readmatrix(csvFile, 'Range', 'AG:AJ');
%读取特定列
Yaw = data(2:2844, 2);
Roll = data(2:2844, 3);
Pitch = data(2:2844, 4);
timeIn = 0.03; %每个数据点之间的时间间隔（假设为1秒）
numPoints = size(data, 1)-1; %数据点的总数
time = (0:numPoints-1) * timeIn;
figure; %画图
plot(time, Yaw, 'r', time, Roll, 'g', time, Pitch, 'b');
xlabel('时间（秒）');
ylabel('角度');
legend('偏航角', '翻滚角', '俯仰角');
title('角度数据变化');
figure;
plot(time(1:500), Yaw(1:500), 'r', time(1:500), Roll(1:500), 'g', time(1:500), Pitch(1:500), 'b');
xlabel('时间（秒）');
ylabel('角度');
legend('偏航角', '翻滚角', '俯仰角');
title('前 500 个数据的角度数据变化');

figure;
```

```
plot(time,Yaw)
hold on;
[up,lo] = envelope(Yaw);
plot(time,up,time,lo)
hold off
xlabel('时间(秒)'),ylabel('角度');
legend('Yaw', 'Yaw(up)', 'Yaw(down)');
title('偏航角及其包络')

figure;
plot(time,Roll)
hold on;
[up,lo] = envelope(Roll);
plot(time,up,time,lo)
hold off
xlabel('时间(秒)'),ylabel('角度');
legend('Roll', 'Roll(up)', 'Roll(down)');
title('翻滚角及其包络')

figure;
plot(time,Pitch)
hold on;
[up,lo] = envelope(Pitch);
plot(time,up,time,lo)
hold off
xlabel('时间(秒)'),ylabel('角度');
legend('Pitch', 'Pitch(up)', 'Pitch(down)');
title('俯仰角及其包络')
```

① 角度数据变化如图 8-38 所示。

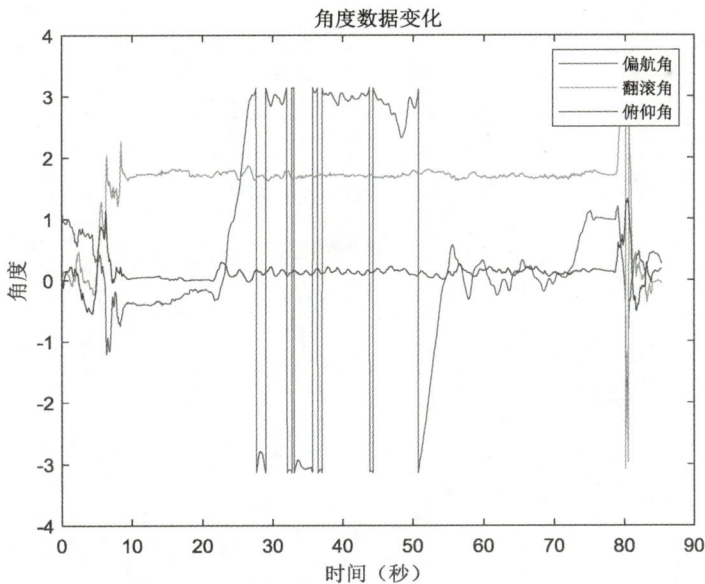

图 8-38　角度数据变化

② 前 500 个数据的角度数据变化如图 8-39 所示。

③ 偏航角及其包络如图 8-40 所示。

④ 翻滚角及其包络如图 8-41 所示。

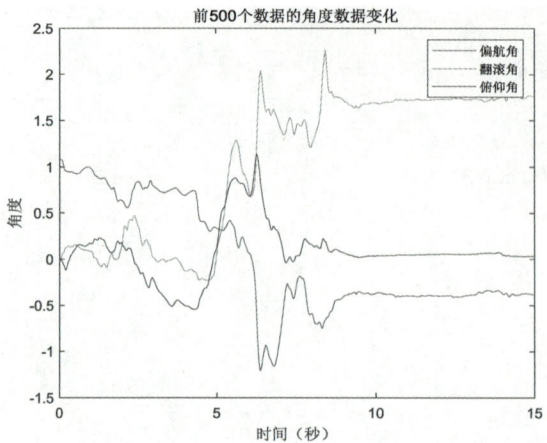

图 8-39　前 500 个数据的角度数据变化

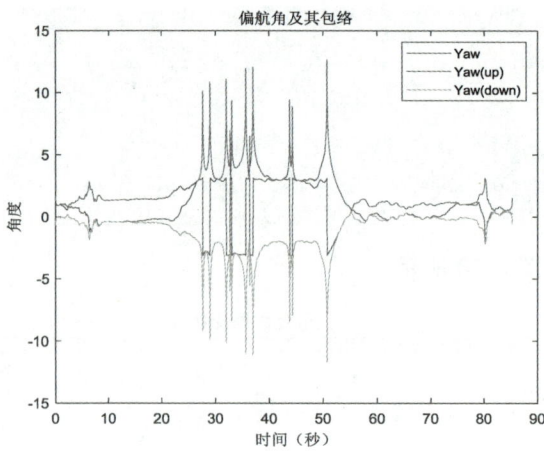

图 8-40　偏航角及其包络

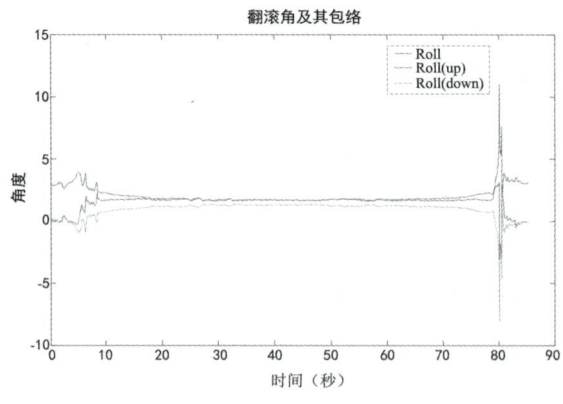

图 8-41　翻滚角及其包络

⑤ 俯仰角及其包络如图 8-42 所示。

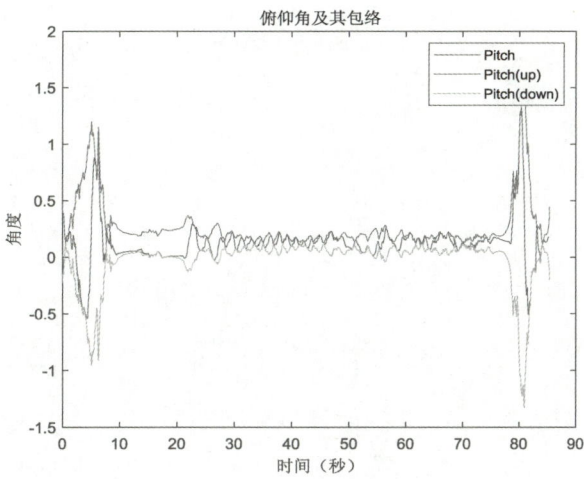

图 8-42　俯仰角及其包络

2. MWORKS 仿真程序及结果

```
using Pkg
Pkg.add("DelimitedFiles")
Pkg.add("DSP")

using DelimitedFiles
#读取 csv 文件
csvFile = ".\\data\\data.csv"
csvData = DelimitedFiles.readdlm(csvFile, ',', header=true)
data = csvData[1]

#读取角度数据
Yaw = data[:, 34]
Roll = data[:, 35]
Pitch = data[:, 36]

#时间轴
timeIn = 0.03 #每个数据点之间的时间间隔（假设为 1 秒）
numPoints = size(data, 1) #数据点的总数
time = (0:numPoints-1) * timeIn

#对角度数据进行可视化
figure(1)
plot(time, Yaw)
hold("on")
plot(time, Roll)
hold("on")
plot(time, Pitch)
hold("off")
title("角度数据")
xlabel("时间（秒）")
ylabel("角度")
legend(["偏航角", "翻滚角", "俯仰角"])

figure(2)
plot(time[1:500], Yaw[1:500])
hold("on")
plot(time[1:500], Roll[1:500])
hold("on")
plot(time[1:500], Pitch[1:500])
```

```
hold("off")
xlabel("时间（秒）")
ylabel("角度")
legend(["偏航角","翻滚角", "俯仰角"])
title("前 500 个数据的角度数据变化")

figure(3)
plot(time, Yaw)
up, lo = envelope(Yaw)
hold("on")
plot(time, up, time, lo)
hold("off")
title("偏航角及其包络")
xlabel("时间(s)")
ylabel("角度")
legend(["偏航角","偏航角(上包络)", "偏航角(下包络)"])

figure(4)
plot(time, Roll)
up, lo = envelope(Roll)
hold("on")
plot(time, up, time, lo)
hold("off")
title("翻滚角及其包络")
xlabel("时间(s)")
ylabel("角度")
legend(["翻滚角","翻滚角(上包络)", "翻滚角(下包络)"])

figure(5)
plot(time, Pitch)
up, lo = envelope(Pitch)
hold("on")
plot(time, up, time, lo)
hold("off")
title("俯仰角及其包络")
xlabel("时间(s)")
ylabel("角度")
legend(["俯仰角","俯仰角(上包络)", "俯仰角(下包络)"])
```

① 角度数据如图 8-43 所示。

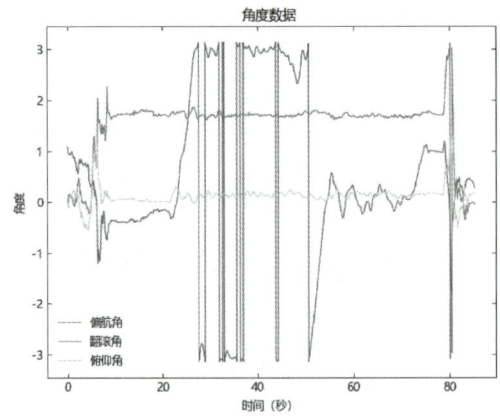

图 8-43　角度数据

② 前 500 个数据的角度数据变化如图 8-44 所示。

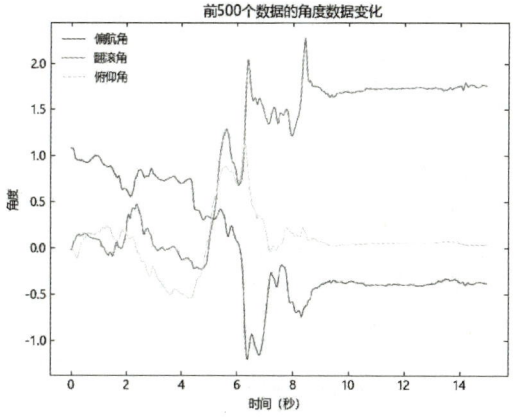

图 8-44　前 500 个数据的角度数据变化

③ 偏航角及其包络如图 8-45 所示。

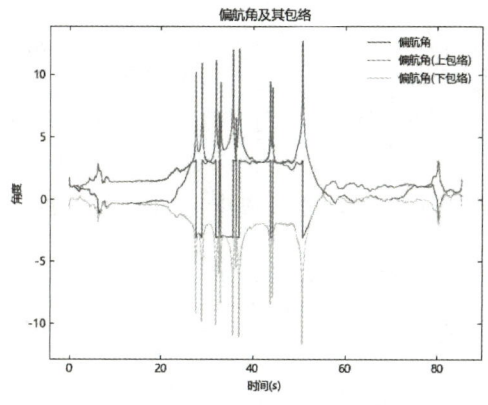

图 8-45　偏航角及其包络

④ 翻滚角及其包络如图 8-46 所示。

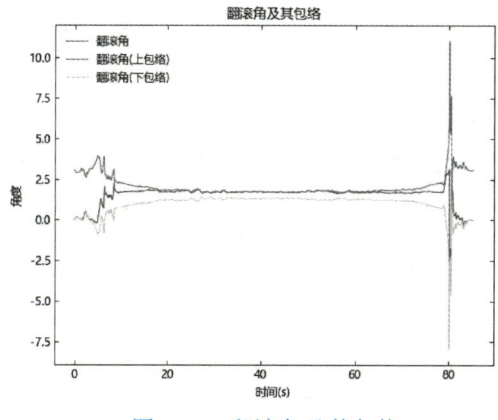

图 8-46　翻滚角及其包络

⑤ 俯仰角及其包络如图 8-47 所示。

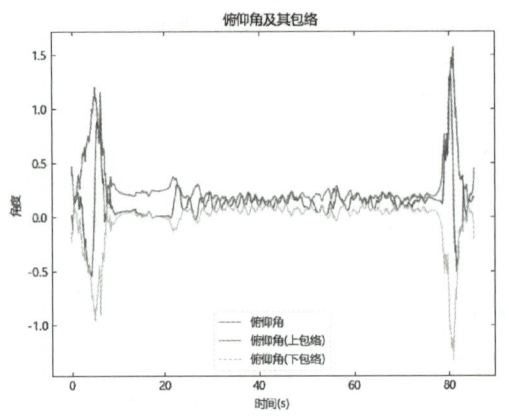

图 8-47　俯仰角及其包络

8.4.7　声音分贝数据处理

声音传感器的作用相当于一个话筒，它用来接收声波，显示声音的振动图像，但不能对噪声的强度进行测量。声音传感器内置一个对声音敏感的电容式驻极体话筒。声波使话筒内的驻极体薄膜振动，导致电容发生变化，从而产生与之对应变化的微小电压。这一电压随后被转化成 0～5V 的电压，经过 A/D 转换后被数据采集器接收，并传送给计算机。

SensorLog 软件界面可以显示出声音分贝数据，如图 8-48 所示。

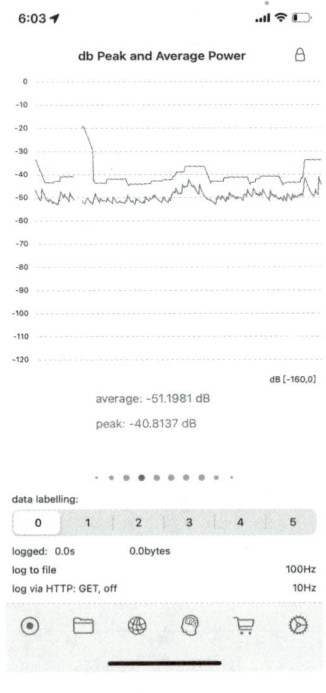

图 8-48　SensorLog 软件界面

1．MATLAB 仿真程序及结果

```
clear all
```

```
close all

csvFile = './data/data.csv';

%读取 csv 文件及采集到的分贝数据
[time]=xlsread(csvFile,1,'U1:U2844');
[shell]=xlsread(csvFile,1,'O1:O2844');
Fs = 1000;
L = 800;
t = (0:Fs-1) / L;
outdata = fft(shell,1000);
%对分贝数据进行可视化
figure(1);
subplot(2,1,1);plot(time,shell);
title('语音时域信号');
xlabel('时间');
ylabel('分贝');
legend('分贝时域信号');
grid on;
subplot(2,1,2);plot(abs(outdata));
title('语音信号频谱');
xlabel('频率');
ylabel('幅度');
legend('分贝频域信号');
grid on;
```

结果如图 8-49 所示。

均方根值:39.751887

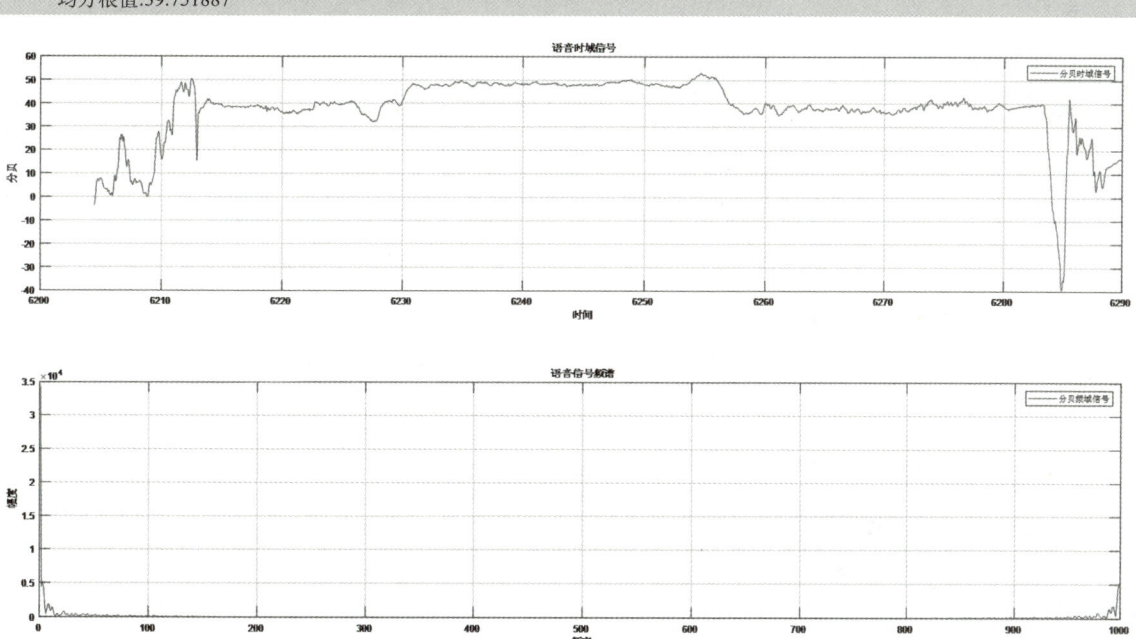

图 8-49 分贝数据可视化

2. MWORKS 仿真程序及结果

```
#导入所需安装包
using Pkg
using DelimitedFiles
#读取 csv 文件
```

```
csvFile = ".\\data\\data.csv"
csvData = DelimitedFiles.readdlm(csvFile, ',', header=true)
data = csvData[1]
#读取采集到的分贝数据
time = data[:, 21]
shell = data[:, 15]
ft = dsp_FFT(FFTLength=1000)
Fs = 800
L = 1000
t = [0:L-1;] / Fs
data = shell
outdata = step(ft, data)
#对分贝数据进行可视化
figure(1)
subplot(2, 1, 1);
plot(time, shell);
title("语音时域信号")
xlabel("时间")
ylabel("分贝")
legend(["分贝时域信号"])
grid()
subplot(2, 1, 2);
plot(abs.(outdata));
plot(abs.(outdata))
title("语音信号频谱")
xlabel("频率")
ylabel("幅度")
legend(["分贝频域信号"])
grid()
```

结果如图 8-50 所示。

均方根值:39.751887

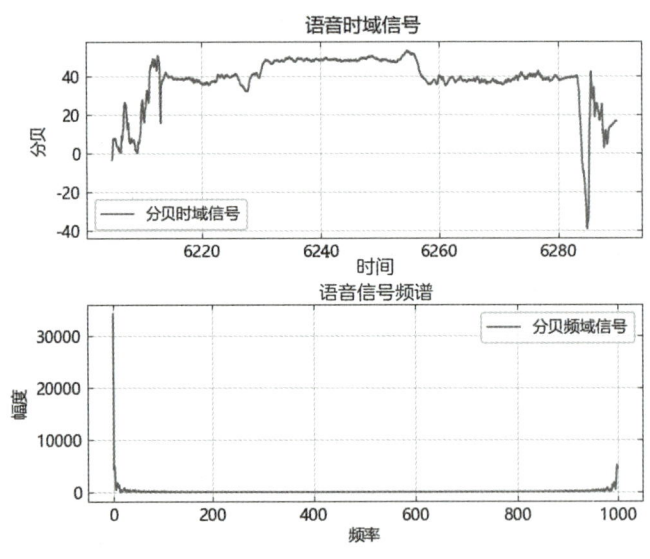

图 8-50　分贝数据可视化

8.4.8　相对高度数据处理

SensorLog 软件界面可以显示出相对高度数据，如图 8-51 所示。

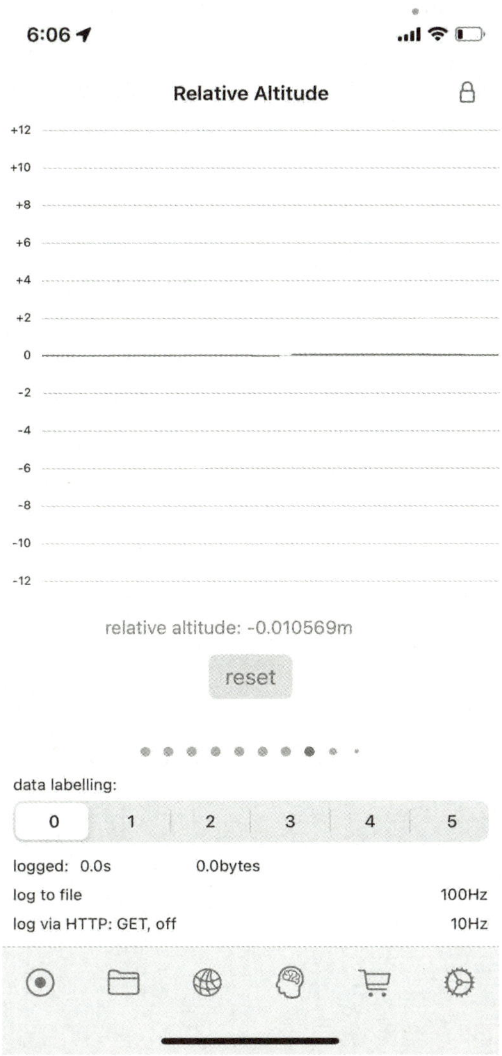

图 8-51　SensorLog 软件界面

1. MATLAB 仿真程序及结果

```
clear all
close all

csvFile = './data/data.csv';

%读取相对高度数据
[altimeterTimestamp_sinceReboot]=xlsread(csvFile,1,'BQ1:BQ2844');
[altimeterRelativeAltitude] = xlsread(csvFile,1,'BS1:BS2844');
%对相对高度数据进行可视化并进行平均滤波
figure(1)
timepointnum = 24;
coeff24MA = ones(1, timepointnum)/timepointnum;
avg24 = filter(coeff24MA, 1, altimeterRelativeAltitude);
plot(altimeterTimestamp_sinceReboot, altimeterRelativeAltitude);
hold on
plot(altimeterTimestamp_sinceReboot, avg24);
hold off
```

```
xlabel("altimeterTimestamp sinceReboot");
ylabel("altimeterRelativeAltitude");
legend("altimeterRelativeAltitude","altimeterRelativeAltitude Average");
set(gcf,'color','white');%°×É«
title('Relative Altitude-Data','FontSize',10)
```

结果如图 8-52 所示。

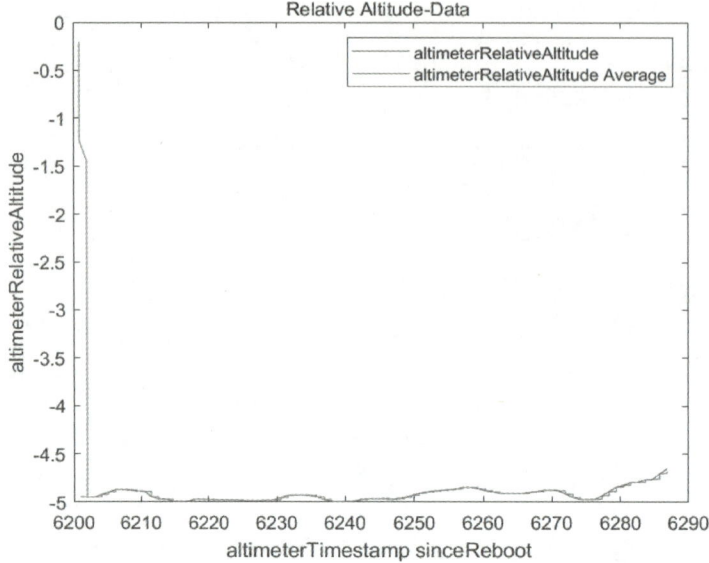

图 8-52　对相对高度数据进行可视化并进行平均滤波

2．MWORKS 仿真程序及结果

```
using Pkg
Pkg.add("DelimitedFiles")

using DelimitedFiles
#读取 csv 文件
csvFile = ".\\data\\data.csv"
csvData = DelimitedFiles.readdlm(csvFile, ',', header = true)
data = csvData[1]
#读取相对高度数据
altimeterTimestamp_sinceReboot = data[:, 69]
altimeterRelativeAltitude = data[:, 71]

#对相对高度数据进行可视化并进行平均滤波
figure(1)
altimeterRelativeAltitude_Average = medfilt1(altimeterRelativeAltitude, 10)
plot(altimeterTimestamp_sinceReboot, altimeterRelativeAltitude)
hold("on")
plot(altimeterTimestamp_sinceReboot, altimeterRelativeAltitude_Average)
title("Relative Altitude-Data")
xlabel("altimeterTimestamp_sinceReboot")
ylabel("altimeterRelativeAltitude")
legend(["altimeterRelativeAltitude", "altimeterRelativeAltitude Average"])
```

结果如图 8-53 所示。

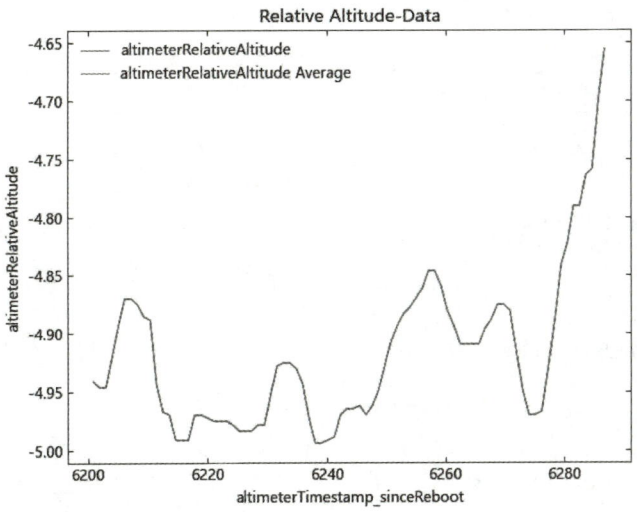

图 8-53　对相对高度计的数据进行可视化并进行平均滤波

8.4.9　压强数据处理

气压计是根据托里拆利的实验原理制成的，是用于测量大气压强的仪器。SensorLog 软件界面可以显示出压强数据，如图 8-54 所示。

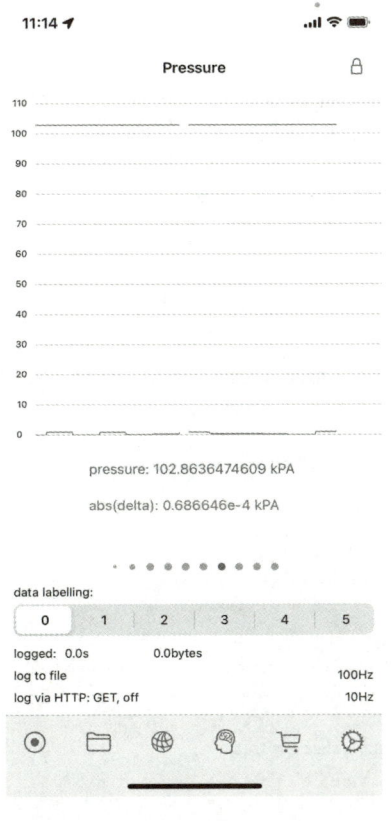

图 8-54　SensorLog 软件界面

1. MATLAB 仿真程序及结果

```
clear all
close all

csvFile = './data/data.csv';

%读取压强数据
[alt_Time]=xlsread(csvFile,1,'BQ2:BQ2844');
[alt_Press]=xlsread(csvFile,1,'BT2:BT2844');
%对压强数据进行可视化
coeff7m =[1 1 1 1 1 1 1];
b=7;
avgalt_Press = filter(coeff7m,b, alt_Press);
avgalt_Press(1:7)=[];
a=avgalt_Press(1:7);
avgalt_Press=[a;avgalt_Press];
plot(alt_Time,[alt_Press avgalt_Press])
legend('alt_Press','avgalt_Press','location','best')
ylabel("altimeterPressure")
xlabel("altimeterTimestamp_sinceReboot");
xlim([alt_Time(1),alt_Time(2843)])
```

结果如图 8-55 所示。

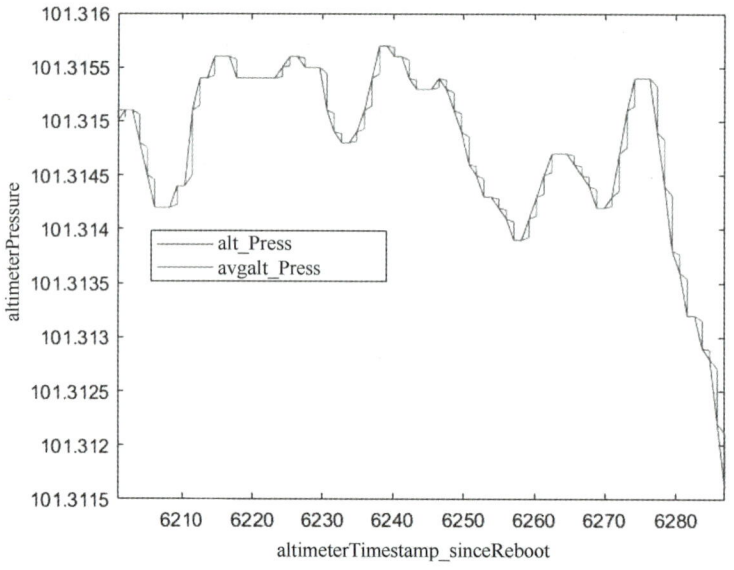

图 8-55　压强数据可视化

2. MWORKS 仿真程序及结果

```
using Pkg
Pkg.add("DelimitedFiles")

using DelimitedFiles
#读取 csv 文件
csvFile = ".\\data\\data.csv"
csvData = DelimitedFiles.readdlm(csvFile, ',', header=true)
data = csvData[1]

#读取压强数据
alt_Time = data[:, 69]
```

```
alt_Press = data[:, 72]

#对压强数据进行可视化
figure(1)
plot(alt_Time, alt_Press)
title("altimeter-Data")
xlabel("altimeterTimestamp_sinceReboot")
ylabel("altimeterPressure")
legend(["altimeterPressure"])
```

结果如图 8-56 所示。

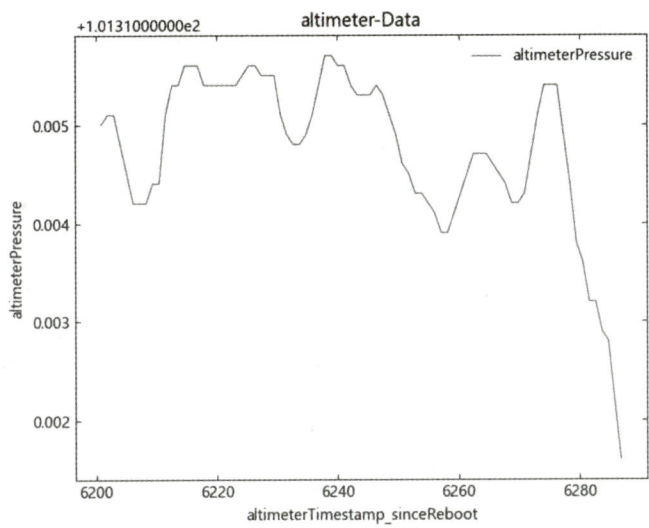

图 8-56　压强数据可视化

8.4.10　位置数据可视化

1．MATLAB 仿真程序及结果

```
clc
clear all
csvFile = './data/data.csv';

%读取位置数据
T=readmatrix(csvFile,'range','C2:C2844')
Lat=readmatrix(csvFile,'range','D2:D2844')
Long=readmatrix(csvFile,'range','E2:E2844')
ALT=readmatrix(csvFile,'range','F2:F2844')

%对位置数据进行可视化
figure(1)
plot(T,Lat)
hold on;
plot(T,Long)
hold on;
xlabel('LocTS-s1970(s)'),ylabel('Loc-(WGS84)');
legend('Loc-Lat','Loc-Long')
title('经纬度数据可视化')
figure(2)
plot(T,ALT)
hold on;
```

```
xlabel('LocTS-s1970(s)'),ylabel('Loc-ALT(m)');
title('海拔数据可视化')
```

结果如图 8-57、图 8-58 所示。

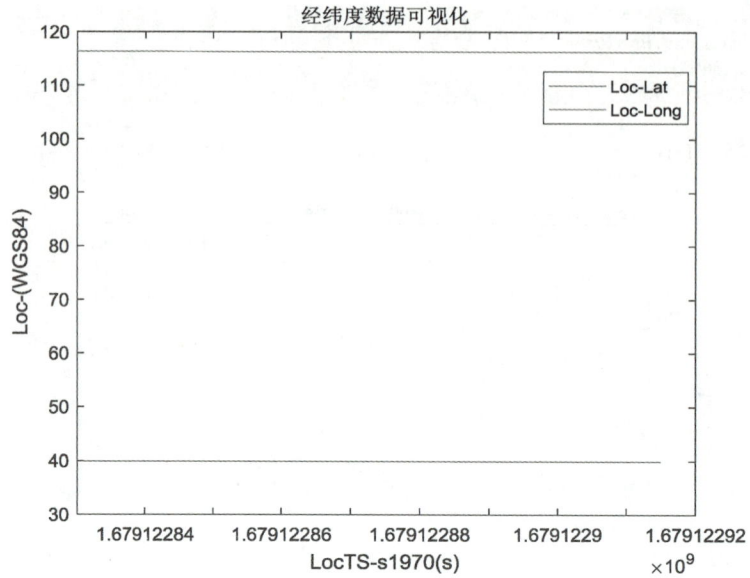

图 8-57　经纬度数据可视化

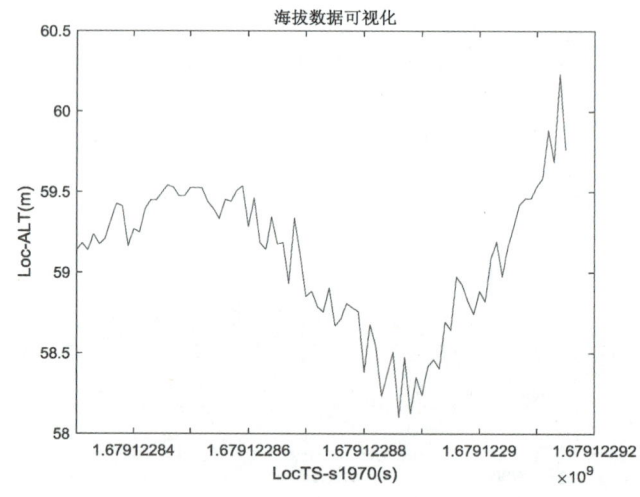

图 8-58　海拔数据可视化

2．MWORKS 仿真程序及结果

```
using Pkg
Pkg.add("DelimitedFiles")

using DelimitedFiles
#读取 csv 文件
csvFile = ".\\data\\data.csv"
csvData = DelimitedFiles.readdlm(csvFile, ',', header=true)
data = csvData[1]

#读取位置数据
```

```
T=data[:, 3]
Lat=data[:, 4]
Long=data[:, 5]
ALT=data[:, 6]
#对位置数据进行可视化
figure(1)
plot(T,Lat)
hold("on")
plot(T,Long)
hold("off")
title("经纬度数据可视化")
xlabel("LocTS-s1970(s)")
ylabel("Loc-(WGS84)")
legend(["Loc-Lat","Loc-Long"])

figure(2)
plot(T,ALT)
title("海拔数据可视化")
xlabel("LocTS-s1970(s)")
ylabel("Loc-ALT(m)")
```

结果如图 8-59、图 8-60 所示。

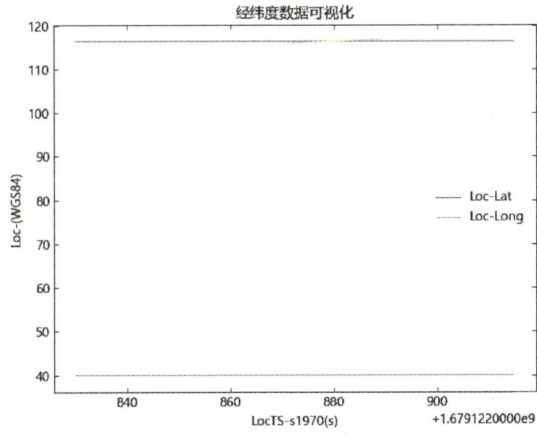

图 8-59　经纬度数据可视化

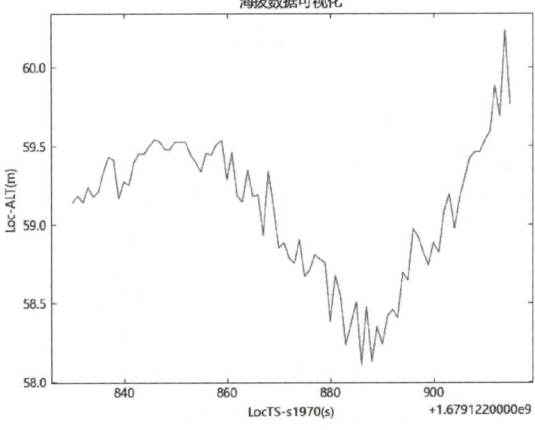

图 8-60　海拔数据可视化

8.4.11 运动姿态估计

人体行为识别具有广泛的研究价值和意义，近年来，行为识别技术发展迅速，被广泛应用于众多领域，如老年人监护、健康监测、生物健康医学、人机交互等。21 世纪的中国，社会人口老龄化问题严重，老年人的健康问题成为国家、社会关注的重点。老年人人体各项器官功能老化，人体机能衰退，一些独居老人得不到子女的及时照顾，经常会发生意外跌倒事故，一些患有高血压的老年人在意外跌倒的同时容易引发脑血栓、脑梗死等多种疾病，老年人不慎跌倒轻则导致肢体失去灵活性，重则导致瘫痪甚至失去生命。针对这种情况，可以为老人佩戴跌倒监测装置，该装置通过人体行为识别进行跌倒方面的监测，能有效识别异常行为并发出报警求助信息，可以很好地保障老年人的生命安全。

SensorLog 软件界面可以显示出运动姿态信息，如图 8-61 所示。

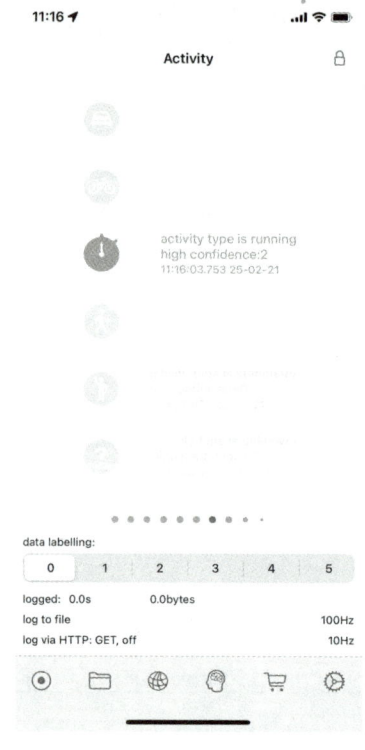

图 8-61　SensorLog 软件界面

运动姿态估计是指对图像中人体关键部位和主要关节进行检测，它是人体动作识别和行为分析的关键技术，在人机交互、自动驾驶、活动识别等领域被广泛地使用。基于视觉的人体行为识别方法已经较为成熟。近年来，无线传感器网络技术日新月异，可穿戴式运动捕捉系统应运而生。相比传统的光学式运动捕捉系统，可穿戴式运动捕捉系统具有采集数据不受光照、场地、遮挡影响，便携性较好，可以保护采集者个人隐私等优点。因此，基于可穿戴式运动捕捉系统的人体行为识别研究正逐渐成为研究热点。

从特征提取角度来说，基于可穿戴式运动捕捉系统的人体行为识别的国内外研究工作主要采用以下三种方法。

（1）提取不同人体行为数据的时域特征，如均值、方差、中位数、相关系数、峰度和偏度等。

（2）提取信号的频域特征，如 FFT 系数、小波系数等。常用方法包括傅里叶变换、小波变换等。

（3）利用随机投影、局部保持投影等方法获得数据特征。

这三种方法既相互区分又相互联系，不同研究者可组合使用以上方法进行特征提取。人体运动本身具有连续性，即对于任意的一个人体日常行为来说，手、脚或其他身体部位的运动都呈现为一个连续的过程。

人体行为分为近似周期性行为和非周期性行为。近似周期性行为是指连续重复执行多次的运动行为。人体日常行为往往具有周期性特征，通过传感器采集的人体日常行为数据序列也呈现近似周期性特征。

1．MATLAB 仿真程序及结果

```
clear all
close all

csvFile = './data/data.csv';

%读取数据
[AccTS_sR]=xlsread(csvFile,1,'Y1:Y2844');
[AccX]=xlsread(csvFile,1,'Z1:Z2844');
[AccY]=xlsread(csvFile,1,'AA1:AA2844');
[AccZ]=xlsread(csvFile,1,'AB1:AB2844');

%计算均方根值
rmsx = rms(AccX);
rmsy = rms(AccY);
rmsz = rms(AccZ);
fprintf('X 方向均方值为: %f\n',rmsx);
fprintf('Y 方向均方值为: %f\n',rmsy);
fprintf('Z 方向均方值为: %f\n',rmsz);

%对磁力计数据进行可视化
figure(1)
plot(AccTS_sR, AccX);
hold on
plot(AccTS_sR, AccY);
hold on
plot(AccTS_sR, AccZ);
xlabel("AccTS_sR");
ylabel("AccX/Y/Z");
legend("AccX","AccY","AccZ")
xlim([AccTS_sR(1), AccTS_sR(2843)])
```

结果如图 8-62 所示。

```
X 方向均方根值:0.604401
Y 方向均方根值:0.698438
Z 方向均方根值:0.424535
```

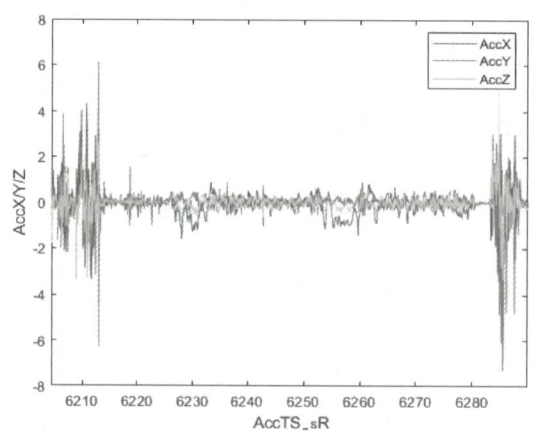

图 8-62　对磁力计数据进行可视化

2．MWORKS 仿真程序及结果

```
using Pkg
Pkg.add("DelimitedFiles")

using DelimitedFiles
# 读取 csv 文件
csvFile = "./data/data.csv"
csvData = DelimitedFiles.readdlm(csvFile, ',', header=true)
data = csvData[1]

# 读取磁力计数据
AccTS_sR = data[:, 25]
AccX = data[:, 26]
AccY = data[:, 27]
AccZ = data[:, 28]

# 计算均方根值
rmsx = rms(AccX)
rmsy = rms(AccY)
rmsz = rms(AccZ)
fprintf("X 方向均方根值为: %f\n", rmsx)
fprintf("Y 方向均方根值为: %f\n", rmsy)
fprintf("Z 方向均方根值为: %f\n", rmsz)

# 对磁力计数据进行可视化
figure(1)
plot(AccTS_sR, AccX)
hold("on")
plot(AccTS_sR, AccY)
hold("on")
plot(AccTS_sR, AccZ)
hold("off")
title("accelerate-Data")
xlabel("AccTS_sR ")
ylabel("AccX/Y/Z")
legend(["AccX", "AccY", "AccZ"])
```

结果如图 8-63 所示。

X 方向均方根值:0.604401
Y 方向均方根值:0.698438
Z 方向均方根值:0.424535